THOMAS
DAVENPORT

全球顶尖
商业思想家

托马斯·达文波特

BI
DATA

全球商业界炙手可热的
数据分析之父

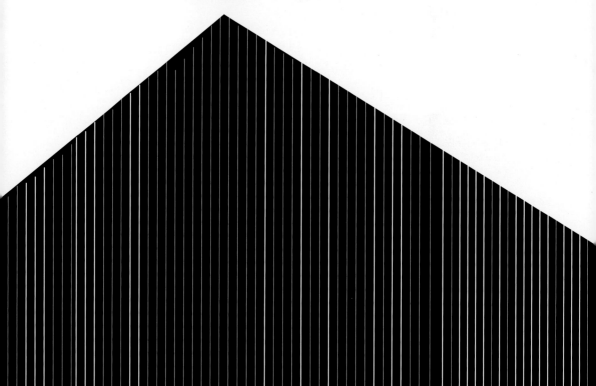

在商业界，曾有这样一句至理名言：如果你问一位CIO，今时今日数据对其企业的意义，那么他会很愿意跟你谈谈"数据分析竞争法"的必要性，以及快速做出正确决策的重要性。这句话源于一本叫作《数据分析竞争法》（Competing on Analytics）的著作，随着这本著作创世的还有两个超级火热的概念：一个是"数据分析竞争法"，一个是"大数据"。

站在这两个惊世概念背后的是一位名叫托马斯·达文波特的数据分析师。这位出生于1954年10月17日的美国人，毕业于哈佛大学，曾经先后在哈佛商学院、芝加哥大学和波士顿大学任教，还曾经担任过埃森哲战略变革研究院主任、美国知名商学院巴布森学院著名教授，对知识管理有深入的研究。

如果在全球数据分析师领域进行一次排名，达文波特无疑会成为很多人心中的榜首。在商业分析领域摸爬滚打的35年里，达文波特没有一丝懈怠，多次领先创立顶尖的数据分析法，比如数据分析DELTA模型、成为数据分析师的三原则等。他知道，领先的企业不仅是在收集和存储大量的数据，而且正围绕着由数据引发的新观点制定竞争战略，这会使企业获益无穷。

如今，虽然他已经年过花甲，但仍然神采奕奕，一直在从事自己认为最性感的工作——数据分析。他是今时今日大数据时代当之无愧的数据分析之父。

BIG DATA

3次预见商业拐点的
大师级玩家

BIG

19 83年，达文波特离开教职进入商业研究领域，在短短7年后，便迎来了商业事业的顶峰。他曾3次预见商业范式转型的大拐点，成为当今商业界极富洞见的未来学家。

达文波特第一次预见商业的转型是在1990年，当时他敏锐地注意到，企业要想在市场中取得胜利，就要面向顾客需求，重组业务流程。因此他开创性地提出了流程再造（reengineering）理念，一时声名鹊起。

达文波特最早发起了知识管理运动，这是他第二次预见商业的未来。俗话说："拥有100位博士的企业，未必拥有100位博士的知识；拥有一群智商120分以上员工的企业，企业商往往远低于120分。"他认为，没有知识管理的企业，员工进入后只会感受到不断的付出，因此无论获得多好的待遇，都只能算是出卖"劳动力"。

真正让达文波特在全球商业管理界成为风云人物的则是他在互联网时代兴起时提出的"注意力经济"概念，这是他第三次预见商业的未来。"注意力经济"研究了CEO们所面临的最大挑战之一：如何赚得和消费新经济时代的企业货币。他成功抓住了企业从"知识时代"到"注意力时代"转型的开创性节点，并出版了同名著作，被IBM前知识管理研究院院长拉里·普鲁萨克（Larry Prusak）重磅推荐。他所在的埃森哲公司，也在当年被《财富》500强企业选中作为头号咨询公司。

达文波特一次次对商业时代潮流进行了精准的感知和把握，让无数企业管理者对世界有了理解和思考的框架，而这完全得益于他超强的数据分析能力。

DATA

与克莱顿·克里斯坦森、杰克·韦尔奇
比肩的商业思想家

达文波特凭借睿智的洞见和新锐的商业思想，为自己赢得了无数荣誉。2000年，他被《CIO》杂志评选为"新经济十大杰出人物"之一。之后，在由他发布的巴布森学院"全球著名商业思想家"排行榜中，他把自己排在了第25位。在这个榜单上，知名战略思想家加里·哈默拔得头筹，畅销书作家托马斯·弗里德曼和微软前董事长比尔·盖茨分别列第二、三位，达文波特是与克莱顿·克里斯坦森、杰克·韦尔奇比肩的商业思想家。2003年，达文波特被权威的《咨询师》杂志评选为全世界"最顶尖的25名咨询师"之一。

达文波特还是一位知名的商业图书作家，共出版了近20本管理类畅销书，被多个国家引进出版，极负盛名。

作者演讲洽谈，请联系
speech@cheerspublishing.com

更多相关资讯，请关注

湛庐文化微信订阅号

湛庐文化
Cheers Publishing

特别
制作

ONLY HUMANS NEED APPLY

Winners and Losers in the Age of Smart Machines

人机共生

智能时代人类胜出的5大策略

[美] 托马斯·达文波特　茱莉娅·柯尔比◎著
Thomas H. Davenport　Julia Kirby

李 盼◎译

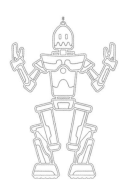

浙江人民出版社
ZHEJIANG PEOPLE'S PUBLISHING HOUSE

与机器赛跑

在西弗吉尼亚塔尔科特（Talcott）风景如画的郊区，矗立着一个男人的雕像，他击败了威胁要夺走他工作的机器，虽然这种成功只持续了很短的时间，这个人就是约翰·亨利（John Henry）。1870 年，他在切萨皮克和俄亥俄铁路公司（Chesapeake & Ohio Railway）工作，职位是钢钻机师，和同伴们负责在大转弯山（Big Bend Mountain）开凿一条将近两公里长的隧道，而与此同时，管理层引进了一台蒸汽动力钻孔机。亨利说他可以胜过钻孔机，而且也确实做到了，只不过不久之后就因劳累过度而去世。《路边美国》（Roadside America）是一本提供各种新奇景点信息的著名指南，这本指南中总结说："对于普通劳动人民来说，他的故事之所以鼓舞人心，是因为这个故事明显表达出了人们内心的一些渴望。"

我们可能会奇怪，为什么对于亨利来说，打败机器如此重要？与此同时，还有另外一个更为重要的问题：为什么他战胜机器的故事至今仍然能让我们产生共鸣？为什么会有关于他的各种传说和那座雕像？为什么我们还要教学生们唱关于他的歌谣？

人们对机器侵蚀人类工作的现状感到忧心忡忡，而这种焦虑已经深入人心。大约在大转弯隧道（Great Bend Tunnel）开通的 60 年前，卢德派 ① 对织袜机、精纺机以及动力织布机进行了更严重的破坏，因为这些机器让纺织工人再无用武之地。约翰·亨利事件大约 80 年后，也就是 1955 年，在俄亥俄州的布鲁克帕克市（Brook Park），福特汽车公司的工人奋起反抗那些前所未有的流水线自动化系统。他们举行的"野猫"式罢工 ② 得到了当地工会领袖艾尔弗雷德·格拉纳凯斯（Alfred Granakis）的支持，他把制造业的自动化称为"省钱的弗兰肯斯坦"。

该事件的后果远比人们想象的要积极得多。我们可以引用许多能够揭穿被经济学家们称作"卢德谬论"（Luddite Fallacy）③ 的经济学研究。这些研究表明，生产力的提高总是会产生更多的工作岗位，即使没有立即实现，但最终也会实现。没错，虽然很多工作不再需要人们亲力亲为，但与此同时，科技也会为人们带来众多全新的高阶工作。**对于人类来说，总能有更好的退守位置。**"技能偏向型技术变革"虽然确实会导致失业，但这些都是暂时的。甚至在今天也是如此。尽管牛津大学的一项研究称，美国 47% 的工作在不远的未来都面临着因计算机化而消失的风险，但经济学家以及很多技术供应商却保证说，这次的情况会和以前一样。

但如果这次的情况发生了变化，我们该怎么办？如果人类不再占有高地了呢？我们必须注意到一点，那就是：**今天正在被取代的工作和过去的工作类型是不同的。**事实上，我们可以根据机器挑战的工作类型，归纳出自动化的三个阶段。

第一阶段，机器将人们从那些让人身心俱疲的工作中解脱出来。这是后工业革命时代发生的故事，这一时期的变革促使人们离开农场进入工厂，随后，当这些工

---

① 卢德派反对广泛使用的、造成众多工人失业的机器，以早期砸毁机器的其中一个叫内德·卢德（Ned Ludd）的人来命名。现在常用来指对抗技术进步的人。——编者注
② "野猫"式罢工指未经工会批准的罢工。——译者注
③ 卢德谬论是发展经济学中的一个观点，认为在生产中应用节省人力的技术会减少对劳动力的需求，进而导致失业率提高。——编者注

人面对如飞梭、多轴纺织机以及动力织布机这样的新式机械装置时，他们发现自己根本毫无用武之地。这个过程同时也在全世界范围内进行着。

以富士康为例，这是一家为类似于苹果这样的全球性电子品牌代工的中国制造商。从 2011 年开始，该公司开始把机器人投入生产线来从事焊接、抛光这样的工作，且第一年就投入了 10 000 台。2013 年，总裁郭台铭在富士康的年会上说，公司现在的雇员已经超过了 100 万人。但是他很快又补充说："未来我们将会增加 100 万台机器人雇员。"

这个目标一旦实现，将意味着必然会有几十万人类工人不会再被富士康雇用，地方经济也将面临巨大的失业问题。但是从工人个体的角度来说，损失似乎并没有那么严重，因为这些被夺走的特定职位通常来说也并不是很有吸引力。

在亚马逊庞大的仓库中，如果工人们必须从库房的一端跑到另一端才能完成挑选和包装的任务，就会让这份工作变得很辛苦，以至于让在那里"工作"（卧底调查）的记者发表了一系列言辞激烈的文章，抨击亚马逊施加给工人们毫无人性的工作任务。所以，现在亚马逊利用 Kiva 系统机器人（也就是现在的"亚马逊机器人"）把货架搬到工人面前，这样就可以让工人待在一个固定的位置工作。要知道，相对于目前的机器人来说，人类工人在寻找特定商品和合理包装方面仍然具有明显的优势。这让工作变得更简单了吗？毫无疑问，当然。这是不是也意味着亚马逊只需要更少的人就能完成同样数量的订单了？当然。

当机器接手了繁重的体力劳动之后，自动化又紧跟着工人们进入了他们所退守的高地，进而开始了自动化的第二阶段。从大体上来看，这个领域的工作已经不再属于那种脏、累、差且危险的范畴了，但"枯燥乏味"成了这类工作的代名词。想象一下 20 世纪 60 年代的秘书们，他们或在打字小组中埋头苦干，或在转录备忘录的潦草文字，因为他们需要把那些潦草的文字或者口头语改得清晰、严谨。有人可能会把这样的工作称为"知识性工作"，因为该工作需要的是大脑而不是肌肉。但是很明显，这种工作不涉及太多的决策。在计算机被发明出来之后，机器很轻松地便能胜任这类工作并具有更高的生产力。

对于某些秘书类工作来说，下面这个例子能很好地展现出机器在这类工作上所表现出的实力。当达文波特在写作这个章节时，他打算在那周晚些时候约一个朋友在咖啡馆见面。当他看到通过邮件所抄送的内容时，发现自己的朋友雇用了一个名叫"埃米"（Amy）的助理。达文波特对此感到有些惊讶，因为他的这位朋友是一位独立咨询师，根本不可能有助理的。这位朋友写道：

> 埃米：
> 你好！
> 请在 9 月 19 日星期五上午 9：30，为我和汤姆 ① 安排在坎布里奇的 Hi-Rise 咖啡馆见面。详细内容我们当面谈。
>
> 多谢！
> 朱达

达文波特很好奇，于是他查了一下埃米的邮箱后缀"@x.ai"所代表的公司。结果发现，X.ai 是一家利用"自然语言处理"软件来解读文本并帮助安排会谈的公司，而且这些工作都是通过邮件来完成的。换句话说，"埃米"是自动运行的。与此同时，其他类别的诸如电子邮件和语音邮件、文字处理、在线旅游网站以及互联网搜索应用这样的自动化工具，正在蚕食那些原本属于秘书们的工作领域。

自动化第二阶段影响的并不仅仅只是白领们。整个以服务为基础的经济结构都在被侵蚀，而这个经济结构正是在农业和制造业工作被第一阶段强大的生产力消灭之后才形成的。现代的很多工作都是事务性服务工作，也就是说，这些工作的主角是人，而他们的职责是帮助顾客从复杂的商业系统中获得所需。但无论是买机票、订餐还是安排会面，都是些很程序化的事务，它们很容易被转换成代码。在现实中，

---

① 即指托马斯·达文波特，"托马斯"的昵称为"汤姆"。——编者注

计算机系统已经能够实现自助式服务，你也许还认识一些因此而失业的银行柜员、机票预订员和客户服务代表呢。至少，当你联系一家公司，却发现自己面对的是一个网络界面时，就会觉察到人工服务已经变少了。

与自动化第一阶段一样，第二阶段也在随着时间的推移逐渐完成。现在依旧有很多工作是由人类工作人员完成的，而机器却能更廉价高效地完成这些工作，尤其是那些越来越智能的机器。想想长途卡车司机所感受到的孤独吧。顺便说一下，这种工作在工业化时代早期甚至都不存在，它完全是科技进步的产物。目前，人类司机仍然"统治"着公路，但恐怕这一时代很快就会终结。达文波特最近询问了一位联邦快递的高级经理，问他是否考虑过在不远的将来把人类驾驶卡车转换为自动驾驶卡车。他含糊地回答："好吧，我们是不会在本地线路上投入自动驾驶卡车的。"恐怕这个答案不是司机工会想要听到的。

这让我们不禁想到，我们两人在大学暑假时所做的每一种低级服务工作，在今天，自动化技术可能会更好地完成。举个例子来说，高性能的 Roomba 扫地机器人能轻松胜任达文波特在炼钢厂扫地的工作，而茱莉娅（另外一位作者）在零售店记账的工作则会被自助服务台所取代。甚至连达文波特在加油站工作的美好日子都很快会因自动化汽油泵而结束，而该系统目前正在接受常规化的标准测试。

如此这般，我们便来到了第三阶段。这个阶段的自动化系统的智能程度与日俱增，并且正对我们实行着严密的监控。现如今，计算机已经在多种背景下证明，它们能做出比人类更明智的决策。正如技术研究咨询公司高德纳所说，这会让接下来的 20 年成为历史上最混乱的时代。而其中的一个原因就是计算机系统会"实现人们对于信息技术能力的最原始的一些幻想，它们能完成那些我们一度认为只有人类才能完成，而机器无法胜任的任务"。

就像其他激动人心的科技进步一样，第三阶段既会带来希望也会带来危机。好消息是，新的认知技术将会帮助你解决很多重要的商业和社会问题；你那里的医生将会拥有国际专家的专业技能；在穿越线上产品和服务组成的迷宫时，你将不再会感到迷茫；无论你的工作是什么，你都将拥有触手可及的知识来帮你成功而高效地完成工作。

当然，以上情况成立的前提是，如果你还有工作的话。第三阶段带来的显而易见的危机就是更多的失业。这一次，潜在的受害者不是出纳员和公路收费员，也不是农民和工人，而是那些以为自己的工作不会被机器夺走的"知识工作者"，比如本书的作者和读者。

知识工作者的工作危在旦夕

管理咨询公司麦肯锡为知识工作者们思虑甚多，因为它的成员及客户基本上都是知识工作者。麦肯锡全球研究院（McKinsey Global Institute）发布了一份关于那些具有破坏力的技术的报告，这些技术将会在未来 10 年中，最大限度地"改变生活、商业以及全球经济"，而这份报告中的内容就提及了知识工作的自动化。在研究了 7 类知识工作者（专业人士、管理者、工程师、科学家、教师、分析师以及行政人员）所从事的典型工作后，麦肯锡预测，到 2025 年将会发生这种剧变。最终结果就是："我们估计，知识工作自动化的工具和系统能够完成相当于 1.1 亿 ~ 1.4 亿全职员工（FTEs）的工作量。"

既然我们还将继续在很多场合使用"知识工作者"这个术语，那我们就应该先来定义一下这些人到底是谁。在达文波特 2005 年的著作《思考为生》（*Thinking for a Living*）中，他把这些人描述成"主要从事知识和信息处理工作"的工作者。根据这一定义，这些人代表了发达经济体中 25% ~ 50% 的劳动者，当然，准确数字应根据具体国家、具体规定以及具体使用的统计数据而定。就像达文波特当时在书中所说的那样，他们是"经济进步的开拓者"。**他解释说，在大公司里，知识工作者就是那些激发创新和进步的人。他们开发新的产品和服务项目、制订营销计划、制定策略。**

知识工作者并不是只在办公室里工作，他们包括所有受过高等教育并且具有高级认证技能的人，这些人所从事的都是需要专门知识或特殊训练的职业，如医生、律师、科学家、教授、会计等。这些人也包括飞行员和船长、私人侦探和赌徒，即任何为了工作必须努力学习且凭借智慧才能胜出的人。而未来，所有这些工作都会有一些重要部分可以交由自动化系统来完成。

这部分工作的边界目前看来还很模糊。比如，其中是否包含伦敦的出租车司机？他们是出了名的必须拥有"某些知识"才能获得从业执照的群体。那么翻译员呢？档案管理员或导游呢？我们可以先为这些问题画上问号，本书后文会给出答案。**边界具体应该划在哪里并不重要，因为当我们考虑具体哪个工作将受到威胁时，其实以上工作全部在列。**

哪里才是人类退守的高地

今天，机器的能力变得如此惊人，以至于我们很难找到一处人们可以凭借自己更成熟的经验来生活的"高地"。而正是这一点让很多聪明人伤透了脑筋。比如，麻省理工学院的教授埃里克·布莱恩约弗森（Erik Brynjolfsson）与安德鲁·麦卡菲（Andrew McAfee）就曾在其著作《第二次机器革命》（*The Second Machine Age*）中指出，人们所预期的劳动力市场复苏似乎早就应该出现，但却迟迟未来。西方经济体中持续的高失业率可能意味着，由最后一波技能偏向型技术变革所造成的混乱将不会消失。保罗·博德里（Paul Baudry）、大卫·格林（David Green）以及本杰明·桑德（Benjamin Sand）针对美国市场对高技能劳动者的需求总量进行了研究。他们表示，该需求在 2000 年时达到了顶峰，随后就一直在下降。而与此同时大学却依然向市场输出了越来越多水平参差不齐的劳动力。

当某个经济体中的好工作变得越来越少时，人们就会越发担心收入的不平等。有证据表明，在目前的经济结构下，能拿到高薪的并不是知识工作者们，而是一小撮"超级明星"，如 CEO、对冲基金和私募经理、投资银行家等类人，而所有这些人，正是通过自动化决策才做出了非常成功的投资。与此同时，发达经济体中的劳动力参与率正在稳定地下跌。硅谷投资人比尔·达维多夫（Bill Davidow）和科技记者麦克·马龙（Mike Malone）在写给《哈佛商业评论》的一篇文章中公开宣布："我们很快就会看到成群结队的毫无经济价值的市民。"他们说，如何解决这种发展带来的冲击，将是 21 世纪自由市场经济所面临的最大挑战。很多人似乎都同意这一观点。世界经济论坛在 2014 年瑞士达沃斯年会之前曾向 700 多位全球领先的思想家做了调研。他们认为，在未来 10 年，最可能对世界经济造成巨大冲击的因素是"收入不均以及随之而来的社会动荡"。

世界经济论坛首席经济学家詹妮弗·布兰克（Jennifer Blanke）在解释"随之而来的社会动荡"时指出："人们的不满将会导致社会结构的解体，特别是当年轻人觉得自己前途渺茫时。"确实，各式各样的研究都表明：无事必然生非。其中最好的一个研究案例可能就是，2002 年布鲁斯·温伯格（Bruce Weinberg）和他的同事所关注的美国在过去 18 年间的犯罪率。他们发现，犯罪率的增长可以归因于未受过高等教育的人群的失业率的增长，且与其工资的降低有着非常明显的正相关关系。

人们的不满不仅仅是因为他们找不到待遇优厚的工作，而是因为他们甚至连工作都找不到。这就是为什么诺贝尔经济学奖得主罗伯特·希勒（Robert Shiller）会把发展中的机器智能称为"现今世界面临的最重要的问题"。他解释说：

> 问题和收入不平等有关，但是可能不止于此。由于我们更愿意把自己定义为知识分子或智慧超群者，那么现在连人类的自我认知也成了一个问题。我是谁？计算机目前正在取代"前任"成为新的知识分子或智慧超群者。对于大多数人来说，这件事很恐怖。这是一个具有深刻哲学内涵的问题。

工作给人们带来的好处不仅只是保证温饱的薪水，还有群策群力制订并且最终完成具有挑战性目标而带来的归属感、满足感和成就感，甚至是充实每周时光的固定的工作内容和乐在其中的生活节奏。2005 年，盖洛普咨询（Gallup）公司进行了一项名为"世界民意调查"（World poll）的全球民意测验。调查结果显示，拥有好工作的人，更有可能对自己现在和未来生活的其他方面做出正面的反馈。在盖洛普咨询公司的定义中，"好工作"能够稳定提供每周平均至少 30 个小时工作时长以及一份来自雇主的薪水。

另外一个世界民意调查提出了"你所认为的生活中的重要方面"的问题，并且要求受访者把提到的各个方面都做一下分类，即判定它们中哪些是生活中不可或缺的，哪些是非常重要的，或者说有用但并不是必要的。盖洛普咨询公司 CEO 吉姆·克利夫顿（Jim Clifton）说，到了 2011 年，"拥有一份高质量的工作"在全球范围内都是极为重要的，它甚至超过了拥有一个家庭、民主、自由、宗教信仰或者和平。

知识工作者并没有错，他们应该担忧将来可能会丢掉工作。在机器驾驭了辛苦、危险以及枯燥的工作之后，它开始逐渐渗入决策工作。劳动者们必须为领地的丧失而抗争，因为这片区域非常靠近他们的核心身份认同以及价值观。令人沮丧的是，即使我们能找到一种方法来分享这个拥有巨大生产力的系统所产生的财富，却可能无法找到让大家为这个系统贡献价值，并从中获得意义的方法。

因此，这就是我们出版《人机共生》这本书的原因：我们仍然能找到让人类在布莱恩约弗森和麦卡菲所谓的"与机器赛跑"中胜出的方法。我们通过观察得出，参与现在这场关于知识工作自动化争论的专家，倾向于分成两个阵营：一些人认为，我们将不可避免地走向永久性高失业率；另一些人则认为，新的工作类型会涌现出来，从而替代那些被遗弃的工作。但是两个阵营都没有告诉工作者，即使面对这种局面，作为个体仍然大有可为。在接下来的内容中，我们的主要任务就是说服你：**从事知识工作的读者，仍然可以决定自己的命运。**你应该充满力量并且为自己做出决定：面对进击的自动化系统，你该怎么办？

在过去的几年中，当每周都有机器学习、自然语言处理或视觉图像识别技术获得突破的新闻时，我们一直在向那些成功的知识工作者学习。他们重新定义了什么叫比机器更强，并在自己的人类强项上加倍投入。就像你即将在接下来的章节中所看到的那样，他们并不是超人，不能通过某些方法比人工智能更快地处理信息，也不能像机器人那样更完美地完成重复性工作，他们只是热爱自己的工作并且能为工作带来特别意义的普通人。在这场为了能在强大机器林立的时代里保留一席之地的奋斗中，他们为我们带来了真正的启示。

他们和你，就是新世界的约翰·亨利。

人工智能会取代我们的工作吗？
扫码下载"湛庐阅读"APP，
"扫一扫"本书封底条形码，
彩蛋、书单、更多惊喜等着您！

目录

ONLY HUMANS
NEED APPLY

第一部分

小心，
人工智能要来抢你的工作了

一

ONLY
HUMANS
NEED
APPLY

Winners and Losers in the Age of Smart Machines

01

一场前所未有的工作革命正在爆发

—

ONLY
HUMANS
NEED
APPLY

即使你从未去过纽约证券交易所，也可能在金融类新闻节目的背景中见过。它是一个很完美的电视形象，在那里，每家交易公司都有一个格子间，格子间的墙上会显示他们所交易的股票公司标识。电子屏上的价格一直在不停地变化，身着亮蓝色夹克的操盘手们聚集在市场专家的周围，在空中挥舞着纸片或者用手指表示他们愿意购买的价格。当股票价格暴跌时，一顿捶胸顿足便在所难免。

事实真的是这样吗？上一次我们参观纽约证券交易所时是在2014年，当时看到的场景却有一些散漫，而我们听说，这才是新常态。1980年，那里一共有5 500位操盘手，现在大约有500位。过去，如果某一年股市形势大好，一个操盘手可以获得超过100万美元的收入；而现在，他们连4万美元的交易席位年费都快支付不起了。

在我们访问期间，少数几位仍然在工作的操盘手似乎也显得无所事事，他们的很多时间都用来聊天。当我们问他们为什么如此悠闲时，他们解释说，这是因为大部分交易都已经在新泽西的数据中心完成了。其中一位甚至告诉我们，他现在星期一和星期五已经不需要工作了。纽约证券交易所是仅存的几个可以让人类操盘手"公开喊价"的交易所之一，其他交易所已没有多少喊价的声音了。我想，这就是为什么电视节目如此偏爱纽约证券交易所的原因。

对于其他交易所来说，这种情况只能是更加严重；几乎所有股票交易都变成了电子交易。芝加哥商业交易所在2015年上半年已经转型为商品期货自动交易。甚至连一直以来都因定价和交易过于复杂而无法被自动化的债券交易，如今都已经实现半电子化了。卖家和买家的算法与数字匹配已经取代了人类操盘手，其结果快速且有效，影响巨大，以至于极大程度地侵蚀了股票交易所产生的利润。再过几年，通过人类进行交易的方式就会完全消失。

除了作为资本主义的标志，纽约证券交易所的交易大厅还是自动化的理想代表。利用缩时摄影的方法我们就能看出，这里的人每年都在减少。职业的终结并不是在一瞬间发生的，这种职业是在长达40年的抱怨声中逐渐衰亡的。那么，你的工作会在2055年左右消失吗？

我们需要明确一点：人类作为劳动者来说还真的是满身缺点。首先，劳动力很昂贵，而且在未来还会变得越来越昂贵。除基本工资以外，雇主还得为他们额外多花近1/3的工资，用于个人所得税、带薪休假、健康保险、退休金以及其他额外津贴。这还不是全部，随便找一位行政人员问一下就会知道：人类需要符合人体工学的工作设施，合适的温度以及亮度，甚至还有卫生管道设备。所有这些都很昂贵，而且还不止如此。随便找一位公司法律顾问问一下，人们是否喜欢打官司；随便找一位安保人员问一下，如果出现盗用公款情况会怎么样；随便找一位库存经理问一下，他们是否知道库存损耗（偷窃）；随便找一位人力资源经理问一下，有多少员工是在本分地做着自己的本职工作（美国的平均值为13%）。但是，人类的成本甚至比这些还要高得多，我们将在第2章中提到，科技从来都是越来越聪明、越来越廉价，而人类作为一个整体来说却不是这样。**你无法把早已存在的知识下载到一个人身上。任何人都是从零开始的。**

所以，纽约证券交易所交易大厅展示的一幕让人不寒而栗。但与此同时，又让人感到欣慰。这种情况意味着，"工作本身"安然无恙，唯一的问题在于，现在有一些工作已然能被机器夺走了。如果我们中的一些人认为自己的工作无论如何也无法由机器完成，那只是"掩耳盗铃"罢了。因为事实上，工作并不是不能分解的。**所有工作其实都是任务的组合体，今天的任何一种工作都有一部分可以被有效地自动化。**虽然机器无法像 Pantone 色彩研究所（Pantone Color Institute）的执行理事一样能够预测每一年设计界的流行色。或者像总裁们在并购活动中那样，预测到目标公司的人才在文化融合中是会被大放异彩还是会逐渐凋零。机器也无法像我们一样造出比拟新晋小说家大卫·华莱士（David F. Wallace）的句子，却能在符合语法的前提下写出极其复杂的句式。除了这些极为少有的工作种类，机器将会取代知识工作者的大部分日常工作。

当计算机程序聚焦于它们可以胜任的工作时，这部分工作就已经被它们夺走了。在这个过程中，程序会一个接一个地侵蚀那些构成工作的不同任务，也就是说当一份工作只有 10% 的任务可以被自动化时，这份工作肯定不会消失。只不过，现在只需要 9 个从事这种工作的人就能完成

过去10个人的工作量了。这就是为什么除了在《阴阳魔界》[①]
中，你没看见任何一个人进入上司办公室后被告知从此以
后他的工作将由计算机来完成。真实情况是，这些人被一
步一步地推到了门外。

话说回来，对于厌倦了自己工作中那些危险、肮脏以
及无聊任务的体力劳动者来说，留下来完成工作的9个人
通常会很高兴看到自己工作中那令人不快的10%消失了。
因为那当中有太多他们不想亲自完成的任务。比如，律师
工作中的苦与难就在于"发现"，即为了找到某个案子的
制胜法宝而不厌其烦地筛查文件和书面证词。当"电子取
证"和"预测编码"出现之后，很多文字检查工作都被自
动化了，而这几乎没有人反对。我们所有人都想工作得更
轻松。我们对工作都有着像夏洛克·福尔摩斯一样的态度：
憎恨生活中的繁文缛节。

机器把大部分工作者日常工作中的繁杂琐事都承包了，这部分工作既占用
时间又承担不起增长知识的重任。正因为如此，人们都急切地想要拥抱机器带
来的变化。若非如此，各公司的 IT 部门就不用应付"自带设备"带来的麻烦了，
要知道，如今越来越多的员工带着自己心爱的计算机和其他设备来到办公室。
人们需要最先进的工具带给他们额外的生产力，因为这些工具解放了他们的时
间，让他们有精力去解决更有趣的问题了。为了达到这个目的，他们不惜自己

---

① 《阴阳魔界》(*The Twilight Zone*) 是 1959 年在美国推出的由小说改编成的同名电视剧，黑白画面，
内容以怪诞和神秘主义为主，每集是各不相干的单独小故事。——译者注

购买工具。

所以，工作任务接连自动化对于员工来说，似乎并不是潜在的危机，对于顾客来说也是如此。如果一个任务可以由机器很好地完成，顾客也更倾向于机器。显然，花了钱的顾客会高兴，因为更高的生产率意味着更低的价格；虽然有些人可能会甘愿为工艺产品和服务支付更高的价格，但大多数人更倾向于使用花费最少的合格产品。除了降低价格，自动化还会提高质量、可靠性以及便捷度。当 ATM 机出现时，顾客并没有抱怨这个新增的自动化选项。时至今日，几乎没人能够想象没有它的日子。

如果所有人的工作中都有一部分可以被自动化，那我们想保留的是哪些部分呢？我们可能会认为自己会保留那些花了大把时间学习，或者我们有特殊能力完成的工作任务。换句话说，就是那些本来就让我们有能力超过其他工作竞争者的任务。但事情并非这么简单。实际情况是，我们能保留的部分是那些无法被编码的工作任务。

人类工作的未来
ONLY HUMANS
NEEDAPPLY

这个命题我们将在后文中不断回顾：如果工作任务可以被编码，那它就可以被自动化。同时还会产生一个必然的结果：如果工作可以被便宜地自动化，那么这种情况就一定会发生。我们已经看到了很多工作被疯狂地解构，然后其中最容易被编码的任务就被自动化了，而这些任务恰恰需要最多的教育和经验才能完成。

　　如今，在医院管理机构和保险公司中，"医生顾问"都有着很重要的作用。在当前的医疗背景下，医生需要为病人诊断并制定治疗方案，但他们也需要顾及医院的需求，从而实现有效的资源管理。额外检验和通宵值班消耗了有限的资源，而这些可能都不会得到保险公司的补偿，当然，这样也会影响患者。医生顾问的角色就是检查医生们递交的治疗方案，如果有任何不妥的地方他们就会建议做出改进。你能想象一个可以去质疑受过高等教育的医生的医生顾问需要多少知识吗？除此之外，这个角色还需要懂"外交"。一份医学简报是这样描述这个职位的要求的："一位熟练的医生顾问必须知道如何通过影响力来管理团队，而非动用权力。这就需要他在面对相关问题时，在共治和强硬之间取得精确的平衡。同时，医生顾问还需要能够提出可行的替代方案，而非仅仅指出怎样做是不行的。"

　　这份工作听起来怎么都不像是一台计算机能够胜任的。但是 IBM 的"沃森"和其他智能系统，已经进入到像 Anthem 这种健康保险公司的医生顾问行列中了。需要注意的是，这份工作中大部分涉及认知能力的任务，比如能够基于过往类似案例所积累下的大量知识和经验提出"合理的替代方案"，就是被自动化的部分。没有哪位医生的记忆能像沃森那样存储了那么多的病例。这部分工作所表现出的可能也正是医生们最引以为傲的竞争力：那种挂在墙上而且是靠辛苦努力才得来的证书可以证明的能力。沃森一口气把医生顾问这个一直由人类来完成的工作全部取代了吗？没有，至少现在还没有。但是通过不断扩充自动化系统宝贵的知识库，这份工作的剩余任务可以由资质不那么强的人来完成了，比如护士。所以可以假设，负责招聘这个职位的人事经理现在开始关注其他重要的能力特点了，比如"能够在共治和强硬之间取得精确的平衡"的能力。毫无疑问，这是一种罕见的才能，而且恐怕大家也都不会为此而接受特殊培训，更别说高级培训了。

医生顾问这个职业所发生的变化正好证明了一个观点，那就是"技能退化"（deskilling）。这个词最初是由美国社会学家哈里·布雷弗曼（Harry Braverman）创造的，用来形容自动化对工作和劳动力所造成的影响。当引入自动化技术之后，工作者就不再需要以前的那些必备技能了，也就是说半技术或无技术工人就可以完成这些工作，这样就导致工作遭遇了技能退化。或者也可以这么说，当足够多的机器接管了某些工作任务时，劳动力就会出现技能退化，而这种技能对于人们来说就变成了"失传的手艺"。

2014 年一项针对英国人所进行的调查提供了一个简单的例子：有40%的人承认，他们在每天的通信活动中完全依赖自动更正功能来保证拼写正确。其中超过半数的人说，如果他们无法使用拼写检查功能的话，就会"惊慌失措"。但90%的人表示，让孩子们学习正确的拼写是至关重要的。

对于布雷弗曼和在此之后的很多思想家来说，技能退化是一种非常危险的现象。早在 1974 年，他就已经预测到人们将无法避免自动化对知识工作的缓慢入侵，他开始对"白领无产阶级"的产生感到忧虑。

随着计算机开始占据越来越多的知识工作任务，技能退化的速度将会加快。比如教学的艺术。今天的小学教师身兼很多重要的教育职能，首先就是要明确学生掌握了哪些内容，他们还需要学习哪些内容；第二项职能则是切实地把教学内容传递给学生；第三项职能在于维持纪律，并且在教室中培养学生对于学习的热爱。虽然计算机很难做到让班里 25 个四年级学生注意行为举止，并保持安静平和，但很多其他原本由教师来完成的工作也可以由计算机来完成，而且在某些地方，这样的情况已经发生了。

事实上，在判断每位学生所需要学习的知识，以及根据学生自身的需求提供个性化教育内容上，计算机做得要比很多老师都好。因为对于老师来说，这样的"定制化教学"即使只是针对一个传统大小的班级，工作量也是非常巨大的，会花费他们大量的精力和时间，以至于让他们无法有效地完成任务。至少在教育软件制作精良的情况下，计算机还很擅长把教育内容传授给学生，并且能够了解到他们在何时掌握了内容。那么，我们可以想象，在高度计算机化的学校中，人类的角色就只剩下监管和训导了，而这些工作可以由看起来更像是"助教"和学监的人来完成，而不是那些具有高等教育学知识和学术知识的专业人士。对于教师工会来说，这可不是什么好现象，而这可能恰恰就是教育方式在今天仍然没有发生大规模转变的唯一原因。

计算机已经成了真正的决策者

你是否已经开始感觉到你那原本令人骄傲的知识工作可能不再那么坚不可摧了？如果你还不是那么确定的话，我们可以参考一下放射学专业。另一种工作被解构的高学历群体就是放射科医生了，而他们的工作中被自动化的部分恰恰正是他们训练中用时最长、难度最高的。需要注意一下的是，就在不久前，我们还不能说研究 X 光和 MRI 结果并提出诊断意见的能力是可以被程序化的。毕竟，这是一个离不开"米妮婶婶"（AuntMinnie）的专业。据报道，这个词由放射学家本·费尔逊（Ben Felson）在 20 世纪 40 年代第一次使用，用来表示隐性知识。随着放射科医生实践经验的逐渐增加，某些诊断他们只消看一眼就能知道结果，因为相同的图像曾经出现过很多次。用费尔逊的话来说，呈现在放射学家眼前的"案例里充满了如此明确又令人信服的应用辐射学发现，以至于任何鉴别诊断 ① 都不是不现实的"。随着时间的推移，放射科医生越来越肯定：如果情况看起来像你的米妮婶婶，那么它就是米妮婶婶。

---

① 鉴别诊断（differential diagnosis）是指根据患者的主诉，与其他疾病鉴别，并排除其他疾病可能的诊断。——译者注

放射学并不仅仅只是一种需要很长时间来学习的专业，这类职业还曾是美国收入最高的医学专业之一。图像技术在过去 20 年间的大爆发式发展让能够读取这类图像的医生成为医院和医疗界的"摇钱树"。但是在最近几年，这些医生的数量持续降低，而且收入也在变少。对造成这种结果的三个过程进行研究，我们就能了解更多信息。

- 首先，读取图像的工作被外包给了国外的放射科医生，因为这样就可以处理更多图像。只有在图像可以被数字化并且能够即时发往海外时，这种情况才会发生。
- 其次，一旦有人意识到这些国外医生的成本相对更低之后，就会有更多的工作流向他们。这种工作从医院到国外的迁移会迫使医院管理层对该工种进行更深入细致的程序化，因为他们需要远程监管工作质量。
- 最后，彻底的程序化促使这种工作走上了最后一步：自动化。

现在已经有技术可以读懂 CT 扫描和 MRI 结果，并且能够识别出可能意味着癌症的病变。这些系统会把疑点用显著的大括号标示出来，任何医生或护士都能看到。着眼于未来，随着成像设备价格的持续走低，迟早有一天，每位家庭医生的办公室里都会有那么一台机器。最终，他们解读应用放射学图像的技能将全面退化。米妮婶婶死不瞑目。

意料之中的是，近几年美国申请在放射科实习的医科学生数量逐年稳定递减。但是话说回来，医院放射科医生现在的工作仍然有一部分是机器无法完成的。比如，让一位精神紧张的病人按照医疗设备的要求行事，这是一门艺术，不过这个任务经常都是由技术人员来完成的，而非放射科医生。而且"参与性"放射科医生必须能读懂实时图像，只有这样他们才能指挥操作组织中的微创设备。这种技能离自动化还差得很远。虽然技术都已经数字化，但是具体设备或技术实施仍然需要人的参与。

我们刚才说，机器抢占了工作中的高级认知任务并且把人当作某种用户界面，这样的事正发生在各行各业的专业领域中。**计算机已经成了真正的决策者，而它也确实精于此道，虽然偶尔还是会发生一些小意外。**

比如，股票和固定收益投资的"程式交易"（也被称为高频算法或者量化交易）在华尔街以及整个金融系统中随处可见。这也是纽约证券交易所今天之所以如此安静的原因之一。以前是人类操盘手来决定买哪只股票或债券，但是现在，很多事情其实都是由计算机来决定的。

与上述情况相似的是，过去由人类定价分析师决定的事，现在都可以通过计算机自动得出结论了。一家机构应该如何为像机票和酒店房间这样的即时商品定价？这类情况的影响因素太多，以至于人脑根本无法及时处理那些信息，所以也就无法达到成功销售的目的。每天有上千个航班，而每个航班的价格又有上百种，于是每年就有了上百万个机票价格的变动。一项分析发现，一个航班的最低机票价格会改变 139 次，而其决定因素就是客座率和需求量。

事实远不止于此。是谁决定是否给某人抵押贷款或核发信用卡、收取多少保险费，或者给媒体的消费人群展示哪个广告？所有这些都需要强大的分析能力以及对规则的严格遵守。能完成这些工作的人寥寥无几。人所能做的就是制定规则，写出能让决策自动化的代码，这些人的作用还是很重要的。但在每天的具体工作中，那些相对来说既程序化又很量化的任务则不再由人脑来完成。

你为什么要小心

我们都很喜欢赫伯特·威尔斯（H. G. Wells）的《星际战争》（*The War of*

the Worlds）中的一句话，书中那句话的叙述者因为自己没有在"比人类更强大的智能"到来之前做出反应而追悔莫及。具体指的就是火星人登陆地球。他把自己比作享受温暖小窝的渡渡鸟，他想象当饥饿的水手侵入这些不幸鸟儿所在的岛屿时，它们也是气得浑身发抖，他说道："亲爱的，明天我们就去啄死他们。"

你会怎么样呢？当智能接管了人类工作并且取代人类，做出越来越多重要决策时，你会有所作为吗？你是否注意到了那些你应该给予足够重视的信号？为了让你取得先机，一些"离巢"信号你不得不知。所有这些信号都证明了：**知识工作者的工作正在通往自动化的路上。**

1. 今天，已经有自动化系统能够完成某些知识工作者的核心任务了。

这一事实强有力地证明了自动化会越来越严重地威胁到某些工作。如果你是放射科医生或病理学家，那就应该担心那些能够在乳房 X 光片和子宫颈抹片检查中读懂图像、并发现问题的计算机辅助检测系统。如果你是 IT 运维工程师，那就应该担心那些能辅助一位 Facebook 工程师独立运行 25 000 台服务器的系统。虽然这些系统还没有广泛地渗透到各个领域，但这个情况很有可能会在 10 年内发生。

2. 自动化系统几乎不存在物理接触的情况，也没有对对象进行操作的情况。

如果你的工作不需要亲自去接触，或者也不需要与顾客进行面对面接触才能完成，那么这个工作就更没有什么理由不被自动化了。如果你主要是和文件（比如不动产律师和其他很多类型的律师所要处理的）或图像（比如放射科医生所要处理的）打交道，系统完全可以分析解读它们的内容并理解判断其意义。如果你的工作要求你以某种无法提前预知的方式去和某些具体的对象进行接触，那么你的工作近期还不会消失。比如，对于我的一位麻醉师朋友来说，由于他必须通过经常移动病人来保证他们呼吸顺畅，所以他很怀疑机器人将会抢占他的工作。

3. 自动化系统只能进行简单的内容传递。

如果你的工作是要求你把已有的内容传递给其他人，那么你可能就有麻烦了。比如教师。他们首先需要弄明白学生需要学的内容是什么，然后基本上是通过手动的方式把内容传递给学生，如授课、演示等。但是 Amplify、麦格劳·希尔教育集团以及 Knewton 这样的公司已经生产出可以发现学生所需学习内容的系统，而且还在网上建立了具有丰富教育资源的站点，比如可汗学院（Khan Academy）。虽然在学校课堂的环境中，有一些任务是计算机无法完成的，比如管理班级和维持纪律，但这些工作也不需要由知识工作者来完成。

4. 自动化系统可以做直接的内容分析。

类似于 IBM 沃森这样的认知计算系统已经证明，它们可以出色地完成分析和"理解"内容的工作，但仍需要人来为这些系统编程并且进行系统修改的工作。不过，分析大量内容的任务，比如药物研究者和医学诊断医生的工作，将会越来越多地交由机器处理。律师们也是危机重重，因为法律工作的绝大部分都涉及文件分析。现在，"电子取证"工具通过"技术辅助审查"和"预测编码"功能就能通读上千个文件，并从中查找关键词和关键短语，鉴定出需要人类审查的文件，甚至可以判断一个案子的成功率。

5. 自动化系统可以回答与数据相关的问题。

我们已经知道，分析学和算法从数据中得出结论的能力比大多数人类都强，它们已经取代了某些保险单核保人和财务规划师的工作。自动化系统在未来能做的可能会更多，因为人类和机器之间的性能差异只会越来越大。比如一家名为 Kensho 的科技公司已经制造出了一种叫作沃伦（Warren）的智能软件系统，这款软件已经能够回答类似这样的问题："如果石油交易每桶超过 100 美元，而中东最近又出现了政治动乱，能源公司的股价将会发生什么变化？"这家公司声明，在 2014 年年底，他们的软件能够回答 1 亿个截然不同的涉及复杂数据的金融问题。

6. 自动化系统与量化分析有关。

有人可能会认为量化分析师在"分析时代"能免于失业，但是取代他们工作的技术也已经出现。很多量化分析师的工作将会被机器学习系统所取代或者工作量被大幅度减少。机器学习最擅长的领域可能就是助力人类分析师，并且提高他们在分析和建模方面的生产力。但是在某些背景下，比如互联网广告，如果不应用机器学习方法，几乎就不可能构建出符合目标速度的模型。针对某位顾客和某种广告机会的模型数量每周轻轻松松就能上千，但成功转化，也就是顾客在一周内购买该广告商品的概率顶多只有千分之一，也就是说不值得人类注意。通过机器学习方法来建立模型，是这个产业以及不断涌现出来的其他类似行业的唯一选择。当然，需要有量化分析师来设计这种机器学习方法，经过一段时间之后，这样一位分析师最终可以生成上百万个模型。如果你是一位理解机器学习的量化分析师，很有可能会保住工作。但如果你不懂机器学习的话，则很有可能会被取代。

7. 自动化系统能模拟虚拟任务。

对于教师和其他内容专家来说，这是另外一个问题。如果一个任务可以被模拟，那么传授该任务最好的方法就是让学生们去体验模拟。这个结论你只要去问问剩下的为数不多的飞行教练就能有所了解。现在甚至还有培训领导者的优秀模拟程序。也许商学院的教授和总裁教练的工作也危在旦夕了。

8. "始终如一"对于自动化系统来说尤为重要。

计算机是始终如一的，这就是为什么它们已经在金融服务领域稳操胜券了。计算机也将会越来越多地进入在其他强调一致性的工作领域，比如保险索赔评定、金融压力测试，甚至包括判决和量刑。例如在保险索赔中，"自动裁定"可以自动评估和批准超过 75% 的索赔。只有那些最具挑战性的案子才需要由人类理赔员来核准。

9. 自动化系统可以帮助生成基于数据的叙述。

需要叙述性地描述数据和分析的工作曾经只有人类才能完成，但是自动化系统已经开始逐步拿下这些工作。在新闻业中，像 Automated Insights 和 Narrative Science 这样的公司已经开始创建数据密集型内容。体育和金融报道已经如履薄冰，但是到目前为止，针对这些领域的自动化仍旧只能在有限的范围内实现，比如高校和梦幻体育 ① 以及小公司的收益报告。其他诸如 AnalytixInsight 这样的公司利用自己的 CapitalCube 服务为超过 4 万家上市公司创建分析叙述。

目前在很多情况下，金融服务中的资产管理是依赖计算机系统来为某类投资者决定理想投资组合的，但这还不够。今天的理财经理和经纪人经常把自动化系统提出的建议翻译成叙述性文字给顾客看。随着顾客变得越来越精明、对计算机越来越熟悉，这种翻译功能就会变得越来越没有必要。

---

① 梦幻体育（fantasy sports）是一种交互式的体育游戏，玩家按照现实中的体育运动员或职业体育队组建起自己的梦幻球队，与其他玩家彼此角逐。——译者注

10. 自动化系统可以运行与处理具有被明确定义的正式规则的工作。

最容易被自动化的领域永远是那些具有清晰、一致规则的工作。现在，基于规则的系统可以处理越来越复杂的问题。比如，如果你正在接受财务审计的职业培训，那你就应该担心了。现在已经有系统可以自动化完成一些审计的关键任务了。在税务申报中，这是一种完全基于遵循复杂规则来完成的工作，对于顾客和小公司来说，很多工作已经开始由像 TurboTax 和 TaxCut 这样的系统来完成，而企业收入则由 FastTax 和 CompuTax 来完成。

你可以把以上这些都看成"渡渡鸟工作"的特质，这些工作正坐以待毙，等着被科技吞噬。可能它们并不都会彻底消失，而是会留下几种。

在被科技影响的职业中，那些最有经验的知识工作者可能会保住自己的工作，但是对于初级工作者来说，则不会再有新的职位。但是，为了你自己或者你的儿孙辈，我们还是要劝你在力所能及的时候远离这些工作。

从工人到机器工人

我们刚才说到的这些特质适用于很多知识工作者的工作。所以，没错，计算机是要抢走你今天的工作了。它们会一点一滴、逐渐侵蚀你现在每天花时间完成的工作。更加结构化的任务将会被机器所占据，或者说机器会把生产效率提高一大截。在这种方式下，工作被真正地分解了。未来，你的一位同事就可以完成 10 个你今天所能完成的工作量。

智能时代振奋人心之作

《金融时报》年度十佳商业图书　麦肯锡CEO年度书单

ONLY HUMANS NEED APPLY

Winners and Losers in the Age of Smart Machines

人机共生

智能时代人类胜出的5大策略

[美] 托马斯·达文波特　茱莉娅·柯尔比◎著

Thomas H. Davenport　Julia Kirby

李　盼◎译

当"省钱的弗兰肯斯坦"来临
谁是不会被机器替代的人
独家揭秘跑赢机器的5大生存策略
让机器做机器做的事，让人做人做的事

埃里克·布莱恩约弗森
麻省理工斯隆管理学院教授
畅销书《第二次机器革命》作者

约翰·哈格尔
德勤领先创新中心联席董事长

马诺伊·萨杰那
IBM沃森前总经理

—— 集体盛赞 ——

ISBN 978-7-213-08452-2

9 787213 084522

定价：89.90元

ONLY
HUMANS
NEED
APPLY
——
人工智能革命

即便你就是那位幸运的同事，现实也会每况愈下：你巨大的生产力意味着下一代人将找不到工作。这个过程曾经被称为"沉默解雇"（silent firing），即移除那些因为被机器占据而消失的工作岗位。比如在放射学中，就算自动化还不完善，但用于检查乳腺癌和结肠癌的计算机检测系统已经作为"另一双眼睛"开始工作了，而这份工作原本属于人类。这种步步为营的进程并不会瞬间扫除整个工种，但会因占据足够多的工作而限制工种的增长，这会让新毕业生得不到聘用，而其他聪明的学生也会决定不再步入后尘。

受到"沉默解雇"伤害最大的群体通常都是初级工作者。即使目前知识性工作的辅助技术还不够"聪明"，但这种技术所引发的生产力提高也会削减雇主对没有经验的雇员的需求。比如在建筑行业中，初级建筑师曾经都需要画很多草图。蓝图或设计上的小改动可能意味着大量的重新制造任务。今天，这类工作几乎都是在计算机辅助设计（CAD）系统的支持下完成的，并且绘图和设计工作的效率也大幅度提高了。这就是最近的建筑学毕业生很难找到工作的原因之一。一项 2012 年由乔治城大学教育和劳动力中心发布的研究数据表明，建筑学专业学生的失业率已经高达 14%，比其他任何专业都高。正如《纽约时报》大胆的标题所言："要想找到工作，上大学别学建筑。"

从更广义的层面上来说，过多的人追逐过少的工作会造成巨大的压力，并使工资水平下降。想想保罗·博德里和他的同事们发现的供应过剩的知识工作者，这只能说明很多受过高等教育的人将要委曲求全，接受低于自身技能水平的工作，而这种情况只会让受过相对更少教育的工作者退到更低的层次。所有这些问题都会造成工资的零增长，哪怕对于有工作的人来说也是如此。对于任何由流动越来越频繁的非专业人士完成的工作来说，这一点尤其突出。一直以来，在音乐界和写作界，要想挣得一份体面的收入都是件困难的事，有很多人只要能表达自己并且展示自己的作品就已经很高兴了。现在这种情况变得越来越明显，比如纪录片制作、大会组织、体育分析，以及不胜枚举的大量需要高度创造力的活动。

最终的问题在于，你是否想要这种高度倚重机器的工作，并成为一个在机器丛林中工作的人类。很有可能你会感到孤独。在日本就出现了这样的现象，第一家大量采用机器人的"熄灯"工厂只需要几个工人就可以运行。1988 年，当弗雷德里克·肖特（Frederik Schodt）在筹备《机器人王国内幕》（*Inside the Robot Kingdom*）一书的过程中做了相关研究后，他意识到了所谓的"自动化孤立综合征"（the isolation syndrome of automation）。成为高科技运行的一部分，老员工倾向于感到自豪；新员工则会发现在缺少人类交互的工作中很难找到意义，在这样的工作中，他们感觉"自己就像机器人"，只能操作机器或为其他机器编程。

我们还剩多少时间

保罗·萨佛（Paul Saffo）对科技界有着长期的观察，对于其他那些想要揣测未来将会发生什么的人，他会提供一条重要的准则："永远不要把清晰的前景错当成昙花一现的现象。"一个必然会发生的改变可能也需要一段时间的发展才会有所显现。

遍布各个领域的知识工作者可能需要过一段时间之后才会无处安身。但是我们怀疑，可能仅仅只需要 10 年的时间，我们就会被迫面对这种巨变所带来的影响。科技会慢慢侵蚀各种各样的工作，而且目前已经投入应用的这类技术已经能够比人类更出色地完成某些决策任务了。它们现在还没有完全夺走所有工作，而且在很多情况下，它们仅仅是在有限的范围内发挥着作用。但是过去的每一年，没有任何一种系统的能力降低了，它们只会进步。

各种官僚机构可能会对自动化的进程持有一定程度的抵制态度。比如保险公司的条款可能会拒绝涵盖自动化决策技术，而监管者可能还是会基于以前的工作方式来建立自己的规则。由于担心会被起诉，可能还会让人们在应用自动化时三思而行。对于率先采用自动化决策技术的组织，律师们将会争先恐后地对其发起诉讼。比如在放射学方面有一些证据表明，医疗事故保险公司已经限制了本来可能会应用更广的自动化癌症检测技术。

从另一方面来说，被取代的工作者并没有像过去那些有组织的劳工那样，发起有组织的抵抗。我们可以想象一下强大的专业组织为人类的工作而奔走的情景，无论这么做是为了人类能有工作，还是因为自动化决策的"低水平"和"不稳定"。虽然有些组织似乎很不愿意接受那些能够提高生产力的工具（可能是为了保护其人类成员），我们却没有看到任何看似有组织的抵抗。甚至连 2015 年一个在美国西南偏南举办的大会上引起短暂轰动的抗议，最终也被证实只不过是一家科技公司为了推广新应用而使用的营销噱头。

既然没有什么阻力，那么已经威胁到知识工作者就业的自动化决策科技，在未来自然会造成革命性的重大影响。那些感觉自己的工作无法被替代的专业人士可能将会威胁到未来人类的就业。正如一位自动化金融审计方面的专家所说："我并不担心自己的工作，因为我正是负责提高这些系统的人。但是我很担心我该如何跟我的孩子探讨他们的事业。"

我们这些知识工作者在过去几十年中，已经观察甚至评论了机器对于其他人类劳动力的替代。我们曾经满怀希望地以为计算机不会抢占我们的工作；我们曾天真地认为自己和事务性工作者或者体力劳动者是不同的，因为我们的工作很复杂，需要大量的专业知识和经验；我们曾很幼稚地以为自己的判断无法被量化或被转化成规则。在我们的想象中，我们的决策结合了艺术与科学，是无法被模式化或程序化的。我们曾相信我们之间的协作工作进程非常多变而且不可预测，所以无法被计算机化。但是，以上这些想法都是错误的。

对于你、你的孩子以及你孩子的孩子来说，更大程度的知识工作自动化是不可避免的。**我们无法逃避工作的戏剧性改变，哪怕对于那些我们都很渴望成为的、教育程度最高的知识工作者来说，也是如此。所以，我们要有所作为。无论如何，作为一个被越来越多的机器包围的人类，你必须改变。你必须去做计算机做不好的事，或者以某种方式为被计算机大面积占领的工作增添价值。如果你能发现自己仍能为工作带来相对优势，你找到工作的可能性就会更大。**

人类到底擅长什么

问题在于：机器真正能够做得更好的任务，在你的工作中占有多大比例？你又应该如何武装自己，来适应真正需要你的那部分工作？正如我们谈过的，不可否认，大多数知识工作中仍然有一些是需要具体的人类技能才能完成的。但是这部分可能跟你想的有出入，无论是比例还是具体任务。为了找到你的留存价值，你需要了解人类比机器更擅长的是什么，要知道，并不是所有任务都是显而易见的。并且你也需要认识到，有些优势是暂时的，因为机器在某些任务上的表现一直在进步，今天你脚下的安全根据地可能很快就会消失。

自从机器开始显露出"智能"的迹象以来，不同领域的思想家们就一直在追问一个问题：人类到底擅长什么？在 1950 年出版了《人有人的用处》(*The Human Use of Human Beings*) 一书的传奇人物诺伯特·维纳 (Norbert Wiener)，确立了这类讨论的起点。他这本书的主要目的是通过展示自动化的发展变化，让人类知道自己有能力也有责任坚守人性。虽然他并不太关心该如何定义人类的本质，但他确实指出了：创造力和灵性作为人类身份的一部分，是机器并不具有的。他还指出，相比于动物和机器，人类在适应环境变化的范围和速度上更具优势。

在那以后，经济学家弗兰克·利维 (Frank Levy) 和理查德·默南 (Richard Murnane) 对这个问题的描述则更加细致精确。他们在自己极具说服力的著作《劳动的新分工》(*The New Division of Labor*) 中说，人类的优势在于专家思维和复杂交流。大脑在模式识别上的天赋就是他们所谓的"专家思维"的关键，这种能力使得人而非计算机，能够想到解决问题的新方法，换句话说，也就是那些尚未被发现以及无法按照明确步骤执行的方法。他们所说的"复杂交流"指的是除了传输那些明确的信息，还要对环境进行更广阔的解读。比如，医生希望在年度体检中能诱导病人说出有用的信息，而这正是一个复杂的过程。正如利维在 2010 年为经济合作与发展组织撰写的工作文件中所说的，这个任务不仅需要聆听病人的话语，同时也涉及相应的身体语言、语调、眼神交流，以及一些并不完整的句子。他写道：

> 医生必须特别注意著名的约诊"最后一分钟"。比如病人正要走出诊室时忽然回头跟医生说："顺便说一句，我妻子说我应该把我胃疼的事儿也告诉你。"

利维在麻省理工学院的同事埃里克·布莱恩约弗森和安德鲁·麦卡菲也认

同模式识别和复杂交流是人类独有的特殊天赋，而且他们还提出了第三种天赋：构思能力。

科学家得出了新的假说，主厨为菜单添加了新菜式，工程师在制造现场弄明白了为什么机器运行不畅，乔布斯和他在苹果公司的同事想到了我们到底想要什么样的平板电脑。计算机的支持确实加速了很多这类活动，但却没有驱动其中任何一种。

在所有这些思想者的想法中，有一个共同的思路，而且这个思路对于之前我们说过的程序化也很重要。那就是：**一旦人类的某种智能活动可以被拆解成一系列已知的应急事件和明确的规则步骤，它就不再专属于人类了。**至少到目前为止，他们所说的人类优势全都涉及那些无法被算法说明的隐性知识和判断。

过去 60 年的经验告诉了我们一件事，一旦某个知识领域变得清晰透明，算法就有了可能。到了那时，不需要判断就可以做出决策。就算存在少数需要判断才能做出的决策，算法在这些地方发生的失误也会被认为是可以接受的，因为决策失误只会导致并不严重的后果或成本。

为了详细描述这个观点，这里将以我们最近听说的一件难事为例。一个男人在离开了他最近的工作之后，申请为他的抵押重新贷款。虽然他曾经从事的那份稳定的政府工作长达 8 年之久，并且在此前的 20 多年中一直从事的也都是稳定的教学工作，但是他的贷款申请还是被拒绝了。虽然他从各种各样的兼职工作中挣取了足够偿还贷款的收入，但是对于做出决策的计算机来说，这些乱七八糟的营生看起来太不可靠了。结果就是，拒绝重新贷款。

这个遭遇厄运的男人就是本·伯南克（Ben Bernanke），美国联邦储备委员会前主席。如果你的工作是运作商务会议，那你就该知道他的出场费高达 25 万美元；如果你在出版行业工作，那你可能听说过他签过价值百万美元的图书出版合同。很明显，拒绝为他贷款的决定很愚蠢，而能够做出更好判断的人类则可以看出，以他的能力偿还贷款并不是什么难事。但这件事的后果对于这家公司来说严重吗？严重到足以让该公司摆脱对自动化的依赖并且在抵押决定中重新引入人类判断？毫无疑问，伯南克最终得到了贷款。但是如果我们以为这种偶尔发生的傻事就会让企业放弃让计算机做出海量决策的计划，那我们就是在自欺欺人。

所以我们必须承认，所有可以被表达成一系列规则或算法，并且能够明确指出所有突发事件应对措施的智能行为或活动，都具备被计算机占领的条件。我们引用过的所有思想者（维纳、利维和默南、布莱恩约弗森和麦卡菲）留给我们足以立足的冰山了吗？也许现在的劳动力中有相当大比例的人可以做到专家思维、复杂交流，并拥有构思能力。也许世界对于这种人才的需求远远没有得到满足。如果计算机越来越擅长完成这些原本需要精细智能活动才能完成的任务时，我们还会这么确定吗？

也许我们不应该把希望放在去想方设法保留大量的人类工作上，而应当重新定义竞争的本质。与机器赛跑的"胜利者"有没有可能并不是那些拥有终极认知高度，并且以逻辑合理性实现伟业的人？在思考为人类设计工作的过程中，我们是否可以重点关注那些计算机还无法模仿的人类特质？因为这些特质我们并没有选择编入到自动化系统中。

或许你能从我们对一位财务顾问的采访中获得一点提示，他说他现在的工作更多的是关于"精神病学"，而非金融敏锐度。他的公司最近安装了一套智能系统，只需输入一位客户的基本信息，比如收入、年龄以及目标等，这套系统马上就可以输出一套最佳投资分配计划。当我们问到他这套自动化系统是否有弱点时，他说："我听到了脚步声。"他承认："我们给客户的建议还没有被自动化，但是我感觉这些建议却越来越机械化。我对客户的解释越来越照本宣科。"这位顾问更担心的是他的公司和其他几家"机器顾问"公司之间的合作。"我在想，假以时日，它们会把我们全都淘汰。"他为此很担心。为了先发制人，他在考虑是否应当开始计划一个冒险式创业，或者在他的 MBA 课程中选择几种不同类型的课程。

相比于惊慌失措地逃命，对于财务顾问来说更好的策略也许应该是，专注于他现在工作中尚未被自动化威胁到的部分。比如，对客户的安慰开导。他知道这些客户可以挣得更高的回报，但是他们却无法忍受因此而增加的任何一点小风险。"照着台词念绝对是计算机可以做的事，但是说服顾客加大投资力度却需要更多的技巧，"他说，"我已经更像是个精神科医生，而不是股票经纪人了。"

如果你相信自己的思考能力可以超越计算机并因此创造更高的价值（在上述例子中，就是想出一个更理想的投资分配组合），那么你就步上了约翰·亨利的后尘。无论你现在的绩效水平如何，一年以后计算机都会赶上，而你就必须更胜一筹。不幸的是，这就是我们在基于知识的经济层面上做出的相同策略。这个策略有效吗？随着时间的推移，更多人落后了，因为连进入赛场都需要更高的教育水平了。更高的教育水平，意味着更多的财富。于是，我们得到了一个充满讽刺意味的结果：有钱人占据了所有的工作。

我们想表明的观点非常简单。作为一个人类工作者，"你擅长什么"这个问题的答案很丰富，远远多于绝大多数你那些可以被轻松程序化的工作任务。所以，我们需要好好重新审视"你被雇来做什么"这个问题。牛津大学的一些研究者提到，美国47%的工作将像候鸽一样彻底灭绝，但最后他们还是在报告的总结中留下了一线希望。他们预测："涉及复杂感知任务和操纵任务、创造性智能任务，以及社交智能任务的职业都不太可能在未来的一二十年中被计算机取代"。虽然我们可以继续探讨"47%"的这个结论以及该数据在真实失业中的准确性，但是该数据听起来似乎并没有什么问题，而且我们还可以把范围再扩大一些。那些涉及勇气和奇思妙想的工作不会被机器从人类手中夺走。人类在启发他人做出行动方面仍然是独一无二的，而且人类在同情、外交以及野心方面也要远远胜过自动化系统。我们追求的仍然是成为唯一充满热情、幽默、欢乐的存在，当然，还要有好品位。现在为我们的大脑充当四肢的机器，未来也可以为我们的精神充当大脑。

工作的未来

到目前为止，我们得到的权威意见存在一个大问题，那就是它并没有向我们提供很多继续前行的建设性意见。难道我们这些剩下的知识工作者就只能照顾计算机，确保它们能做好原来由人类完成的工作？曾经的知识工作者，难道要成为某种半机械人？为了避免这种命运而提出的建议少之又少。大多数专家的建议都可以归纳成一个单一、令人气馁的任务：不停地变得更聪明吧！

对于某些人来说，这可能是个不错的选择，但这条建议看起来并不适用于所有人，因为与你赛跑的真正对象可能是其他人类。**那些变得越来越聪明的人更有可能抓住越来越少的工作。**这让我们想起了一个老掉牙的笑话。当你和朋友被自动化这只熊拦住时，为了不丢掉工作，你不需要比熊跑得更快，只需要比你的朋友跑得快就行了。

我们可以有其他策略，而所有这些办法强调的都是用机器"强化"人类的工作。这些策略可以分为5个类别。简单说来，随着人类越来越多地和机器一起工作，人们可以超越（step up）、避让（step aside）、参与（step in）、专精（step narrowly）、开创（step forward），让自己变成：全局者、避让者、参与者、专精者以及开创者。最后一步涉及机器对自身的构建。我们必须提醒自己，聪明的机器仍然是由聪明的人类构建的，虽然这部分人类的数量并不多。

人类工作的未来
ONLY HUMANS
NEEDAPPLY

另外一个被广泛讨论的选择是，通过某种方式说服资金紧张的政府，让政府保证你被自动化抢占工作后的收入。我们并不否认，每个阶段都需要政府出面来处理这个紧迫的问题。但充满官僚作风的政府一直以来都疏于发现问题，也不会迅速以强硬手段解决问题，而有一些政府（特别是美国政府）现在又似乎特别迟缓且低效。我们认为对于个人劳动者来说，他们需要评估自己的工作在多大程度上身陷危机，他们需要开始思考该如何融入一个决策和行动都由智能机器来完成的世界。如果政府最终可以提供支持（我们也鼓励政府这样做）那就更好了。

在接下来的章节中，我们将向你展示这些策略，这些策略适用于那些愿意为机器增添价值的人，以及那些愿意让机器为自己增添价值的人。这些人就是那些会点灯熬油提升自己技能的人，他们要么和智能机器做朋友，要么找到方法做机器无法做到的事。自满要不得，但也绝不能意志消沉。

在对待科技上，我们应同样乐观。因为科技将会占据我们工作的某些方面，而且认知技术其实已经可以完全胜任那些工作了。但是，在这些强大技术的挤压下，人类仍存有获得更新、更好工作的可能性，希望你会因此感到安慰。

02

智能机器到底有多聪明

—

ONLY

HUMANS

NEED

APPLY

为了理解科技究竟会对你的工作造成什么样的影响，你非常需要了解智能机器到底有多聪明。答案是，它们很聪明，真的很聪明。目前，它们在很多精细的智能任务上已经比人类聪明了，最终，它们有可能在所有方面都比人类聪明。

思考智能机器的能力这一主题有些抽象，不妨让我们以常见的电影来描述。比如 2015 年的科幻电影《机械姬》（*Ex Machina*）中的人工智能艾娃（Ava）。艾娃具备了所有能力：她美丽、聪明得有些吓人、具有情感吸引力，甚至还能自我修复。她有特定的渴望，如果不是爱，那么至少是自由，促使她逃离那个虽然可爱，但禁锢住她的"家"。为了达到目的，她巧妙地操纵了她的图灵测试者。艾娃要想在每个点上都能欺瞒人类，就必须完全具备这种智能和自主性。

就目前来说，这还只是科幻电影的剧情。但是在未来的多长时间里，其中有多少可以成为现实，我们大多数人都不得而知。艾娃的哪些能力会在短时间内有长足的进步，哪些能力要在很久以后才会成真（如果不是永远的话）？理解这些问题非常重要，因为当我们和认知智能一起工作时，我们需要不断适应它们那不断进化的能力。为了能够提前获知我们该如何实现与之相适应的改变，就必须预测出从当前科技的发展水平到未来的可能性之间的路径。

为了达到这个目的，本章我们将从行动能力和学习能力两个方面，进行研究并寻觅智能机器的进化之路。在基本的计算功能之上，如果想定义不断发展的智能，就必须涵盖这两点。表2-1，是由这两者标绘成的一个矩阵。左上部分包含了已经被机器攻陷的领域。右下方，也就是最右侧的大部分任务，是那些对机器来说仍然比较遥远的领域。散落在中间的部分则代表了双方已经在或在不远的将来即将要争夺的领域。

表 2-1　　　　　　　　　　　认知智能的类型及其复杂性

智能级别 任务类型	人类辅助	重复性 任务自动化	情境感知 与学习	有自我意识的智能	
数字分析	商业智能；数据可视化；假设驱动分析	运作分析；打分；模型管理	机器学习；神经网络	尚不存在	大融合
理解词语、图像	人脸识别；语音识别	图像识别；计算机视觉	沃森；自然语言处理	尚不存在	
执行数字任务（管理和决策）	商业流程管理	规则引擎；机器人过程自动化	尚不存在	尚不存在	
执行物理任务	远程操作	工业机器人；协作机器人	完全自主机器人；汽车	尚不存在	

简单来说，我们可以把机器在行动能力方面的超越分为四个阶段。第一阶段是完成最基本的任务，包含计算或单纯的数字分析。第二阶段包含更艰难的

分析任务：理解词语和图像。从行动角度而言，前两个阶段只限于完成能够得出合理决策的分析，而后两个阶段则开始涉及执行决策的领域。所以第三阶段是执行数字任务，或者换句话说，是完全通过数字方式完成的行动，比如给你提供新的密码。第四阶段包含执行物理任务，而且这些任务需要在空间中操作物体，正如对机器人的控制。在处理重复性和结构化的任务时，后两个阶段的任务非常简单，但是要想把这些任务和学习以及复杂的人类交互相结合，现在仍无法实现。

与此同时，我们将沿着各个发展阶段来描绘机器的学习能力。在第一阶段，机器作为纯粹的人类辅助工具，还没有属于自己的智能，唯一能够学习的存在就是人类。通过使用机器，人类在数据处理和检索方面变得越来越擅长。在第二阶段，实现重复性任务自动化。人类"教给"机器如何可靠地完成任务，但是机器的"知识"不会基于自己所获得的经验继续增长，也无法根据变化的条件做出相应的反应。在第三阶段，机器有能力观察自身表现的影响或者自身分析的结果，并且可能通过试验找出其他可能让其表现提高的因素，从而根据它所知道的信息做出调整。但是这个阶段的情境感知和学习还不能让机器质疑它被告知的东西，它们只是被要求尽最大努力，根据输入信息进行思考，而根本不会去思考自身行为的目的。这种"质疑"能力只有在第四阶段的学习能力中才会出现，也就是自我意识阶段。在这个阶段，机器将有能力去思考自身行为的目的，并去寻找其他能够实现这个目的的手段以及最终去质疑目标的能力。这种能力几乎代表了人工智能从"狭义"到"一般"的转变，而且也强烈地暗示了机器脱离人类控制的可能性。

随着技术在这两个维度的持续发展，在任何时候出现的令人称奇的机器，似乎都结合了在那个时间点两个维度的高阶能力。这样的融合让我们感到惊讶，因为我们在跟踪任何单一维度的渐进式发展时，都没有感到震惊；它们让我们看到了发展过程中的阶跃变化。重新回到艾娃身上，在我们对未来机器智能的想象中，最激动人心的景象通常会结合两个方向发展的终极形态。**我们可以将其称为"大融合"：具有自我意识的机器不仅能根据自己定义的目标做出决策，还能在真实世界中执行这些决策。当艾娃成为现实时，我们一定也在那里。**

追踪从我们现在的状态到达大融合的路径极具意义，因为它能帮助我们了解那些我们将要在自己的工作生涯中面临的真实工作。正如我们将要看到的，在智能机器尚未面面俱到之时，我们仍然还有很多和智能机器一起共事的机会。

AI 之春

对于销售智能机器的人来说，如果引用一下杰拉德·霍普金斯（Gerard M. Hopkins）的话，那就是，没有什么能比人工智能的春天（AI 之春）更美好了。认为人工智能也有自己的热情期和绝望期（AI 之冬）的观点变得越来越普遍。关于"AI 之冬"最流行的说法是，这个词最早是由核冬天 [①] 间接启发的，当大批成立于 20 世纪 70 年代的与人工智能相关的公司在 80 年代早期相继破产之后，人们似乎就用它来比喻当时的那个状况了。就在 80 年代后期，"融雪"开始了。比如在 1988 年，《时代周刊》又一次将人工智能主题的内容作为封面文章，并发表了一篇深度报道，名为《让知识开始工作》（*Putting Knowledge to Work*）。从那时开始，宣传炒作期不时到来，也不时离开。

事实上，人工智能从来没有经历过真正的倒退。正如雷·库兹韦尔 [②] 在他的著作《奇点临近》中所写：

---

① 核冬天（nuclear winter）指核武器爆炸引起的全球性气温下降。——译者注

② 雷·库兹韦尔（Ray Kurzweil），奇点大学校长、谷歌公司工程总监，推荐阅读其洞悉未来思维模式、全面解析人工智能创建原理的颠覆力作《人工智能的未来》。该书中文简体字版已由湛庐文化策划，浙江人民出版社出版。——编者注

　　我仍然能见到声称人工智能在 20 世纪 80 年代就已经不行了的人，这种论调可以和坚称互联网已经在 21 世纪早期的互联网泡沫中死亡的言论相媲美。互联网的带宽和性价比、节点（服务器）数量，以及电子商务上的美元总量全都在互联网爆发、泡沫化，并在从那以后的时期里平稳地加速发展。对于人工智能来说，也是如此。

　　智能机器在各个时期全都稳定地发展着，而且我们需要提醒自己，它们的发展速度可比人类的进化快多了，甚至可能比科学发展的速度还要令人注目。随着越来越多的公司开始静悄悄地把人工智能工具投入使用，人工智能的现实用途在最近的十几年中发展得非常繁荣。在这一期间，计算机程序开始通过分析数据或预先定好的规则来做出合理的判断，这些事务包括确定文件中的关键数据、诊断并治疗病人的疾病、为一个产品制定价格使其利益最大化，而所有这些任务几乎完全都不需要人类的帮助。目前的情况是，在特定领域中，计算机做出的决策通常比人的决策更好。

　　事实已经很清晰了，周期与热情和期待有关，与功能无关。就像树液一样，炒作也会在春天肆意奔流。人们变得过于兴奋，并且期待在短期内出现近期无法完成的改变。一旦这些期待没有被满足，AI 之冬就来了。为什么会出现这些时期？我们认为本章中展示的框架可以帮助厘清这一点。当机器的学习能力，也即两种发展维度中最具挑战性的部分达到了新的阶段，AI 之春可能就会到来。**一旦机器获得了自行积累知识的能力，这种进步就会相对快速地体现在另外一个关键的维度上：机器在真实世界中执行决策的能力。**人工智能这种丰富的新发展和新实现激发了很多兴奋情绪，并且让所有人对机器的更高学习能力将会带来的更强能力充满了狂热的期待。但是最终，这些东西要很久后才会到来，所以热度不免会下降。

从最卑微的能力开始，到最令人恐惧的未来

今天，如果有人使用"智能机器"这个词，他说的可能是很多种技术。比如，单单"人工智能"这个词就曾经被用来描述专家系统，用于协助具体领域决策的规则集合，如财务规划或何时烹饪某一批次的汤；神经网络，用更为数学的方法创建符合数据集的模型；机器学习，半自动化的统计建模，用以获得适配数据的最佳模型；自然语言处理或NLP（计算机用以理解文本形式人类语言的方法），凡此种种。维基百科至少罗列了人工智能的10种分支。

要理解机器大军及其前进方向，我们可能需要追溯这一切的起源：人类决策者帮助下的数据化决策支持。用于全面制定决策的早期系统曾被认为在业务方面是不切实际的，早在20世纪70年代，各种公司就开始采用智能机器来增强管理者和分析者的智能。达文波特在80年代的第一个非学术性工作就是在一家咨询公司，该公司从事的"决策支持"业务。

这些计算机系统在分析结构化（有行有列）数值数据和报告结果方面非常出色。位于前端（定义问题和提出疑问）和后端（解读结果和做出商业决策）的任务则留给人类分析师和决策者负责。虽然很多决策支持工具有潜力为商业问题提出新颖而复杂的统计观点，但是大多数工具都需要有特殊技能才能使用。所以，如果你曾经是一位业务管理员，很有可能根本就见不到这些无人寻求的观点；相比之下，你可能会提出假说，然后让其他人去测试。于是自成一派的专业数据分析师，成了分析工作中不可或缺的角色，在日后有了更知性的称呼，即"数据科学家"。该过程由人类完成的部分可能总共得需要几周甚至几个月的时间，但计算机只要几秒钟就能完成分析任务。

而且，这些智能工具通常并没有和其他任何用于商业运营的软件相连接，它们完成的每个分析都只是为了某一特定任务。所以，如果要用它们来做决策

的话，管理者就必须把该决策当作一个单独的项目来执行，而且可能还需要用到一些其他应用软件。正是因为这样或那样的原因，这些工具才没有其他用来集成基本事务的计算机系统发展得快。哪怕是在21世纪初期，各家公司都在为"分析"感到兴奋之时，他们指派给机器的大部分工作依旧还是数据处理，以及完成量化分析或者统计分析，以帮助人们得出观点并做出周全的决策。更加集成的系统让启发性的数据可视化展示成为可能，并且很多这类系统还能实时更新，甚至完成预测性分析。但是，仍然需要人来创建以及解读机器分析得出的结果。

所以，当你看到表2-1时，能看到左上角有一个代表了"人类辅助"和"数字分析"交集的单元格。在我们开始追踪智能机器几十年间的发展之路时，这里就是故事的起点。如果你是一家大型组织的决策者，很有可能正在工作中使用商业智能软件、数据可视化工具以及假设驱动等分析法。在自动化进军知识工作的蓝图中，这些工具代表了起点。

从那一点开始一直到表2-1中对角线另一端最远的单元格，就是智能机器发展的历史和未来，从最卑微的能力开始，一直到发展出让人类感到紧张不安的能力。

另一双手，另一双眼睛

我们不需要把表2-1中的每个单元格都讲解一遍，我们相信你已经很好地理解了其中的含义，并且能根据我们的描述去独立填写某些空格。但是，或许我们应该仔细看一遍第一列中的内容，这样就能弄清楚人类一直以来具体需要多少智能机器的支持，而也会了解这些机器正变得越来越善于执行由自己的分析而得出的决策。

超越纯粹数字分析的第一步就是机器能够理解词语和图像。确定这些东西的含义和意义一直以来都是人类的专利，也是人类认知的一个关键方面。但是现在各种领域的工具都具备了这样的能力。词语越来越容易被机器学习、自然语言处理、神经网络、深度学习这样的技术所"理解"，即计算、分类、解读、预测等。一些类似的技术也被用在分析和识别图像上。虽然目前人类仍然在主观判断非结构性数据上更胜一筹，比如解读诗歌的含义或者分辨出好邻居和坏邻居，但计算机在这些方面也取得了一些进步。

与此同时，已经结合了文字、图像以及语音识别功能的智能应用，能使我们和计算机进行更为轻松的沟通，提供所谓的非常热情的"人类辅助"。你可能已经了解，让机器来处理高度差异化的口音、发音、音量、背景噪声等信息是非常困难的。如果你在 iPhone 上用过 Siri 或者拥有一个亚马逊的 Echo 设备，就能知道使用这种技术时的喜悦和无奈了。虽然这方面技术的进步不如我们希望的那么快，但这些系统的水平一直在提高，同时改善的还有识别手写字体和面部图像的工具。

这为我们带来了智能机器的另一个难点：智能机器将根据自己的分析结果直接执行某些任务，而不是把这些任务留给人类。当然，如果任务是完全数字化的，这也不是什么难事。这种任务可能就是追踪一个标准业务流程中的工作完成度和决策。所谓的业务流程管理（BPM）工具会通过监控工作流、测量输出以及分析性能来帮助人们维持对复杂操作的控制。智能业务流程管理系统甚至可以根据程序化的规则来进行干涉，从而提高性能。但是人类仍然是最初设计工作流程并为机器编写规则的人。

最终，一些机器可以执行数字环境以外的任务，并且可以对真实世界中的物体进行操作。于是我们就进入了智能机器时代，机器人可以在人类的支持下完成体力劳动，无论这项工作需要的是更大力量的搬运，还是更精细的移动。人类的监督可以是远程的，也可以是面对面的。远程监控机器人设备有助于保持人类工作者的安全和健康。比如，智利国家铜业公司（Codelco）大量采用了"遥令"岩锤和其他设备，于是更多的工人得以在地面上工作。我们将在第9章中深入研究这种先进的方法。

或者，你可以想想现在被美国空军广泛使用的经过远程控制的无人机，以及在医院中应用得越来越多的外科手术机器人。现在，很多有创诊疗过程带来的创伤都更小了，这要归功于"摇控机械手"（telemanipulators），因为这样的话，外科医生就可以一边盯着显示屏，一边移动手柄做手术。凯瑟琳·莫尔（Catherine Mohr）是一位使用 Intuitive Surgical 公司生产的机器人的外科医生，她在一个采访中说道：

> 我认为这种技术赋予了外科医生超能力，我们有了更好的视野和更高的灵敏度……当外科医生的手做出动作时，这个小设备就变成了医生在患者身体里的手，帮医生完成了完全相同的动作。

总的来说，医疗保健一直都是一个炙手可热的领域，到目前为止，该领域对高科技的利用完全是为了强化人类临床医生的能力。甚至在放射学领域，越来越多的针对潜在恶性病变的自动化检测也没有能够取代放射科医生，而是成了"另一双眼睛"。在麻醉学领域，自动化的麻醉管理可能是由非麻醉师看管的，但至少这个人也是某种医师。对于智能机器来说，"人类辅助"还是必要的。

但医院可能很快就会发现，一位具有"超能力"的外科医生可以处理比以前更多的病例。由于机器人允许医生用更快的速度完成精细的工作，而屏幕和手柄则允许医生远程完成手术，所以身处城市大型医院的外科医生便可以为其他地方的病人做手术。法尔哈德·曼约奥（Farhad Manjoo）推测说：

用这种方式，外科医生可能会经历与药剂师相同的遭遇，通过远程药房（telepharmacy）设备，药剂师可以完成原本得由很多人完成的工作，而外科医生可能也会如此。

在这一节中，我们浏览了表 2-1 的第一个纵列，并且为 4 个层次的人类辅助工具起了名字。但是我们认为用于节省劳动力的科技的进步不会像表 2-1 中展示的那样，按照清晰的先后顺序依次发生。比如，完成物理任务的机器人的开发者已经取得了令人瞩目的成绩，与此同时，人工智能科学家也达到了语言处理和图像处理的早期目标。这里面的很多工作都是同步发生的。简单地说，智能机器曾经有一条发展路线，就是从对人类分析的辅助转移到对人类行动的辅助之上。在前进的路上，随着智能机器变得越来越自主，我们将看到它们在更广阔的范围内再次从分析向行动进军。

越来越自主的智能机器

就在机器获得执行决策的能力时，它们还根据增长的知识库获得了为自己做出更好决策的能力。这个领域的一项重要突破就是，它们获得了重复性任务自动化所必需的决策自主权，也就是表 2-1 的第二列。这意味着它们本身拥有的知识足以让它们在严格约束的选项中做出选择。

早期的公司对于分析的使用或者以支持更优决策为目的的大量数据处理，只是一种专项的批量作业。分析师和决策者通常会通过开会来拟订分析，分析师会收集数据并且做出分析，然后把结果呈递给决策者，而决策者在决策过程中不一定会使用这个分析。整个过程可能要花上几周甚至几个月。

但在今天，越来越多的公司开始把分析嵌入到业务系统中，于是合理的决策会自动并且源源不断地产生。比如，当本·伯南克或者我们中的任何一个人，申请贷款、信用卡或保险时，这样的事情就会发生。决定是否批准我们这些金融申请的分析模型，被嵌入到了结构化的系统和流程中。这样的模型喜欢通过一系列变量给个人顾客"打分"。类似的打分系统也存在于个人化的优惠券和报价中，你经常会从零售商（特别是电商）那里收到这样的东西。你之所以能看到这些，就是因为某些算法把你估计成了这桩买卖的潜在顾客。同理，系统也为其他顾客量身定制了与其相对应的报价机制，自动且源源不断，全年无休。

ONLY
HUMANS
NEED
APPLY
——
人工智能革命

曾经被人类分析师占据的领域中，现在运行的是自动化或半自动化的计算机。在它们专业的精细领域中，这些系统返回的结果比任何人类得出的都要好得多。没错，因为算法或决策逻辑通常都是建立在系统和流程工作流之内的，所以人类要想监管甚至理解这些东西都很难。当这些系统刚上线时，实现重复性任务自动化的承诺让所有聪明的管理者都眼前一亮。一个新的春天开始了。到现在为止，大量的嵌入式分析或运营分析已经让达文波特曾经说过的"分析 3.0"崛起了，在这个时代中，数据驱动的组织机构以快得夸张的速度、大得惊人的规模运作了起来。IT 市场研究公司 Gartner 把"先进、无处不在，而且无形的分析"评选为"2015 年十大战略科技"之一。天睿公司（Teradata）首席分析官比尔·弗兰克斯（Bill Franks）在他关于运营分析的书《分析革命》（The Analytics Revolution）中也谈到了同样的转变。

如果你已经对流行词"大数据"和"物联网"感到厌烦，这就是原因。这两者都代表了数据的"消防水龙带"，当计算能力足够找到模式，并且有能力根据模式做出决策时，这两种技术就会变得极有价值。在今天，互联网连接的智能物品已经比人多了，所以就形成了物联网。思科公司估计，到2020年，连接到互联网上的设备将会达到500亿台。随着这些设备传送数据的速度越来越快，计算机可以快速获得逐渐接近于实时的数据，进而能够根据这些数据进行连续分析并且频繁做出决定。比如，喷气式发动机的传感器可以收集和传送关于热、震动以及其他条件的数据，于是智能机器就可以在需要时及时提供相应的解决方案，或者建议飞行员尽快关闭发动机。

重复性任务自动化对于任何需要依靠数据分析频繁做出战术决策的业务来说，都是非常有好处的。如果需求只是偶然的，可能就不值得为之创建程序或流程。而且，数据分析不会仅仅只停留在数字处理上。机器也越来越善于根据它们对文字和图像的处理结果做出自主行动。这可能会涉及跨语言的翻译、理解人们用白话提出的问题并且用同样的方式做出回答；或者阅读"文本"并运用足够的理解力对其进行概括；又或者，用同样的风格创作一段新文字。

机器翻译已经出现了一段时间，与很多其他数字技术一样，机器翻译的水平也在不断提高。书面语言翻译的进展比口语还要快，因为它不需要语音识别，但是这两种技术都在变得越来越有效。比如，谷歌翻译在这方面就很值得信赖，因为它使用了"统计机器翻译"。也就是说，它在各种翻译作品中进行查找并决定哪种翻译才是最接近的。

IBM的沃森是第一个可以用来广泛吸收、分析以及"理解"文本的工具，它对文本的"理解"达到了能够回答详细问题的程度。因为沃森是如此地家喻户晓，所以值得我们在这里讨论一下它的优势和劣势。沃森搜索和分析英语文本，最近还添加了其他语言的翻译模块，但它并不处理结构化的数字数据，"沃森分析"（Watson Analytics）才是用来完成这种任务的工具，但它和沃森并不在同一套程序中。沃森无法理解变量之间的关系也无法做出预测，它还不善于应用规则或分析决策树上的选择，它才刚刚开始识别图像。由于IBM强有力的营销手段，人们还以为沃森能从平地一下跳到高楼之上呢。但是可以确定的是，IBM以及在IBM认可的生态系统中越来越多的外部应用开发者，在努力把沃森的认知计算能力应用在各种业务领域和社会领域，其中医疗领域（比如癌症治疗）是最为显著的。但是到目前为止，沃森最为显赫的成功故事都存在于那些并不那么有野心的应用中。一部分原因在于，每个新应用领域都需要可观的大量定制和实施才能完成。

现在涌现出了越来越多超越沃森的系统。它们中的大多数都是为特定应用开发的，犹如各自版本的沃森《危险边缘》挑战，并且在被慢慢修改为可以在其他类型认知环境下处理任务的系统。比如Digital Reasoning公司，这是一家曾经以协助国家情报为目的开发认知计算软件的公司，它现在开始为一种智能软件做宣传，该软件是针对金融机构的职工舞弊情况设计的。像沃森一样，它也能理解语言。根据《财富》杂志上的一篇文章所说，这家公司的目标在于"分析经由他们网络的每一个数字通信碎片，从而抓获并揭露同等级内的潜在流氓交易商、市场操纵者以及违反美国证券交易委员会规则的人"。我们将在第8章中详细介绍Digital Reasoning公司及其CEO。

另外一家公司IPsoft，因其人工智能顾客代理阿梅莉亚（Amelia）而出名。阿梅莉亚的工作是通过分析口语来理解顾客的服务问题，以及在可能时为顾客解决问题。如果阿梅莉亚无法完成解决问题的任务或者无法理解顾客的需求，电话就会被转接到人类服务代表那里。

阿梅莉亚、Digital Reasoning 以及沃森，使用的都是类似的组件，其中包括：

● 语言分类，鉴别名词、动词以及其他成分；

● 实体提取，鉴别文本段落中的关键实体；

● 关系提取，鉴别关键实体之间的关系；

● 事实提取，鉴别段落中陈述的事实；

● 关系图，展示实体和事实之间关系的图形化图表，以供人类查看；

● 多维分析，把实体和关系跟目标相连，并且告诉你哪些连接最紧密。

在大部分软件产品中，这些不同的服务都无法和整体系统分离开来，但是 IBM 在 Bluemix 认知云中把所有这些技术都作为独立的服务拿了出来。在我们写这本书之时，IBM 就已经宣布了 30 多种服务，并且计划在年内增加到 50 种服务。让沃森在智力问答节目《危险边缘》中打败人类对手的 Q&A 能力只是这些功能中的一种。其他供应商也在采取这种模块化的方法。坐落于得克萨斯州首府奥斯汀的 CognitiveScale 认知技术公司是由沃森的几位前开发者创立的，其中包括 IBM 沃森业务组的第一位总经理马努基·萨杰那（Manoj Saxena）。他们的产品"认知云"集成了各种各样的认知应用。他们把这种功能看作"认知操作系统"，对于各种认知应用来说，它与 Windows 的作用类似。所有这些应用都利用机器学习技术来逐渐提高完成任务的质量。

其他处理文本的系统则采用了计算语言学的方法，并专注于理解句子和段落的根本语法结构。RAGE Frameworks 公司拥有能够快速开发各类计算机应用的工具，比如，他们利用计算语言学工具来理解各种公司及其运营情况和金融业绩的信息。他们的目标是要通过消化理解某家公司的大量文档，来鉴别关键陈述，并为投资者或分析师判断其含义。

这类应用最适合于那些更加程序化以及更新率更高的文本信息，在吸收和记忆方面，机器的能力远远高于人类。世界上一共有 400 多种不同类型的癌症，机器在消化研究成果和理解症状、基因组、模式、用药和疗法上，要远远优于人类大脑。纪念斯隆 - 凯特琳癌症中心（Memorial Sloan-Kettering Cancer Center）是沃森的发展合作伙伴之一，那里的研究者们通过在系统的可用范围内报告研究进展来推荐治疗方法。同时，纪念斯隆 - 凯特琳癌症中心和其他医疗机构也在使用沃森以外的其他认知技术来做类似的诊断，也取得了一些成绩。

当然，疾病诊断并不仅仅在于技术能力。起码从 20 世纪 70 年代开始，研究者们就开始研究自动化诊断和治疗协议了。那时，由斯坦福大学开发的 MYCIN 专家系统就是为了鉴别和治疗血液感染而建立的。在研究中，这类系统也被证实能够提供比临床医生更为连续而准确的建议，但是对这类系统的实际安装却从来没有启动。内科医生的抵制、对于医疗过失诉讼的恐惧，以及人们缺少对这类系统的了解，可能是主要原因。也许认知技术可以在未来变得足够强大并且引人注目，从而突破这些屏障，又或者说，医疗也许就是一个困难到无法被征服的领域。

不过值得注意的是，大公司们并没有利用大量资源来为医疗行业制造有用的认知计算工具。布里塔尼·温格（Brittany Wenger）是佛罗里达州萨拉索塔（Sarasota）的一位高中高年级学生，她建立了一个为微创乳腺癌活检（恶性或良性）分类的科学项目。通过在一个神经网络模型中设置 9 项关键变量，她的分析成功鉴别出了研究案例中超过 99% 的恶性肿瘤。温格因此赢得了谷歌科学挑战赛 2012 年的大奖，希望她的诊断模型有一天能被用在真实的病人身上。

图像识别和分类是这类技术中另一个关键部分或分支。这种技术也并不新鲜；像康耐视（Cognex）这类公司创造的"机器视觉"系统，从几十年前就已经开始在生产线上定位零件以及读取条形码了。这类系统使用了几何模式匹配技术，其技术很善于处理基本视觉任务，比如确定一个零件是否出现在了钻床的正确位置上。

今天，很多公司都对更加敏锐的视觉任务产生了兴趣：人脸识别、在互联网上给照片分类，或者评估一辆车的碰撞情况。这类自动化视觉技术需要更加复杂的工具来匹配特定的像素模式和识别出来的图像。我们的眼睛和大脑很善于完成这类任务，但是计算机才刚刚起步。对于这类应用来说，机器学习和神经网络分析是最有前景的技术。

比如，机器学习的一个分支特别擅长分析多维数据。图像和视频就属于这类数据，因为任何一个单独的像素都有 X 轴和 Y 轴、颜色、亮度，在视频中还有时间。"深度学习"神经网络就是以处理多维数据为目的而开发的。"深度"指的并不是"深刻"，而是数据中的维度层级。正是这种技术使得谷歌的工程师可以在互联网上鉴别猫的照片。虽然很难想象这种技术可以用来完成更加重要的任务，但是也许在不远的未来，该技术就能让智能机器观看无人机和监控录像拍下的视频，并且判断是否会有坏事发生。

很多聪明人正在这个领域内开发新的工具，而且进步神速。我们生产了不计其数的文本和图像，根本没有足够的人可以处理所有这些信息；如果想充分利用所有现有的大数据，我们别无选择，只能使用智能机器。而且我们还要记住，人类在观看大量图像时也会出错。在图像分析的速度和精准度方面,过不了多久，机器和人类之间就不会再存在竞争了。

随着重复性任务自动化帮人类摆脱了困难的数字分析、词语分析以及图像分析，未来它可能也会帮人类承担一部分这些分析结果的后续任务。现在，单纯的数字管理任务在常规情况下都是由智能机器完成的。而这正是"规则引擎"如鱼得水的领域。如果结构化任务的规则定义清晰，比如处理一个保险申请，那么规则引擎就能分析处理大量的工作，只有在特殊情况下才需要人类的干预。在减少特殊情况数量，以及根据经济和顾客行为改变而修改规则方面，进展从未停止过。比如在健康保险公司中，自动化医保申报处理（被称为"自动裁定"）已经从 2002 年的 37% 上涨到了 2011 年的 79%，现在很有可能已经更高了。虽然这类自动化决策可以通过纸质文档完成，但是如果信息是数字化的，一切将会更加简单。

最近，各类公司都开始使用一种和业务规则以及业务流程管理相关的技术，名为"机器人流程自动化"。这种技术有以下特点：

● 它不涉及机器人，和它的名字恰恰相反；

● 它利用工作流以及业务规则技术；

● 业务使用者可以轻松进行配置和修改；

● 它可以处理高度重复的、事务性的任务；

● 没有人类的修改，它就无法学习或提高性能；

● 它通常可以接入多个信息系统，如同人类使用者一样，这被称为"表示层"（Presentation Layer）集成。

这种技术在以下环境中很受欢迎：银行，可用于顾客后台的服务任务，如替换丢失的银行卡；保险，如处理申报和赔付；IT 技术，如监控系统错误信息以及修复简单问题；供应链管理，如处理发票、回应来自顾客和供应者的日常请求；等等。

虽然这类自动化是一种不太新奇的智能技术的综合应用，但是它会带来大量好处。由流程自动化供应商 Automation Anywhere 收集整理的案例研究表明，在整个流程中，将会降低 30% ~ 40% 的成本和时间花费，而这种现象并不少见。

当该系统在各种组织机构内广泛实施之后，流程自动化可以产生巨大的性能增益。英国第二大的移动运营商 Telefónica's O2 的一项关于流程自动化的研究发现，截止到 2015 年 4 月，该公司已经在 160 个流程领域实现了自动化，涉及 40 万 ~50 万种事务。每种流程领域都使用了机器人自动化软件供应商 Blue Prism 提供的软件"机器人"。这项技术的总投资回报率介于 650%~800% 之间。这比大多数公司使用其他流程改进方法获得的回报都要高，包括企业再造和六西格玛[1]。

这种类型的技术确实会带来特定的组织结构的改变和运营模式的改变，并且最终可能会导致裁员。但是我们所观察的大部分公司都把工作者重新部署到了其他岗位上。人类雇员一开始对自动化工具产生的不信任感最终消失了，取而代之的是享受由机器帮他们完成枯燥工作所带来的轻松。在英国一家名叫 Xchanging 的流程外包公司中，Blue Prism 的"机器人"被赋予了像"波比"[2] 和"亨利"这样可爱的名字。这种对智能机器人格化的现象，说明人类工作者并没有觉得这类技术有什么特殊的威胁性。

我们将通过研究重复性任务自动化将如何应用到物理任务上来结束我们对表 2-1 第二列内容的展示。这一部分，当然就是机器人的全部意义所在。这就是它们要做的事，既包括传统工业机器人，也包括最近出现的协作机器人。两者真正的区别仅仅在于教授机器人完成新的重复性任务的难度，以及它们是否能紧密地和人类一起工作。

机器人的每个动作都需要供应商在特定的机器人编程语言中仔细规定，如

---

[1] 六西格玛（Six Sigma）是一种以统计方法找出缺陷并改进绩效的企业管理战略。——译者注
[2] Poppy 意为罂粟花，用作人名时为"波比"。此处根据人们在荣军纪念日时佩戴的罂粟花而命名。——译者注

RAPID 或 Karel，人们花了很长的时间去训练传统机器人，所以它们都能合格地完成高度重复性的重型工业任务，而完全不需要改变。如果你有很多不同的产品，或者你的产品变化很快，可能就需要去寻找一种更好的技术了。

协作机器人的训练过程相对来说简单很多，而且改写编程也很容易，但是它们也不完美。它们更适合于相对轻型的应用，比如拿起轻巧的零件并将其移动到别处。如果你的生产工作需要很高的精准度，那么协作机器人可能就做不到了。

全球大型电子合约制造商捷普集团（Jabil Circuit）的全球自动化副总裁约翰·杜尔奇诺斯（John Dulchinos）在采访中告诉我们说，我们未来会需要两种机器人。

协作机器人仍然只会占到机器人总量中的一小部分。这种技术还很新，它的能力也很有限，也不具备足够的精准度和坚硬度来完成装配或冲压这样的任务。绝大部分机器人仍然是用来完成那些肮脏、枯燥以及危险的工作，比如焊接或处理重金属的任务，也就是对于人类来说过于危险或困难的工作。对于机器人类型的选择完全取决于它所需完成的任务类型。

我们期望机器人能在重复性工作领域继续进步发展。如果能结合工业机器人处理重型工作任务的能力和协作机器人的编程灵活性，机器人技术将会发展得更加迅速。一种跨行业的标准化机器人编程语言，也许再加上一个当下很热门的开源选项，同样也会促进代码复用率并因此提高生产力。

和其他任何智能机器一样，机器人也变得越来越自主。从某种程度上说，机器人一旦被编程就已经自主了，但是它们的灵活性以及随机应变的能力还非常有限。比如，如果零件没有出现在预期的地点，更加智能的机器人就应该能够发现零件最有可能出现的区域并找到它们。

随着机器人开始拥有更高的智能、更好的机器视觉，以及更强的决策能力，它们将会变成其他各种类型的认知技术的组合，而且还附带有改变物理环境的能力。这就如表 2-1 右侧的 "大融合"。就在当下，已经出现了可以理解文本和语言的系统、和人类一起参与智力 Q&A 的系统，以及能够辨认各种图像的系统。只是它们还没有被嵌入到机器人的大脑中。吉姆·劳顿（Jim Lawton）是机器人公司 Rethink Robotics 的产品负责人，在一个采访中他对我们说：

> 今天，在协作机器人、大数据以及深度学习的交叉学科上有一个重要的研究方向，其目标就是开发出结合了具有完成物理任务和认知任务能力的自动化功能。比如，为了知道在螺旋上所要施加的转矩的大小，机器人可以查询所有的相关信息。毕竟，机器人就是由很多传感器组成的。一个真正智能的机器人能够知道什么才是奏效的，比如在螺旋上施加多大转矩就会造成现场故障。它可以把自己传感器上的数据和设备的质保数据以及模式识别等相结合。

有大把的证据可以证明美国国防部高级研究计划局（DARPA）机器人挑战赛上的机器人正变得更加自主。这项比赛从 2012 年开始，每年一届。机器人选手需要完成 8 项任务，从驾驶多用途运载车到连接消防软管并打开阀门。通常一个机器人很难完成所有 8 项任务，但是有 3 位参赛者在 2015 年的比赛中完成了所有任务，最终冠军由韩国一所大学的一支队伍夺得。获得第二名的机器人是佛罗里达州的一家机器人公司制造的，它在完成了最后一个任务后，举起双手跳起了庆祝的舞蹈，但马上就摔倒在地，这也许可以说明自主机器人还有很长的路要走。

我们还会看到更多在目前由人类所控制的设备上出现的自主能力，很明显的一个例子就是，医院将会出现机器人外科医生。2010 年，加拿大的一个机器人在没有人类控制的情况下移除了一位病人的前列腺，而一个自动化的麻醉系统让这位病人在手术过程中一直保持沉睡状态。加州大学伯克利分校的一座新研究中心专注于研发能够完成一台完整手术的外科机器人，至少是那些具有很高重复性的低级手术。当然，通常的模式就是一旦自动化解决了相对简单的任务之后，它就会在可完成任务的复杂度上继续提高。我们认为，在接下来的 20 年中，这是外科领域必然要发生的事。

自动驾驶汽车是另一个涉及物理任务的智能技术领域，即让一个交通工具移动并且去向别处。这些汽车结合了 GPS 和数字地图、激光雷达、视频摄像机超声波、雷达以及测程法传感器等，来产生并分析大量关于汽车位置以及周边环境的数据。关于这个领域的信息我们无须多言，因为媒体已经过分热情地关注了这种技术。在接下来的 10 年中，自动驾驶汽车和卡车很有可能就会在街上随处可见。如果到时候这件事没有发生，原因可能在于迟缓的交通监管变更流程，而不是技术限制。

机器学习，与情境感知密切相关

正如我们所说的，智能机器从一开始只能通过完成简单的工作任务来辅助人类，到迅速发展出能自主完成某些任务的能力，相应的人类工作者就需要做出改变。这种改变将会越来越大，因为拥有下一阶段知识积累能力（情境感知和学习）的机器将会被越来越多地生产出来。虽然我们现在仍然处于这种能力成长阶段的早期，但是这种变革给人们带来的兴奋感已经不仅仅只是空气中隐隐约约的春天气息了。

情境感知和机器学习听起来像是一种与人类相关的技术，但是这种技术的发展程度却强烈依赖于眼下的任务。比如，如果我们所需要的仅仅是"分析数字"，那么计算机就不需要思考类似这样的问题："我累了，所以我最好特别注意一下这个数据集"，或者"经过多年的分析，我知道性别对于服装购买习惯来说不是一个好的预示变量，因为女人经常给男人买衣服"。

在分析数字的过程中，数据、分析速度以及其他很多因素，对于情境感知来说是同等重要的。随着数据流变得越来越持续和庞大，我们需要一些实时且有效的分析方法，检测异常、关注模式，并且预测接下来将要发生的事。智能机器需要感知的情境可能包括地点、时间或者用户的身份。一种考虑了情境因素的模型会把情境转化为推荐或预测形式的信息并呈现出来，然后投入使用。比如，情境感知模型可能会根据时间、路况以及司机对高速公路和小路的喜好等信息，来计算上班的最佳路线。

在路线推荐这个例子中，情境感知的推荐必须是实时的，否则就没有意义了。到达工作地点之后再找到最佳路线（如果你走的恰好也是这条路）是没什么用的。大数据分析让依赖于各式各样情境因素的实时推荐变得非常简单。比如，如果你用谷歌的 Waze 应用做过感知路况的路线推荐，就会知道我们此处何意了。

ONLY
HUMANS
NEED
APPLY

人工智能革命

在这种情境下的学习就是一个感知模式的过程，这种模式可以用来预测或分类。该情境下的机器学习模型可能会被"监督"，也就是该模型被一个训练数据集所训练，在训练之后模型会在其他数据上完成相同类型的分析。或者模型可能没有被监督，在这种情况下模型没有经受过寻找正确目标的训练，它们只会试图找到随机噪声以外的某些数据模式。

到了这里，我们已经可以看出这两种进步之间的某些融合了。认知技术最复杂的形式在于趋向于处理多重类型的问题和数据。比如，在处理数字之外，机器学习模型也会处理文本或者至少是用数字方式表达的文本。比如，情境感知机器学习程序也许可以用于预测你想要在 iPhone 或安卓手机上打出的字，这被称为自动完成或自动建议。数据模型和数学模型仍然在操纵数字，但是把词语转换成数值表达已经没有那么重要了。

前文我们提到的很多系统都有"学习"的能力，因为它们的决策水平会随着数据的增加而改善，而且它们"记得"之前吸收过的信息。比如，随着越来越多的文档出现，沃森也被灌输了越来越多的信息，这也就是为什么它那么擅长跟踪癌症研究。随着更多以训练为目的的数据的出现，其他这类系统也越发擅长完成它们的认知任务。比如，随着谷歌翻译上出现了越来越多从乌尔都语和北印度语翻译过来的文档，谷歌翻译程序也会越来越擅长完成这些语种的机器翻译。

认知技术在这个类别中的特别之处在于情境感知。我们上面描述的大部分系统还不具备这个功能，主要原因在于，这些系统是为了完成某种单一认知任务而设计的。比如，沃森也许可以摄入和吸收上千个关于白血病的文档，但是到目前为止，它还不能把这些信息和一位病人的吸烟状况或白血病家族病史相结合，虽然 IBM 和克利夫兰诊所正在努力研发这种能力。零售商店中的面部识别系统也许可以从已知小偷照片的数据库（FaceFirst 就是一家在这个应用领域售卖软件的公司）中辨认可能的小偷，但它无法和你的顾客忠诚度程序或者你的人力资源数据库进行整合，所以也就无法很好地辨认出顾客或者来上班的雇员。

情境感知如果想要得到大范围的应用，各类公司就需要把自己的传统系统和认知系统绑定在一起。在医疗领域，电子病历系统需要和自动化的诊断和治疗建议工具相连接。在制造业中，机器人需要接入物料需求计划（MRP）的信息。达到这个目的的方法包括：把认知系统打碎成一系列的模块化组件，在本章后面我们将介绍几家正在做这件事的供应商；或者由传统系统供应商把认知能力加入到现存的产品中。前一种方法似乎更有可能成功，虽然我们现在仍处于这类集成的早期阶段。

锻造思维之魂

也许现在你已经很清楚，为什么机器学习能力的下一个阶段将会是一次意义重大的进步，并且会把人工智能之春推进到盛夏。人类大脑相比于自动化系统的主要优势仍然在于其广度，即它能出色地完成不同种类的很多事情的能力。我们可以阅读、做加减法、识别图像、理解词语、优雅地移动（至少某些人可以）、拾起和放下易碎品，凡此种种。一台计算机在训练之后也许可以和人一样出色甚至更出色地完成某些任务，但要让计算机完成所有这些事，可能还需要很长一段时间。计算机在深度上可能干得不错，但在广度方面却无法和我们匹敌，至少目前如此。

系统通常都是有针对性的，它们能解决有精确范围定义的问题。比如，如何诊断某一种类型的癌症，或者如何鉴别最佳投资组合。甚至连目前最前沿的人工智能实验都存在这个问题。正如对人工智能有着长期研究的西班牙国家研究委员会人工智能研究主管洛佩兹·德曼塔拉斯（López de Mántaras）所说："举例来说，我们有非常擅长下国际象棋的机器，但它们不擅长玩多米诺骨牌。"

从目前来看，智能词语和图像系统还没有自我意识，它们不会自发地去分析，不理解自己所做工作的更深层次的目的，而且即使不胜任眼下的工作，它们也不会告诉你。正如 IBM 沃森业务组的组长迈克·罗丁（Mike Rhodin）所说，"沃森没有自己的思考能力"，这个结论也适用于目前其他所有的智能系统。

不过，相关领域的人类工作者确实也越来越善于分辨智能机器所得出的结论是否可用且可信。现在以统计为基础的用于分析词语和图像的系统开始越来越擅长上面所说的这种任务了。事实上，我们应该要求所有这类系统告诉人们：是否应该信任系统得出的结论。有一些系统已经做到了。比如，你可能记得，当沃森在 2011 年获得《危险边缘》节目的冠军时，程序显示出了一个"置信度条"，它把前三个答案及其置信等级排列了出来。总体上来说，除非某个答案的置信等级大于 50%，否则沃森是不会冲出来的。这个置信度条是沃森的创造者后来添加的，而且是在最后时刻才加上去的。事实证明，对于沃森以及其他智能机器来说，这是一种非常重要的能力。

比如，沃森在比赛中犯的最大错误发生在"最终危险"挑战第二天的最后时刻。它需要为这个答案创造出正确的问题，这就是《危险边缘》令人迷惑的规则："它最大的机场是根据第二次世界大战时的一位英雄命名的；它的第二大机场是根据第二次世界大战时的一场战役命名的。"沃森被弄糊涂了，很差劲地回答道："多伦多是什么？"当然，"芝加哥"是正确答案，而且两位人类参赛者都写出了这个答案。但当时沃森为这个答案给出的置信等级只有 30%，如果这不是"最终危险"中的一个问题（这里提出的问题必须得到回答），它就不会回答这个问题。而且它在答案的正确性上只压上了一个小赌注：947 美元。

在以智能增强为目的的系统和流程中，人类在做出是否信任和接受建议的决定之前，非常需要了解该建议的置信等级。当然，评估这类推荐的人类需要知道系统是如何分配或得出可能性等级的。但是，如果一个根据 KRAS 基因得出的肺癌诊断的置信度达到了 90%，这会让医生对他自己原本得出的 30% 的可能性有一种完全不同的感觉。

一些决策情境所具有的实效性会妨碍某些决策的置信度报告。比如，在谷歌翻译或 Skype 翻译中，了解一段翻译中的每个词或短语的置信等级并没有什么用。但从总体上来说，了解并且报告一个自动化系统所给出的答案或决策的置信等级，是智能机器的一个重要进步。这种功能会让我们明白何时可以去信赖这些系统。对于人类做出的决策，我们并不是总能知道其置信等级，这也是为什么人类总会做出比较糟糕的决策的原因之一。

正如你在表 2-1 中看到的那样，我们并没有写出自我意识系统中的这个类别，只能尝试提供一些这类能力的不成熟应用，以及它在未来 10 年左右内可能发展出的形态。

最令人惊讶的是，自我意识还没有进入机器人领域。在 DARPA 机器人挑战赛上，为自己庆祝时摔倒的机器人（庆祝动作应该是内置的程序或者由人类远程控制）并没有感到尴尬或者反思自己是怎么进入比赛的。这种事可能永远都不会发生，但是我们可以想象一个具备某种程度的自我意识设备正在完成物理任务的情景。比如，一个真正聪明的机器人可能会判断出，如果它被安排在生产流程中的其他地方可能会更加有效，于是它就把自己移动到那个地方，然后训练自己完成新的操作。与其他各种各样的认知技术融合相比，这种能力可能并没有人们所想的那般遥不可及。比如，IBM 沃森的"大脑"已经被嵌入到了几种不同的机器人中，虽然目前这还只是一些实验性质的研究。

让机器人具备自主性和意识，也是世界上最大的机器人制造商之一、日本发那科公司（Fanuc）的一些新动作的目的。发那科公司收购了日本一家深度学习软件公司的一部分，希冀利用这种学习技术使他们的机器人变得更具有自主性。正如一篇文章所说："Preferred Networks 的专业知识应该可以让发那科公司的顾客以一种全新的方式去掌控他们的机器人，而且还能让机器去自动识别问题并学习如何才能避免问题，或者和其他机器一起找到变通的方法。"

自主和意识是目前那些正在完成物理任务的设备的长期目标。从目前来看，人工智能软件和机器人的世界正在融合，虽然机器人一起协作解决问题的美好愿景可能在短时间内根本无法实现，但这个场景从一定程度上来看还是有些可怕的。

与此同时，我们可能将会面临一个漫长的寒冬。

人类还能做什么

"智能机器有多聪明？"答案显然正在不断演进。算法和技术日趋成熟，计算机变得更快也更加网络化，基础软件也越来越擅长处理更多不同类型的信息，这是一个持续向前发展的过程。随着智能机器在万众瞩目下的不断进步，它们也越来越善于做决策和自主完成任务。最近，分析软件公司沃尔弗拉姆研究公司的创始人史蒂芬·沃尔弗拉姆（Stephen Wolfram）评价了在图像识别领域存在已久的障碍，并且指出，神经网络已经可以克服这个难题。

这是最近发生的一件事，而且在我看来，这算得上是突破阻碍前的最后几个重大进展之一。"天哪！大脑有一些计算机所没有的神奇的东西。"我们可以完成各种各样的关于创造性、语言以及所有这样或那样的活动，而且我相信，我们可以在几乎所有选项上打上对钩，没错，这个组件是可以自动化的。

结果就是，计算机和机器人正在不断改善它们做出的决策、提高它们完成行动的能力。测绘学习能力和行动能力两个维度进展的重要性，不仅仅在于它能帮助我们澄清为什么这些如此不相干的技术和工具能同时出现在智能机器这个大标题下，它还能向我们揭示一个非常重要的事实，这个事实会让我们充满希望，即在智能系统不断创造价值的过程中，仍然有很多设置和任务必须有人类的参与才能实现和完成。

表 2-1 列出的 16 种能力中，其中绝大多数都涉及了人类的工作。确实，就算在终极阶段，无论这些机器有多智能，人类仍然有机会和空间去创造额外的价值。人类不仅要创造这些自主、自觉的系统，还需要与时俱进地监控和改进这些系统。人类需要决定，一种智能系统在能力上是否已经被另外一种类似的机器所超越，而且人类还需要设计能够实现这种切换的方法。

在接下来讨论可能性的过程中，我们不会一直重复本章出现过的观点。不过，一些观点值得我们一再强调：能让人类在智能机器时代胜出的方法有很多种，因为在这个时代会有很多方面涉及人与机器的合作。表 2-1 中的每个单元格都包含有不同种类的人类工作，正如它当中所代表的不同技术一样。当像《机械姬》中艾娃那样的智能机器出现时（可能在 40 年或 50 年后），人类与它们之间的关系将不再存在任何悬念。与此同时，人类仍然会有很多方法与智能机器合作并兴旺发展下去。

03

恐惧机器，不如让智能为己所用

—

ONLY
HUMANS
NEED
APPLY

1608 年，德国眼镜商汉斯·李波尔（Hans Lippershey）在荷兰的米德尔堡镇开办了他的生意。据说，他是因为当时瞥见两个小孩正在玩他研磨好的镜片时，才想到了这个绝世好点子。孩子们说，把一片镜片放在另一片的后面，然后透过店铺的窗户向外看，就能清楚地看到距离很远的建筑物上的风向标。之后，李波尔提交了第一架望远镜的专利申请，不久以后，这项新发明给人们带来了一些明显的变化。人类的感知能力和理解力都被强化了。几年之后，伽利略把这种新设备指向了天空，第一次看见了月亮上的环形陨石坑和山脉。

2012 年，我们听到了来自那个时代的遥远回响。为了能够测绘宇宙中的暗物质，弗朗西斯科·西萨拉（Francisco Kitaura）和他的团队在位于德国波茨坦（Potsdam）的莱布尼茨天体物理学研究所（Leibniz Institute for Astrophysics）开发出了一种名为 KIGEN 的全新算法，这种算法的基础就是当下的人工智能。暗物质大约占宇宙物质总量的 23%，而普通物质（由可见恒星、行星、尘埃、气体组成）却只有 5%，但是这两者的占比都远远小于纯粹的暗能量，它占据了宇宙物质总量的 72%！我们需要了解宇宙大爆炸后暗物质的分布状况，因为该信息可以在很大程度上帮助我们获取有关宇宙动力的深层知识，但这是个极其庞大的计算工作。西萨拉在总结新算法的贡献时说道："在人工智能的帮助下，我们现在能够以史无前例的精确度为我们周围的宇宙建模，并且研究宇宙中最大结构的形成过程。"

这是一种非常智能的机器，我们喜欢的正是这种智能机器，因为它所做的只是单纯的强化。KIGEN 代码在研究所投入使用的那天，没有任何一位天体物理学家因此失去工作。事实上，贝叶斯网络机器学习算法能够帮助人们在工作中更快地取得进展，而且毫不夸张地说，这种强化是没有尽头的。

寻找癌症治疗方法的故事与之类似。位于马萨诸塞州弗雷明汉的一家叫作 Berg 的公司，正在用自己的研发方法对抗药物通常的发现流程。他们的方法是，让公司内那些受过高等教育的药理学家和肿瘤学研究者跳过药物研究的第一步，也就是提出关于能够有效治疗的药物的假说。他们的做法是，通过 Berg 强大的计算机来分析医疗合作伙伴，比如波士顿贝斯以色列女执事医疗中心所提供的真实肿瘤组织样本和健康历史记录，在其中寻找值得继续研究的方向。Berg 的主席兼 CTO 尼文·纳拉因（Niven Narain）把这个过程称为"疑问生物学"（interrogative biology），没用多久，该系统就产生了一种候选疗法。整个过程只用了不到研发新药通常时长一半的时间，这种前景无限、名为"BPM 31510"的新疗法已经通过了 Ib 和 IIb 阶段的临床试验。

决定跟进哪些潜在的药物前导物，听起来像是为受过良好教育的科学家准备的工作，如果机器可以做得更好的话，他们工作的很大一部分似乎就会被拿走。但是纳拉因指出，被剥离的那些所谓最重要的工作其实仅仅是博士生们的一些思考性工作，而且还是在死胡同徘徊时的思考。从人工智能发现目标到这个目标成为一个真正有前景的可能性这整个过程来看，科学家们在研究数据所揭示现象的背后原因时，仍然有很多工作需要完成。"等完成了平台的虚拟输出后，我们就要回到高度协作化和功能化的验证阶段，从而确保我们研究的是细胞生物学的问题，"纳拉因这样告诉一位来自《生物 IT 世界》（*Bio-IT World*）的记者，"行动的机制是什么？我们能看出这个靶点在我们研究的疾病中是否有效？"人类利用它的才智最好的地方就是"湿实验室"临床前研究。在这种研究中，一种化合物会被应用在"活着"的疾病上，这时它就能在考虑毒性和剂量耐受度的前提下，找到治疗病人的合适配方。

在上述两个领域中，智能机器都欣欣向荣地发展着，并没有威胁到就业，因为这两者的目标都过于远大，以至于在没有自动化的情况下，按照现在的劳动力供给根本无法满足该任务的需求。弗雷明汉，甚至整个世界都没有足够的药理学家能够仔细阅读 Berg 的人工智能系统在分析组织样本时所处理过的那上百亿个数据点；全世界的大学培养出的所有天文学家都无法测绘出隐藏在宇宙 5.4 万个星系中的暗物质。

我们猜测，没有新卢德派会冲出来毁坏任何一台这样的机器。问题在于：为什么不是每一台智能机器都这么有帮助呢？人类和机器之间的结合到底有什么不同？如果能找到这个问题的答案，或许我们就可以驱散人们对于知识工作自动化越发加剧的恐惧，我们甚至可以在一个充满机器的世界中为人类找到一条通往更多、更好工作的道路。

答案是智能增强

在上一章中，我们让你获得了崭新的认识，出现在后视镜中抢夺你工作的机器，比你想象的要更接近。如果说上一章的目的是为了让你心神不宁，那么本书剩下的内容就是为了给你希望。智能机器的新浪潮会带来真实的负面效应，但不断进步的科技也具有正面的潜力，那就是智能增强（augmentation）：人类和计算机结合彼此的优势，就会实现单独任何一方都不可能达到更好的结果。

很多数字智能应用都不如我们上面所列举的那些令人欢欣，原因很简单，因为它们只是自动化：利用机器完成人类能够完成的工作，以此来达到不让人类参与工作的目的。自动化和强化可能听起来像是一体两面，而且在某些案例中也确实如此，但有一点是肯定的：工作者喜欢智能增强，讨厌自动化。所以我们有理由假设这两者之间的区别不仅仅只是在修辞上。

看到了那么多自动化让人们产生恐惧和仇恨的例子之后，我们终于可以给出一个足够简洁的结论：人们仇恨自动化的原因在于，自动化需要有人站在管理位置上找出员工的短处或能力局限，或者仅仅只是相对于机器才会有的弱点，然后因此惩罚员工。通常，这些惩罚都是减少职工总数或者减薪。

确实，惩罚的范围可能会波及当事员工以外的人，比如他们的同事，甚至企业的客户。例如，很多杂货店对曾经由收银员完成的工作进行了自动化。工作者的弱点就是她的成本，自动化惩罚她的方式就是取消她的职位，用自动结款通道来替代她。但是顾客也需要忍受这种变化带来的冲击，因为现在他必须在交易中做比过去要多的事情。我们两人在杂货店的收款排队处待了一会儿，发现所有顾客扫描购物车中商品的速度都不及我们曾经认识的一位收银员。所以，我们没有看到有人在两种收银口都不必排队

的情况下选择自助结款。同样的惩罚也折磨着办公室中的
工作者，曾经的行政助理的任务被自动化之后，他们就被
清走了。但总是会有一些残余工作无法被自动化，现在，
这部分工作全部成了他们曾经辅助过的高管们自己的了。
没人喜欢这种改进后的局面。

相比之下，智能增强策略找到并弥补了也可以说是改善了人类的弱点或限
制，而且不会对工作者造成伤害。在第一轮自动化过程中，最主要的一项就是
杂货店收银自动化，也就是扫描技术的应用，这项技术是在 20 世纪 80 年代被
引入的，这种变革对店员的帮助不小。它弥补了人类售货员不完整的商品价格
记忆以及他们有时有些笨拙的手指，使他们变得更有效率。如果你是一个干劲
十足的知识工作者，想努力做到最好，那么智能增强策略就会帮助到你。除了
能够弥补你的缺陷，智能增强策略甚至还能找到你的相对优势，并将其放大，
或者直接帮你主动发挥这种优势。

卡米尔·尼西塔（Camille Nicita）是 Gongos 公司的 CEO。Gongos 是
一家位于大底特律都市区的公司，致力于帮助通用汽车和锐步这类客户，
更好地了解消费者的愿望和行为。有些人会认为这一系列的工作也受到了
威胁，因为大数据会揭示关于消费者购买活动的一切信息。尼西塔承认，
基于大型数据集研发出的复杂决策分析法可以找到一些她的同事无法发现
的崭新的重要观点。但是她说，她们也因此获得了一个机会，那将研究进
行得更加深入，进而能够向客户提供"背景、人性化服务以及大数据背后
的原因"。她的公司也因此将会在更大程度上"超越分析本身，并且通过
合成和叙述的力量，转化出能够影响商业决策的数据"。

这听起来很像经济学家弗兰克·利维和理查德·默南所说的人类的优势之一：复杂交流。也很像一种人类和机器之间的理想合作关系，在这种关系下，每一方带来的价值都会被另一方放大。换句话说，这听起来就是智能增强。

尼西塔认为，人类利用智能机器的最佳方式，而且这也正是智能增强策略的核心理念，不是让人类彻底出局，更不是让人们听命于机器人，而是通过使用智能机器让人们可以从事比他们所放弃的要更加优越的工作，即更具有满足感、更适合他们的优势，同时能够创造更多价值。

所以，技术可能是相同的，不存在自动化工具和智能增强工具这种不同类别，但应用技术的目的却是截然不同的。自动化的意义就是要降低人类当前所从事工作的工作量。一旦某种原本由人类完成的任务可以被代码化了，自动化就会利用计算机，逐步地除去这个工作任务。它们这么做的目的仅仅是为了节省成本，而且这种做法还会限制管理者，让他们只会用今天已经完成的工作量来思考问题。

智能增强的意义在于，从今天人脑和机器能够独立完成的任务出发，在两者的合作中找出能让工作更加深入的方法，而不是想方设法地消灭人的工作。尽管人类作为工作者来说成本高昂又很难伺候，但机器的目的从来都不是夺走他们的工作，而是让他们能够从事更有价值的工作。

头脑的车轮

机器作为一种工具，它被设计和制造的目的应该是让人类更具有能力，而不是让人类变得更多余。我们并不是第一个有这种想法的人。比如，当乔布斯还是一个年轻人时，他从对身边的观察说起，并分享了自己的哲学："我们是工具的制造者，这才是真正把我们和高级灵长类动物区分开来的事实。"正是这种思想主导了他在苹果所完成的工作。乔布斯曾经看过一个对比各物种在移动时的能量使用率的研究，研究显示，秃鹫飞行一公里的距离所消耗的能量最少。人类大约处在正向总排名1/3的位置，人类在这方面并没有什么特别之处，不过乔布斯说：

> 假设一个在《科学美国人》工作的人忽然想到要去测量人类骑自行车时的移动能效，那么那个骑自行车的人在能量使用率上就能把秃鹫甩在后面，效率远远超出排名中的最好成绩。对于我来说，计算机就是这样的工具。这是人类有史以来创造的最卓越的工具。计算机对于我们的头脑来说相当于自行车。

在这方面，乔布斯似乎确实被已故的道格拉斯·恩格尔巴特（Douglas Engelbart）所启发，而恩格尔巴特的启发者是麻省理工学院的计算机预言家万尼瓦尔·布什（Vannevar Bush）。恩格尔巴特是点击式计算机用户界以及与之相匹配的鼠标的发明者。他可能就是第一个拥抱"智能增强"这个术语的人，在他看来，智能增强需要的是一种机械组成，从而让机器实现思考和分享观点的能力。1962年，他发表了一篇广为流传的论文:《增强人类智能》（Augmenting Human Intellect）。他甚至还成立了一个"智能增强研究中心"，该中心在1969年建立了历史上第一个互联网连接终端（加州大学是另一个终端）。乔布斯不仅借鉴了恩格尔巴特的界面主张，还继承了他创造"头脑的车轮"（wheels for the mind）的渴望。

继续向前追溯，诺伯特·维纳是万尼瓦尔·布什的同事，他也是我们之前提到过《人有人的用处》一书的作者。维纳早在1950年就表达过这样的观点，他希望机器可以把人类从重复性的工业苦工中解放出来，这样人们就可以专注于更具创造力的追求了。计算机或者他所说的"计算机器"在当时刚刚证明了自己在快速准确地完成数学方程上的价值，但我们很容易就能推测出，假以时日，计算机将会在其他方面超越人类智能。当时甚至有一位麻省理工学院的教授指出，"computer"一词指的就是被雇来从事计算工作的人。维纳有一句话看起来特别有先见之明："机器对体力劳动和白领劳动一视同仁。"

我们既想继承人类在历史上对于"智能增强"这个词的丰富思考，也想再对这个词进行进一步精炼。首先，当我们讨论"智能增强"时，我们所说的是人和机器之间互相赋予能力的关系（详见后文）。其次，只有当人类工作者在机器的帮助下创造了更多价值并且个人获得了更大的收益时，"智能增强"才会存在。世界四大会计事务所之一的德勤（Deloitte）曾经把智能机器本身和它向外提供的强化称为"增智"（amplified intelligence）。这个术语表达了相同的精神，但是并没有和"自动化"形成如此直接明了的对比。

我们喜欢"智能增强"这一概念的原因也在于，它超越了经济学家最喜欢的词："互补性"。在经济学家口中，科技要么有能力取代人类劳动力，要么能够和人类劳动力进行互补，因为人类不想让自己变得多余，所以他们手中的选项只有互补性这一项。在这种理念下，人类继续从事着自己所擅长的工作，同时计算机用自己所擅长的方式参与协作，这样人和机器就可以组合起来一起创造价值。就目前来说，互补性还是不错的：人们可以保留（至少一部分）工作，同时也更加享受工作，因为他们的技能和知识被科技更有效地支持和提升了，但我们认为这种关系应该更进一步。这种组合的效应是否可以让人类在自己擅长的领域拥有更强的能力，同时也让机器在自己擅长的领域更上一层楼？这就是智能增强。不仅仅只是劳动力层面上的分工，智能增强还会创造出新的价值增长。

智能机器不是工作的终结者

在知识工作领域，智能机器通过 4 种形态实现了智能增强，而且我们还可以继续把它们进一步分为两类。我们把前两种称为超能力，把后两种称为杠杆作用。

正如目前很多信息系统能做的那样，当机器大幅度地强化了你的信息检索能力时，我们就将这个过程称为"获得超能力"。确实，在《终结者》系列电影中，天网为自己的"生控体系统"（cybernetic organisms）设计了一系列超能力，而其中最为影迷所觊觎的就是它在遇到人类时立即弹出的生物信息检索能力。这种能力激发了很多产品，比如，根据谷歌眼镜技术负责人萨德·斯塔纳（Thad Starner）所说，这就是谷歌眼镜的灵感来源。虽然我们不得不对这个产品说"后会有期"，但是谷歌向我们保证"它还会回来"。

当达文波特在 10 年前写作一本关于知识工作者的书时，书中就已经出现了一些例子能够证明信息检索对于知识工作者的重要性了。他在这些例子的细节方面着墨很多，比如，"计算机辅助医嘱录入"系统就是他在这类系统中聚焦的一个例子，该系统来自位于波士顿的一个保健网络联盟医疗体系（Partners HealthCare）。当医生为患者输入医嘱时，比如用药、各种检查、转诊等，系统就会检查这份医嘱是否符合它所认同的最佳医疗方案。如果不符合，它就会询问医生是否改变医嘱，当然，最终决定权属于医生。当这个系统被安装到联盟的两家重要医院后，该系统降低了 55% 的严重药物治疗差错。

现在，很多医院都在使用这类系统，而且这些系统也会越来越多地跟踪医疗成本以及患者健康行为。可能到了某个阶段之后，它们也会协助医生进行诊断，不过这个能力的实现更困难也更具挑战性。在任何情况下，这都是一种直接而且成功的"超能力"式智能增强，而且从来没有任何人类临床医生因为这样的系统而失业。

我们假设这些智能机器将会继续发展，进而具备了能够完成某种情境下的核心决策的能力，而且这种决策更加全面，生成结果的速度也更快。这也是一种能够强化人类的超能力，也就是第二种超能力。对于人类来说，充满挑战性的决策数不胜数，但这些决策本身可能并不存在任何争议。比如，你希望你的恒温器每次检测到热度下降时都通知你，让你决定是否重新点燃炉子。工作中存在很多等效做法，但具体怎么做却不受流程控制的约束。同时，工作当中还会有很多人类特有的问题。如果让那些能够消化、思考，并且能行动的智能机器把日常工作在几毫秒内完成的话，你就会有足够的时间来处理其他棘手问题，以此来构建足够的优势。这就是为什么美国国防部希望新一代战斗机都装配上人工智能。他们想让飞行员专注于那些需要人类来裁定的任务，而无须在驾驶飞机这样的非重要任务上浪费了注意力，进而让飞行员在战斗中拥有认知优势。

智能增强和受机器支配之间的界限一直都在变化，虽然并不总是合乎逻辑，但总有一定的道理。20 世纪 60 年代末、70 年代初的"阿波罗"登月计划给我们提供了一个很好的例子。工程师们想要计算机来驾驶火箭和太空舱，而宇航员则想要他们自己来控制，双方之间的斗争僵持不下。后来宇航员愿意退后一步，承认他们需要阿波罗制导计算机（Apollo Guidance Computer）来领航。就像宇航员大卫·斯考特（David Scott）随后说："假设你有一个篮球和一个棒球，它们相距 14 英尺（约为 4.23 米），棒球代表月亮，篮球代表地球，然后你拿起一张纸，这张纸的边缘厚度就是你返航时必须踏上的那条路的宽度。"但是他们想在月球表面自己完成降落载具的工作。为什么？也许只是为了荣誉，因为对于这些训练有素的宇航员来说，降落永远都是飞行中最难的部分。而工程师们却坚称让人类掌握控制是没有必要的，而且飞行计算机（虽然用今天的标准来看是有些原始）能降落得和人类一样好。最终，宇航员胜利了。

根据阿波罗历史学家大卫·明德尔（David Mindel）的说法，在所有的 6 次降落中，宇航员都从计算机那里拿回了控制权，并最终降落了登月舱。他们不想被试飞员查克·耶格尔（Chuck Yeager）的名言说中："罐头中的火腿。"

如果前两种智能增强是要给你"你希望得到的"，那么后两种就是要"拿走你不想要的"，即杠杆作用。

你工作的很大一部分可能都涉及你很早以前就已经学会了的日常任务，而你特别希望能够卸下这些任务，然后接受更加高阶的工作。最重要的是，你很可能被希望能够抛弃那些非核心的工作，比如填写花费报告，因为这些工作甚至都不包含任何可以创造价值的成分，而创造价值才是你被雇用的原因。

这种类型的智能增强其实是一种自我管理形式，具体的例子就是，我们和其他上百万人都使用 TurboTax 这样的税务软件来填报纳税申报表。我们提供自己的税务情况以及相关数据的来源，而 TurboTax 则会提供规则和进行计算，并在整个过程中找出相关的报税文件、评估我们的错误响应机制，告诉我们可能会被税务部门审计的可能性。我们自己也完成了一些工作，比如，我们会决定支出多少钱用于慈善捐款，而 TurboTax 则会忠心耿耿地把这份捐款从税表中去掉；如果你在国外有一些可免税支出，只要你要求，TurboTax 还会准备好国外的税收抵免表格。与此同时，我们也会欣慰地看到计算机程序在一定程度上所具备的智能，这样我们就不用自己完成太多工作了。

与此相似的是，在法律公司内部，很多由律师完成的任务，比如确定一个案件涉及哪些领域的法律、激励委托人，以及跟踪世界各地发生的能够引起新法律问题的事件的进展，需要律师具有判断力、同情心以及创造力。但这份工作的其他方面，比如发现文件、提取合同规定以及生成标准的遗嘱和信托基金，却变得越来越代码化，而且执行起来也索然无味。很快这些任务就会被移交给智能机器，而且这也不会让人感到有多么出乎意料。美国仍然有 130 万名律师，而且这个数字每年都在增长，所以我们目前还不需要启动什么"拯救律师"的行动。无疑，大部分律师在逃离当苦工的过程中都觉得自己总体上是被拯救了。

最后一种形式的智能增强也是一种杠杆作用。在这种形式中，智能机器能够帮助你成为更好的自己。想一想现在出现的一种新设备，这种设备最近在消费者市场上爆红，它能让你设立个人目标，并且捕捉你在实现目标过程中的完成进度。作为所谓的"量化生活"运动的一部分，这些设备建立了反馈环，为的就是让你知道你在向梦寐以求的目标努力时进展如何。这些目标通常是非工作性质的：无论你进行的治疗是为了马拉松而训练，还是为了保持头脑敏锐，或者是为了从挫折中恢复。

从某种角度上说，这类杠杆作用运作的方式并不是建立支持，而是抵制你作为人类所具有的一些不良倾向，比如缺乏意志力或自制力。我们认为，工作场所的科技会越来越多地承担起这种角色，其目的就是帮助野心勃勃的工作者实现自己的个人目标。

到这里，我们可以重申一下：对科技的选择并不能让人类和机器之间的关系变成智能增强，从而避免变成自动化。甚至连最为自主的智能机器也能在某种程度上实现和人类的智能增强。在所有这四种类别中，很容易就能找到我们想要选择的，而且我们也能轻易看出，同样还是这些技术，它们也能作为监督和限制的工具，而不是去实现超能力和杠杆作用。意图就是一切。当我们的目的是要增强人类的能力时，任何种类的数字智能都能派上用场。

和机器一起合作开展工作，可以让你依然是你，而且还是更好的你。智能机器不会让你丢掉工作，它会把工作变得更好。

消失的 3 小时工作制

如果在半世纪前阅读这本书，你可能会感到非常惊奇，因为我们说智能增强策略能够帮你保住工作，而非夺去工作。1928 年，经济学家约翰·凯恩斯（John M. Keynes）写了一篇名为《我们后代的经济前景》（*Economic Prospects for Our Grandchildren*）的文章，他认为数十年的生产力和科技进步会留给子孙后代一个新问题：如何利用他们大量的业余时间。他写道：

> 从一开始，人类就需要去面对一个和自身切实相关的永恒问题：如何从紧迫的经济忧虑中解放出来，如何安排本应由科学和复利占据的空闲时间。

凯恩斯预计，到了现在，我们每个人每周只需要工作 15 小时。很明显，这个预测并没有实现。但智能机器的崛起却重新提出：我们可能即将拥抱大幅度增加的空闲时间。如果这些机器可以把很多我们今天需要在工作中完成的任务自动化，我们就会有更多的可支配时间吗？

我们的答案是"可能不会"，理由有很多。有些经济学家认为，我们已经在增长的消费能力中享受到了增长的生产力所带来的好处，我们工作得更多，就是为了买得更多。社会学家认为，忙碌的生活方式已经赢得了自己的地位，其本身就是一种目的。心理学家认为，工作固有的满足感比我们想象的要多。

我们认为，智能机器没有可能也不会造成劳动力需求急剧减少的原因在于，人们在使用智能机器时至少有时是带有智能增强心态的。个人工作者以及雇用个人工作者的组织机构把智能机器看作强化工作的工具，而非把工作自动化的工具。**智能机器一直以来都没有、未来也不会帮助我们取缔工作，而是帮我们扩张工作。**

ONLY
HUMANS
NEED
APPLY
————
人工智能革命

以一张简单的电子表格为例。电子表格让财务预算、计划以及报告生成都变得更快而且更富有成效。如果组织机构选择了实现工作自动化这条路，那么现在那些人们需要使用电子表格来完成的工作，在电子表格被发明出来之后，会被这些机构用更少的人力、更低的成本来完成，但工作总量却完全相同。

但大部分组织机构和个人貌似把电子表格看作是一种能够完成更多分析的工具，几乎没有一个财务分析师被电子表格所取代，而且我们还完成了数量多得多的分析。电子表格和其他生产力技术不仅没有降低工作中某种员工的固定比例，而且还扩展了工作的内容。

随着更新、更智能的系统的出现，我们可以想象它们会消除或在很大程度上减少工作中人类的出镜率，可能最终会把我们带入 3 小时工作制的时代，但我们相信它们会（也应该会）跟随电子表格所指明的道路。与其替代知识工作者，智能系统更应该让人有更多思考空间。有些决定和行为可能是自动化系统做出的，但是这应该成为解放知识工作者去完成更大、更重要的任务的机会。

当然，像今天的知识工作者（尤其在美国）这样忙碌的工作会带来一些问题，但或许工作不足或完全不工作也会带来更大的问题。为了不受限制地思考工作，我们需要付出的代价就是，永远都没有时间来真正完成工作。

按 0 键或者呼叫"人工服务"

在一篇研究计算机对劳动力造成的影响的论文中，麻省理工学院的经济学家大卫·奥特尔（David Autor）提出，今天几乎所有的苦活、累活完全都受到了智能机器的影响：

> 一项任务无法被计算机化并不意味着计算机化没有影响到这项任务。恰恰相反，计算机化补充了那些无法被计算机取代的任务。虽然这个观点被很多人忽视了，但它却是最为根本的事实。

奥特尔所指的就是智能增强的概念，我们对这个观点的补充是，智能增强可以具有双重效应。人类会增强计算机和机器人的工作，就像是计算机和机器人会增强人类的工作一样。有时大部分智力贡献来自机器，而有时则来自人类；两者之间的决策分工都不会是正正好好的 50∶50，这个比例也不会一成不变。

所以我们现在就把刚才关于智能增强的讨论翻转到另一面。如果你是一台机器，你愿意承认自己有哪些不足，并且希望人类对此做出弥补？通过和人类紧密地合作，我们可以想到好几种方式让机器超越自身严重的局限性。至少，在这些关键能力上，它们需要人类来填补。

1. 从开始设计和创造机器的思考。

总体上来说，是人类设计和编写了计算机程序、分析型算法以及其他类似的东西，也就是自动化决策系统的结构模块。虽然目前在机器学习、自动化编程以及类似技术领域有了很大进步，但这些技术现在以及在可预见的将来，如果没有大量人类劳动力的工作以及相应的指导，还很难创造出能够设计和创造机器的系统。自动化工具将会继续帮助人类在这个岗位上完成更加富有成效的工作，而我们则会继续驱动和监督整个创造过程。

2. 提供"全局"视角。

人类善于采用全局视角，其中涉及的技能包括检查特定解决方案是否符合整体需求、了解世界已经经历的重大变革，以及对比解决同一问题的多种不同方法。我们知道何时、何地去寻找信息的新来源，知道某件事是否"有道理"，知道一个系统的边界条件什么时候会发生改变。因为这类思考并不是结构化的，所以计算机对此并不在行。

3. 整合并合成来自多个系统和结果的信息。

人类知道，可能任何一个单一系统或决策方式都无法得出那个唯一可能的答案。我们很擅长在几个来源中评估哪一个最有可能是正确的，或者至少能够在多个答案之间做调研。自由式国际象棋手的每步棋都要在几种不同的方案中选择；分析专家会尝试各种不同模型，然后采取解释力和合理性最佳的组合。一些 IBM 沃森的使用者为了知道沃森的替代系统是否能够更好地完成特定认知任务，他们决定自己开发这样的替代系统来做对比或参照。有一些机器被设计的目的就是去尝试多种方式然后再找出最佳方案，在机器学习中经常被称为集成方法，但人类才是这方面的专家。

4. 监控机器的工作成果。

分析模型和认知系统是为特定背景设计的。当背景发生变化时，这些模型和系统就不那么起作用了。在大多数情况下，系统不知道自己已经运转不畅了，哪怕它们知道，也不会主动退出工作。找出无法产出高质量答案的系统并对其进行更新或替换，是人类的责任。如果它们在很长一段时间内运转正常，那么我们可能会犹豫是否要解雇它们，但是我们有必要注意机器的使用期限。

5. 了解机器的弱点和优势。

所有智能系统，就像人类一样，都有弱点。它们的算法基础可能是低质量的数据，或者它们在决策过程中可能存在缺陷。例如，一家保险公司的自动化商业承保系统可能在处理花商的风险时做得不错，但在评估美容院的风险时却频频犯错。在这种情况下，需要由保险签署人来发现，系统可能推荐了一份收费不准的保险单。

6. 诱导出系统需要的信息。

通常情况下，自动化决策系统要想获得它们在工作中所需要的信息并非易事。例如，在自动化财务规划中，为一个富人找到理想的股票和证券组合是比较简单的，但是如果想要明确一个家庭的退休目标或者预期，就需要输入他们现在的消费水平、风险承受能力，很有可能还包括退休日期这样的信息。客户可以自己录入一部分信息，但是要想得到全部这些数据，通常来说并不容易。一个人类财务规划师可以通过帮助和鼓励客户，最终诱导他们说出这些原本很难获得的信息。人类在其他很多背景中也能胜任这样的角色。

7. 鼓励人类依照自动化的建议采取行动。

计算机可以做出非常棒的决策，但这些决策经常需要人来执行。同样，在上面提到的财务规划情境中，一台计算机可能会建议需要更多储蓄才能达到预想的退休目标，但这可能需要一个具有说服力的人才能说服客户实现更多储蓄。一台计算机可以得出医学诊断和治疗方案，但是要想建立起患者的服从性，需要的可能是那些能够理解该方案，并且可以把方案按需解释给患者并激励患者养成新健康习惯的医生和护士。

　　无疑，对于人类强化计算机来说还有其他方法。有些强化机会将从特定的应用领域诞生。在前面我们曾提到过一套拒绝了美联储前主席本·伯南克再融资要求的自动化贷款签署系统。在银行业、保险业以及其他涉及大量看似常规的决策的产业中，经常会出现像伯南克这样不属于正常类别和规则之内的人。

　　如果你想要你的银行有机会为像伯南克这样的理想顾客提供服务，就需要能够快速且轻松地处理异常，这就意味着必须有人时刻准备着去响应他们的需求。更成问题的是，我们知道健康保险公司曾经拒绝把可能挽救生命的治疗划入保险范围。机器肯定有希望有效地帮助人们针对这些问题做出决策，但同样肯定的是，很多关乎人命的决策不能交由机器来完成。我们在这里给出的总体观点就是，当出现了相对于规则和结构化逻辑而言重要的例外情况时，机器就需要被人类强化。

人类工作的未来
ONLY HUMANS
NEEDAPPLY

　　因此，我们认为，如果你的目标是能够向客户成规模地提供真正特殊的或差异化的产品和服务，那么唯一的办法就是采用智能增强策略。我们都很熟悉完全自动化的客户服务，而且我们中的大部分人为了能找到人类客服来解决问题，已经建立了一套方法，比如客服电话中的"人工服务请按0"。客户服务中心信息选项的菜单总是没完没了。如果你想保证自己的服务质量，或者你想要自己的产品和竞争对手形成差异，那么让计算机来完成大部分的流程，可能并不会得出让你满意的结果。当我们谈到市场上那些声誉很好的公司时，很少会谈及它们的自动化。恰恰相反，我们谈到的是该公司首席设计师的创造力，或者客户服务人员的人情味。我们人类很擅长发现由机器产生的所谓的个性化或者其他任何种类的标准化沟通。虽然机器可能会变得更聪明，但人类检测机器的能力也会随之提高。

我们提到的专职强化机器的角色可能只是人类工作者的临时机会窗口，但这些机会可能已经足以为人类提供一份工作，甚至是一项事业了。在几乎所有我们所描述的智能增强策略中，人们都需要学习并掌握一些全新的、与以往完全不同的工作方式。如果你是一位希望在智能机器时代保住自己工作并且能够成功的知识工作者，就需要学习很多东西并改变你要做的事，并且在知道你已经成了机器的帮手时，还要收敛一下你的傲气。

拔掉插座，不是唯一的选择

不少人士在谈到我们所说的双向智能增强时，都提到了国际象棋。

在这个领域，人类绝对需要学会谦卑。在一对一的比赛中，我们知道的目前最好的国际象棋选手都是计算机。不过，在某些人的误导下，你可能仍然会认为人类并没有被完全挫败。少年时就是一位国际象棋冠军的经济学家泰勒·考恩（Tyler Cowen）以及《第二次机器革命》的作者埃里克·布莱恩约弗森和安德鲁·麦卡菲都曾用到过"自由式国际象棋"这个例子。在这种比赛中，人类棋手可以选择从计算机那里获得尽可能多的帮助。虽然我们两人都不怎么下国际象棋，但是我们知道在这样的规则下，人类经常能够击败最好的程序。虽然自由式国际象棋是一种特殊情况，但这其中的一些细节似乎能为其他形式的智能增强策略提供一些可能性：

- 不同的计算机程序善于处理国际象棋中不同的局面，人类可以找出每个程序的优势，并且将这些程序以合理的方式整合起来。计算机国际象棋程序并不很擅长发现比自己更好的程序，所以也就不知道在适当的时候替换掉自己。

- 人类更擅长获得背景知识，从而知晓某一步棋是简单还是困难，所以人类在适当的时候可以敦促计算机做出快速的选择。

- 即使你不是一位国际象棋专家，也有可能在计算机国际象棋领域中大放异彩：你要做的仅仅只是在看到一步好棋时能够辨认出来就行了。

- 首先决定构建国际象棋程序的是人类，继续改进程序的也是人类。

针对最后一点，我们可以来看一个例子。全世界最优秀的自由式国际象棋选手之一的安森·威廉斯（Anson Williams）和他的团队成员尼尔森·赫尔南德斯（Nelson Hernandez）建立了一个国际象棋步法数据库，这其中包含 30 亿步象棋的走法。赫尔南德斯在向我们讲述威廉斯时说（他们从来没有真正面对面地见过彼此）：

> 他所能增加的价值仅仅只是他知道如何创建一个高级的决策支持系统。但是他在赛场上所拥有的竞争优势却是他在当代不断发展的竞争格局下所具备的组织系统的大局观。

在我们看来，这很像是值得人们去学习的智能增强的一类角色。

在把国际象棋作为智能增强方式的例子时，我们很小心，没有对其有什么过分的依赖。虽然国际象棋招数的变化数量极其巨大，据说比宇宙中的原子数量还要多，但国际象棋的招数相比于很多现实中的情况来说要结构化得多，而且随着时间的推移，是相对不变的。所以，编写一个能下国际象棋的计算机程序要比为不太结构化的特定领域写程序要简单得多，而且对于人类来说，理解、对比国际象棋程序也更简单。大多数人维持生计的方式不是下国际象棋或者参与其他比赛，因此国际象棋在就业或失业上的延伸极其有限。

但我们确实认为，各行各业的人可以通过类比学到一些有效的经验教训。为了在比赛中保持常胜，即使对手是很聪明的机器，你需要的可能就是在工作中和一些机器合作。你需要知道它们擅长的是什么、不太擅长的是什么，你需要不停地寻找比你现在使用的程序要更好的计算机程序。为了提高你的表现，可能需要投资一些数据和分析方面的资产。在可能的情况下，你需要学习足够多的关于计算机程序的知识，并自己动手来改进程序。另外，还有一种能确保自己在比赛中有价值的安全做法，那就是成为参赛计算机程序的作者。

无论是在国际象棋中，还是在其他领域，有时我们很难分辨在一个智能增强场景下是谁在强化什么还是什么在强化谁，所以我们应该在分配功绩和归咎责任时要倍加小心。

作为人类，别总说自己比计算机更有能力，或者它会让你感到难堪。幸运的是，计算机并不自负，所以不太可能会对我们称王称霸。它们可能像《2001：太空漫游》中的哈尔（HAL）一样，建议我们不要拔掉它们的插头。但只要人们还能和它们一起工作，并且还能在我们重视的领域中攻陷难题，人们是不会想离开它们的。

获得持久就业能力的 5 大生存策略

对于那些对自动化威胁念念不忘的人来说，本质上有一条可行的策略（而且只对越来越少的一群人适用）：**把自己提升到更高级的认知领域。**

持久的就业能力需要掌握那些尚没有被计算机攻陷的稀缺领域的合理决策权。在智能增强策略为个人就业者和求职者打开了更为广阔的思路时，我们需要重新定义问题。现在，在我们面前有多个有效手段可以用来代替之前那个唯一的策略。

人类工作的未来
ONLY HUMANS
NEEDAPPLY

- 超越（Stepping Up）。通过建立起全局视野以及对于计算机来说太过松散和广泛以致难以做决策的决策体系，从而超越自动化系统。

- 避让（Stepping Aside）。转移到计算机不擅长的、而且不以决策为中心的一类工作上，比如销售、激励他人，或者用简单的词语来描述计算机做出的决定。

- 参与（Stepping In）。参与计算机系统的自动化决策，从而理解、监控以及改进它们。这是智能增强的核心选项，虽然 5 种生存策略中的每一个都可以被说成是智能增强。

- 专精（stepping Narrowly）。在你的专业中找到一个精细到没人想要自动化的专门领域，因为对其进行自动化可能在未来也不合算。

- 开创（Stepping Forward）。在一个特定领域开发出支持智能决策和行动的新系统和技术。

我们起的这几个名字①对于我们来说很有用，但可能有失简洁。我们曾经尝试把这 5 个生存策略设计为"MECE"形式，这样的组合"互相排斥而又完全穷尽"，如果你找到第 6 个或者第 7 个选项，也请告诉我们。我们想要表达的是，我们在智能机器身边谋生的方式

---

① 原文介绍的每个步骤都以"stepping"开头，为了内容的准确性，本书选择翻译每个词组本身的意义。——译者注

可以有很多种，而且这些方式各自都需要不同的人类优势。

在我们所能想到的几乎每一种工作类型中都会发现，不同的人在工作中采用的手段各不相同。

后文我们将通过对几类职业的分析描述来阐明上述观点。首先，因为保险业的工作已经非常明显地受到了自动化的威胁，所以我们就先来看看保险业。然后为了展示更大的环境，我们将简短地了解一下教师和财务顾问是如何超越、避让、参与、专精以及开创的。

一次简短又刺激的保险承保之旅

如果在出言莽撞的网站 CareerSearch.com 上听人交谈，你会认为选择保险承保人这份职业并不是件令人兴奋的事儿。在该网站描述这个职业的页面上，他们是这么告诉潜在求职者的：

> 职业棒球运动员、芭蕾舞者、宇航员以及保险承保人，这是人们在孩童时代梦想着要去从事的几种职业。多一点意志、精神以及决心，你就能实现孩童时的梦想。无论是击中第 500 次全垒打，还是成为第一个假装踏上火星的人，如果你能感受到这份职业，就能实现。当然，对于保险承保人来说，也是如此。虽然很多人可能感觉这份工作超出了自己的能力，但只要有足够的韧性和投入，你也可以成为一位保险承保人。

这真是互联网的一种讽刺啊！实际情况是，美国有超过 10 万人在从事这份工作,据美国劳工统计局(BLS)的统计数据显示,他们的平均年薪是 62 870 美元。这是在以信息为基础的核心行业中的一种典型的白领职业。

话虽如此，情况却开始变得有些可怕了。从定值美元的角度上来看，该职业 10 年前的平均年薪比现在要高。着眼于未来，美国劳工统计局看到的却是承保人职业的从业人数的减少。它推测，从 2002 年到 2012 年，该职业的人员数量下降了 6%，但这并不比邮政行业职员（32%）、数据录入员（25%）或者敛尸官（15%）的下降幅度更陡峭，可即使是这种程度的减少，无疑也将会给工资施加更大的下行压力。这件事也和智能机器的崛起息息相关。早在 2009 年，德勤会计事务所的一份调查就发现，有 30% 的大型人寿保险公司已经在使用自动化承保系统了，而且还有 60% 的公司在计划安装这种系统。

承保人到底是什么？从严格意义上来说就是，一家企业在收取一定费用的前提下,同意承担某些资产或投资所涉及的风险。但是为什么要叫作承保人①呢？因为在 17 世纪，愿意给远航的商船作保的组织会把自己的名字签在货物说明的下方。很多这样的航行告示都贴在伦敦的爱埃德·劳埃德咖啡馆，也就是今天我们所熟知的英国劳埃德保险公司的前身。但是在今天的大型保险公司以及银行和房地产公司中，承保人也还是一种被委托完成某种工作的人，他们的工作正是保险工作的核心，其中包括评估风险，以及为了避免亏损可能性计算出资产所有者应该支付的合理价格，通常都是以保险费的形式来支付。这份工作需要大量的数学技巧，因为他们需要通过计算很多具有不同权重的因素，才能得出一个既能打败竞争对手、还能为公司产生利润的理想价格。当然，这种任务对于今天的计算机来说，它们能够更好地胜任。这也就是为什么，对于任何习惯于风险的人来说，承保人都是一份看起来很刺激的职业，因为它具有沉船的所

---

① 承保人的英文为 underwriter，其字面意义是"在下面写的人"。——译者注

有特征。

接下来我们即将进入承保的世界，通过我们的介绍，你将会在后续的几章中逐渐熟悉这 5 种策略。在此之前，我们首先应该向迈克尔·博纳斯基（Michael Bernaski）表达我们的谢意。博纳斯基是一位专注于金融服务的资深管理咨询师，他在过去的 20 年中一直致力于设计和实现该领域的自动化。他对人类在自动化环境中所应承担的角色这一主题思考了很多，并把这些思想告诉了我们，这可能是因为他感到了一定程度的"对于所有那些被我们毁掉事业的保险承保人"的内疚。虽然他在谈论到人类承保人该如何继续提供价值时，并没有完全使用我们定义的那 5 个词，但正是因为有了他的观察和想法，我们才想出了这些词语。无论如何，他并不认为承保行业是一艘正在下沉的船，因为"所有这些新工具都意味着，我们可以对风险解决方案进行真正的改革"。

承保行业的核心就是理解"风险的微结构"，换句话来说，就是要知道商业的不同属性将会如何影响索赔的可能性，以及根据这种可能性该如何改变保险的价格。博纳斯基强调说，在这种背景下，人类要面临的根本问题就是，计算机生来就很擅长把握这份工作的核心。最复杂的承保系统能轻松产生上百万种不同的定价单元，因为只要遵循逻辑规则和方程就行了。当安装有传感器的设备，比如汽车、卡车、锅炉以及其他类型的设备，开始常规性地报告自身的性能和使用情况时，计算机系统的优势就更大了。在有了数量如此庞大的数据后，人类将根本无法企及这些机器的能力。处理物联网是计算机擅长的，而人类呢，只能自叹不如了。

但这不一定就是故事的结局。那些能够学会利用自己工作的其他优势的承保人可以在这场核心战役中幸免于难，甚至涅槃重生，可能他们再也不会后悔自己曾经放弃过的那些职业了，即职业棒球运动员、芭蕾舞者或者宇航员。

超越的承保人 |

有一种可以回应计算机对你的工作进行侵蚀的方式，就是把它看作那个能够帮你超越的、能力非凡的助理。在承保行业中，这可能意味着要为"资产组合管理"承担责任。这项任务需要的并不是对于风险微结构的判断力，而是对于宏观结构的判断，即因公司或者其所在区域甚至所在星球所面临的威胁，而导致整个行业对于风险预测做出的商业决策所发生的改变。公司的整体资产组合是否在某些方面有些不平衡，或者说它是否应该做出调整，从而能够响应更为广阔的世界中所发生的改变？例如，在商业保险行业中，"超越"这个词可能就意味着要在关于有主人的农用设备的保险单上标记一个高可靠性的记号，因为现在农民们已经开始越来越多地利用设备制造商所提供的相关服务了。我们可能需要去留意这个过程，因为就像博纳斯基曾经说的那样，在这个新兴城镇移民以及"80后"影响下的"再城市化"时代，一家公司在市区可能只能找到相对较少的业务。

这类思考需要灵感和预测，而非代码化、程序化的逻辑，至少在组合思考的早期是这样。这不是一件计算机能干好的事，至少现在不能。没有可以拿来分析的数据，也没有清晰的规则，所以在资产组合管理的早期阶段，也就没人能说得清楚该如何去管理了。

避让的承保人 |

10年前，达文波特拜访了一家对小型商业保险承保业务进行了大规模自动化的公司。一位经理当时说："我们必须保留一些人类承保人，因为必须得有人向顾客解释我们为什么拒绝了他们的申请。"沟通负面信息是一项无论计算机能否完成，都必须有人来参与的任务。因为人类能够对负面消息感同身受。更有甚者，一位好的承保人可能会强调那些客户可以解决哪些问题，比如他们的驾驶记录，而不是其他比较难以改变的问题，比如居住地点。

在向自动化系统输入相关数据时，能否怀着同理心非常重要，因为这些数据必须通过诱导，从顾客或者代理那里获得。博纳斯基指出，这件事牵涉的不仅仅是键入的准确性，从数据输入的角度来说，人类承保人通常都很善于发现输入数据中的不连贯性。举例来说，一位精明的承保人可能会意识到一位客户在汽车保险申请中提供的邮编所属区域并没有公共交通服务，所以客户说自己每天乘坐公共交通上班可能是假的。他更加概括的总结是："客户对于金融产品偏好的表达是不固定且非具体的。"换句话说，要想理解客户所提供的信息和他们所需要的金融产品类型，需要的是对细节的关注。例如，我们曾从其他财务顾问那里听说过一种难题：如何解决丈夫和妻子的优先顺序有时就是有些矛盾的开端。计算机似乎不太可能在不远的未来能够意识到这种不同其实代表着深层次的问题。如果这一天来到了，婚姻顾问就要遇到大麻烦了。

参与的承保人 |

对于科技有特殊亲近感的承保人可能趋向于"参与"那些能够把决策和行动自动化的智能机器，并致力于让它们变得更好。他们的公司在必要时将会需要掌握自动承保系统工作原理的专家来修改和改进这些系统，以确保系统能够长时间地持续运作。通常，像博纳斯基这样的顾问会担任这种角色，但那些规模大到足以为这种服务提供充足财力的组织，以及那些不想永远支付高昂咨询费的组织，应该在内部设立这样的工作岗位。

分析医疗支出趋势并且理解其动向，同时还要管理汇报这类问题的系统。她之前甚至还是 Anthem 公司商业医疗保险经济功能的引领者。

就像图尔维尔的事业历程一样，对于大多数知识工作者来说，工作的内容和角色总是会出现不同的选项。计算机能做的事会随着时间而改变，从根本上来说，也就是人类负责的领域会逐渐缩小。在智能机器时代工作，意味着人类工作者需要去持续的改变和适应。

人工智能时代的教育革命

既然现在你已经清楚地理解了这 5 种手段之间的区别，那么我们就来思考一下这些方法在其他两种知识工作领域中该如何进行转化：教育和金融咨询。正如我们之前所说的，教师作为个性化课的程设计者和内容传递者的角色已经受到了威胁；技术可以很出色地完成这两项任务。

有些煽动者，其中最著名的莫过于安迪·凯斯勒（Andy Kessler），他以前是一位对冲基金经理，他们认为教师将会因为这类技术的崛起而消失，但更有可能的是，教师这一角色只会适应而不会被取代。我们更倾向于托马斯·阿内特（Thomas Arnett）的说法，他是一位开创教育方面的研究者。他预测，科技会"把诸如点名、收作业，以及检查考试和小测验中多项选择题或填空题答案这样的任务自动化"。即便机器将会"负责一些基本的指导，并且为了让教师能根据学生的需求定制课程而给教师提供相应的实时数据"，但是在教学中仍然存在很多非常重要的方面，从根本上来说是无法取代人类教师的。

在充满科技的环境中提升的教师可能会去做课程单元的全局规划，并且从整体上去研究"必须教什么"的问题。他们还需要决定科技如何才能更好地支持这些目标。摆脱了"教导"这种刻板任务的教师还可以加入管理层，鉴别和解决教育中存在的系统问题和趋势，对用于反映学校和学生表现的模式数据做出回应。有些人则会以兼职教师、咨询师或者数据团队成员的身份从事这份工作。

教育背景下的避让经常意味着协调技巧和处理师生关系技巧。协调的目的是为了激发并鼓励学生的集体智慧，而非向他们传递知识。通过这种方式可以尝试建立学生之间彼此互相帮助和学习的模式，并在此过程中培养他们进一步学习的渴望。在教室中，避让智能机器的教师可能会更倾向于帮助学生建立目标和期望，监控并调整学生的行为，并在教室中创建学习的文化。这一类的软技能可能会被某些鼓吹内容教学和内容测验的人所贬低，但事实证明，学生在离开学校后能否成功与学生的社交能力有着紧密的联系。

参与需要的仍然是引导智能机器进入你的领域。一位参与的教师可能会拥抱混合式学习：在教育技术可以大显身手的地方向其寻求帮助，并且在需要的时候回归面对面的教育和线下协调。在这种混合式教育中，他们对于学校来说可能是一种更为广阔的资源。他们甚至可能会成为线上学习咨询师，或着受雇于教育技术供应商。很多教师会觉得科技来袭得太过猛烈、咄咄逼人，不过，参与的教师很欢迎与之相应的培训，而且乐于学习关于工作的新知识。他们不仅想有效地使用这些工具，还想为这些工具找到更多的用武之地。

　　教育背景下的专精可能会涉及和具有特殊需求的学生打交道。他们可能学习能力受损或者极具天赋，又或者他们的母语可能是其他语言。例如有些学校会雇用"首尾音"专家，让患有阅读障碍和其他特殊学习障碍的学生享受到这种声学替代方法所带来的好处。其他学校则雇来专家帮助母语是赫蒙语或玛雅语的学生。对于这两种专家来说，需求都很小，而且教学方法也毫无结构性可言，所以相应的用于取代他们的自动化软件也不太可能出现。

　　教育领域的开创者最有可能在所谓的教育科技公司中工作，这种公司致力于为学校和地区开发相关技术软件。有些公司是创业公司，其他则是学校的传统供应商（比如出版社）的分支机构。麦格劳·希尔教育集团是一家出版公司的衍生公司，他们在数字产品集团位于波士顿和西雅图的新办公室中雇用了一群通常不会出现在出版和教育领域中的人。这些人中有数据科学家、软件工程师、数据可视化专家，以及具有分析和技术技能的产品经理、内容开发者等，团队中的高级管理者则具有管理咨询师、首席信息官以及数据科学家的背景。大多数人在教育领域中也极富经验，有些人甚至曾经是义务教育阶段的任职教师。　　●　●

　　教育是一个很适合把这 5 种手段融合在一起的领域，因为自动化技术才刚刚进入这个领域。对于现在的教师而言，完全没有必要太过于忧心谁将在智能机器时代主宰这个行业。但是，就像是白色粉笔会在黑板上留下痕迹一样：这些技术最终将会对这个行业造成深远的影响。随着传统教学工作的数量和工作价值逐渐下降，我们描述的这些手段也将变得越来越常见。

机器人金融顾问

传统金融顾问和经纪人做决策的工作，即指导客户应该引入哪种金融资产现在已经被计算机完成得越来越出色了，而且这种趋势还获得了一个名字："机器人顾问"。

那些能在承保人和教师身上发挥作用的手段也可以拿来服务于这个群体。我们先从超越开始说起，金融咨询行业中的超越包括：决定自动化系统应该在分配资金的过程中考虑哪些种类的投资。随着全球金融环境，比如利率、经济增长等因素的改变，超越意味着指导自动化去顺应大环境的改变。比如，Betterment 是机器人顾问领域中最大、最成功的创业公司之一，它有一个"行为金融和投资"部门。该部门由 5 位专家组成，他们致力于超越系统的投资建议水平，并且决定正确的资产分配、随着时间改变投资管理的策略，以及"行为设计"，即努力推动客户在投资过程中采取更加理性的经济行为。

采用避让的手段完成计算机无法胜任的任务，这对于很多金融顾问来说都是一个极具可行性的方案。格兰特·伊斯特布鲁克（Grant Easterbrook）在很多

人类工作的未来
ONLY HUMANS
NEEDAPPLY

金融技术公司担任产业分析师，他告诉我们，虽然创建投资组合相对来说比较容易实现自动化，但要想向拥有大量资产的个人提供复杂的金融规划，就必须有人类参与进来。这种广泛的金融规划包括纳税计划、财产规划、人寿保险以及其他复杂决策，而且这类决策不仅需要对微妙信息进行收集，还要建立这些信息之间的联系，而人类顾问可以"激励客户，进而收集到所有这类信息"。伊斯特布鲁克说："人类顾问还需要去校正客户的错误观点。客户经常对自己的资产过分乐观，而且容易在后续投资行为中不守规定。"大卫·波特（David Port）写过关于机器人顾问崛起的文章，他也强调了那些在乎客户目标的顾问的价值：

> 有血有肉的顾问的核心价值在于，他们有能力取得客户的信任，其工作内容并不仅仅包含各种领域的规划，还包括以个性化的方式传递客观的信息和建议。

参与的顾问和经纪人充分地利用了机器人顾问，他们把它当作一位超级聪明的同事。他们所在的公司一旦采用了某种特定工具，他们就会很快地熟悉该工具决策行为背后所依赖的逻辑，并且会毫不犹豫地告诉公司的技术人员和外部供应商应该如何修改和改进该工具。如果是一位独立顾问的话，他就会向客户提出建议，告诉他们对于某个特定问题来说，哪种技术才是能被拿来用于提供指导的最佳选择。

长期以来，专精在金融顾问领域的运用很有效用：在一个精细的投资主题中积累充足的专业知识，并且让其成为自己的专长。这可能意味着，要成为某种单一领域的投资专家，比如整付保费年金或可转换债券的专家或者专门为某种特定类型的客户服务。例如，金融服务公司 USAA 的专长就是为现役和退役的军队人员提供保险和投资服务，该公司雇用了很多专门研究这类客户需求的金融顾问。USAA 也有一个自动化咨询系统，但是该系统并没有专门研究服务人员和老兵的需求。

最终，通过构建新的投资技术应用，给开创带来的机会似乎数不胜数。就像在教育领域一样，很多创业者在创业公司工作。确实，在伊斯特布鲁克的分析师角色中，单单在"机器顾问"这一职位上他就密切关注着上百家创业公司。但是大型金融顾问公司，比如嘉信理财也开发了他们自己的自动化金融建议系统，我们将在第 10 章中详细描述领航集团的智能增强方法。

在这一章中，我们提供了智能增强概念的总览，以及我们看到的人类和智能机器之间相互借力的 5 种策略。我们还在几种不同的工作即保险承保人、教师以及金融顾问中简要地列举了一遍这些选择。

在后面的章节中，我们将会深入介绍所有这 5 种策略。如果你倾向于特定的某种策略，我们将在接下来的 5 章中针对它们逐一提供更多例子以及充足的指导。所有这些都需要你对自己和智能机器之间的关系进行重新思考，因为智能机器正越来越多地进驻到你的工作场所。但是这些手段跟投降协定没有关系，所有这些办法都是在引导你，让你在工作中比以前任何时候都要快乐，并且让你对于雇主和顾客来说都更有价值。

第二部分

智能时代，
制胜未来工作的 5 大生存策略

一

ONLY
HUMANS
NEED
APPLY

Winners and Losers in the Age of Smart Machines

04

生存策略一：超越

建立全局观，弥补人工智能的决策短板

ONLY
HUMANS
NEED
APPLY

罗恩·卡思卡特（Ron Cathcart）搬到了西雅图，但他并不太开心。这座城市本身没什么问题，这儿比多伦多暖和得多，虽然他的职业生涯主要是在多伦多的一家银行工作，但是他的新工作却有些棘手。他是华盛顿互惠银行（WaMu）的首席风险官，该银行是美国最大的储蓄和贷款公司。

从卡思卡特 2005 年 12 月接任工作后不久，他就意识到，曾经向他承诺的在职能上会有实质性提高的企业风险管理职位，其实完全没有什么实际工作。风险其实指的是"和其他业务隔绝，并且勉强起到作用"，他在随后对国会的证词中如是说。卡思卡特还了解到，在他到来的前一年，该银行为了向次级借款人推销可调整利率抵押贷款（ARMs）以及住房净值贷款，就已经采用了"更高风险贷款策略"。这种做法在当时很常见，目的就是要在证券化过程中向华尔街出售贷款。

在公司似乎并没有表现出全面支持的情况下，卡思卡特还是开始了一个着眼于改善华盛顿互惠银行风险监控的行动计划，并且最终降低了这种风险。他在所有的 4 个业务单元中都安排了风险经理；开始复审信用政策和限制；还雇用了其他信用风险建模员；为了鉴定银行的贷款组合和信用流程中可能出现的任何问题，他进而又鼓励他们构建各式各样的定量模型。这项工作需要用到范围很广的复杂模型，其中就包括了"神经网络"模型。这些模型里有一些是供应商提供的，有一些则是定制的。

虽然卡思卡特毕业于达特茅斯大学的英文专业，但他在校时学习了 BASIC 计算机语言，而且他当时的老师正是该语言的发明人约翰·凯梅尼（John Kemeny），除此之外，他还在学校了解了计算机系统和数据模型的相关知识。最重要的是，他知道什么时候应该信任计算机，而什么时候不应该。

模型和分析开始显现出了严重的问题。卡思卡特意识到，随着时间的推移，经济形势和银行业环境都会发生变化，所以无论模型如何自动化、如何复杂，它们都会因此而逐渐失效。例如，很多抵押模型的基础都是最近 5 年内的历史数据。但从 2007 年的那一天起，经济形势就开始变得越来越糟。在这个背景下，这些 5 年模型就显得有些无可救药地过分乐观了。而银行的主席却要求卡思卡特不要公开这些令人不快的事实。

你可能也猜到了，从此，情况急转直下。尽管卡思卡特做出了努力，但他还是发现公司数据中存在很多问题，而这部分问题数据正是风险模型的基础。随着他公司的抵押银行和美国其他公司都相继采取了"无凭"核贷政策，卡思卡特意识到，借款人的收入数据已经变得不再可信。卡思卡特和由 PhD 分析师组成的团队在大量调查工作后注意到，曾经作为财富标志的第二房屋所有权，如今已经变成了极其准确的贷款违约标志。卡思卡特试图改变并且提高信用和承保标准，但是面对银行的抵押贷款子公司，他根本无法控制这些问题。

在华盛顿互惠银行，卡思卡特越是努力地敲响风险等级的警钟，就越受到高级管理团队的冷遇。总裁取消了和他的会面，他不再被允许向董事会进行汇报。到了 2008 年年初，卡思卡特觉得自己有必要通知董事会和美国储蓄管理局（OTS），风险等级已经升高到了危险级。在这么做了不久之后，他就被公司CEO 兼主席凯利·基林格（Kerry Killinger）开除了。几个月后，基林格也被开除了，而华盛顿互惠银行则在 2008 年 9 月被安排在联邦存款保险公司（FDIC）做破产管理。这是美国历史上最大的一次银行破产倒闭案。

卡思卡特没能挽救这家公司，但他挽救了自己的事业。他在美国参议院附属委员会为上面所说的一些关于华盛顿互惠银行的问题做了证明。他现在是纽约联邦储备银行的企业风险管理负责人，帮助美国银行设计"压力测试"，并且代表美国参加资本要求及风险方面的全球金融大会。在经历了这些事件之后，想必世界上没有几个银行家能拥有像他那样的企业风险敏感度。

卡思卡特选择的方式是超越，并迈进了自动化系统领域，虽然他曾经可能也期待自己能在一家更成功的机构中完成这些工作。不过在去华盛顿互惠银行之前他做到了。他意识到了对于风险洞察力的更大需求，所以出资创建了自动化和半自动化分析模型。他还意识到这些模型缺少某些方面的考虑，所以对它们进行了修改。他明白何时应该相信模型，而何时不应该。"数学只能做到这儿了。"他说。他会综合考虑其他输入数据，然后再根据模型提供的分析和结果得出重要决策并采取行动。在面对风险和对机构进行改革的需求时，他采取了全局视角。

全局者，智能金字塔的塔尖

和认知技术一起超越，意味着不止步于只和某种特定智能系统一起工作。全局者需要对智能增强及其相关技术做出高等级的决策，其中包括：这类系统的用武之地、已有的系统运行状态如何，以及每个新系统该如何适应业务或组织流程的整体环境。在建立全局观的过程中，人与特定自动化系统的直接接触相对较少，而对各种自动化系统的决策评估相对较多。如果说自动化系统做出的是微小而重复性的决策，那么全局者做出的就是更大、更具有影响力的决策。

随着自动化技术的进步，虽然全局者这一角色可能不会包含大量的工作岗位，大部分组织中只有几个人从事这样的职务，但其重要性和数量之间的关系是不成正比例的。全局者位于智能增强金字塔的塔尖。一般来说，正是担任这一角色的人所做出的高级决策，才影响了和自动化系统相关的其他人类职务的定位。他们决定了聪明人做什么、智能机器做什么，以及两者的合作方式。就像卡思卡特一样，很多全局者都是高级总裁。

决定何种情况下应该使用何种自动化的人，在组织层级中也应当处于很高的位置。在大多数情况下，这不是 CEO 级别的决策，但这个人至少应该掌握一定的资源和人力，并且为组织的某种产出负责，这种产出通常是提高性能、节省成本，或者更好地利用人类雇员。

为了帮助理解，我们将在各种不同背景中描述全局者的角色。比如，在使用自动化保单承保或贷款承保的保险公司或者银行中，全局者的角色可能涉及设定整体风险或信用组合参数，从而指导相关自动化决策。因为很多日常关于风险和信贷受理的决策都已经实现了自动化，所以只剩下许多叫作"投资组合管理"的工作，而这些工作构成了以个人决策自动化为基础的提升。有些成为这类角色的人试图优化整套自动化系统的性能，其付出的代价就是发展潜力、盈利能力以及对于整体风险的承受能力。

当然，投资也要涉及投资组合管理，而且全局者的角色与其密切相关。投资银行和对冲基金该买哪些股票或证券，具体的决策经常都是由计算机得出的。但超越的投资者会在决定应该由哪些计算机做出决策时提出相应的标准。桥水基金（Bridgewater Associates）运营着全球最大同时也是最成功的对冲基金，为了调整投资组合，计算机每天都要做出大量的决策。这家公司致力于以人工智能为基础的投资，他们甚至还雇用了曾担任 IBM 沃森智能计算机研发负责人的大卫·费鲁奇（David Ferrucci），一起构建全新的以人工智能为基础的模型，正是费鲁奇带领的 IBM 团队开发出了沃森。

该公司的创始人、现任联合首席投资官的雷·达里奥（Ray Dalio）因他独特的理解世界的大局观而闻名于世。当被问及他的投资精髓时，达里奥说了这样一句话："我理解经济机器的运行方式。"他的成功依靠的是"退后一步从更高的层次来观察事件"。一篇关于达里奥的文章是这样描写他的：

> 很多对冲基金经理都一动不动地待在电脑屏幕前，没日没夜地监控市场动向。达里奥却不这么做。他的大部分时间都用来理解经济事件和金融事件是如何在一个连贯的框架中融合在一起的。

桥水基金每周都要开一次周会，讨论"世界到底发生了什么"，由此得出的结论会被用来修改组合和模型。达里奥之所以雇用费鲁奇，很可能是因为公司需要他把大局装进结构化的系统中。桥水基金对于费鲁奇团队工作的声明显示出了公司对整体局势的关注，而且在这个过程中智能增强的成分要多于自动化的成分：

> 桥水基金从 1983 年开始创造计算机化的系统化决策流程。我们相信，因为逻辑上的因果关系，同样的事情发生了一次又一次，把原则记录下来并对其进行计算机化，可以让计算机做出高质量的决策，就像 GPS 可以作为路径的有效指引一样。就像使用 GPS 一样，人可以根据计算机指引的合理性来决定是否跟随路线。

在营销中，一份具备全局观的工作可能涉及对很多自动化营销决策机会的协调和寻求。领英上的工作描述把该角色形容为"销售／营销自动化专家"，从事该工作的人能够"利用全盘自动化及客户关系管理平台来管理和执行营销活动"。自动化专家也应该能够"和各种团体紧密合作，共同构建自动化，并且监控成功的需求挖掘活动，其合作团体包括策略、销售、产品开发以及客户管理"。

这里面有好多营销方面的术语，但是你应该明白了大概的意思。这是一种跨机构的协作，涉及与多个自动化系统的合作，同时也意味着要去操控这些系统从而达到更好的营销效果。

在律师职业中，建立全局观可能意味着监督所有自动化方案，包括电子取证。虽然我们还没在律师事务所中看到这样的正式职位。但更有可能的是，这将是一种科技或知识管理范畴内的顶尖职业。

3 大关键决策，让人的价值完美体现

全局者做出的有关自动化的决策共有三种基本类型。这三种决策，其中之一就是鉴别和评估自动化机遇。

什么样的关键职能会涉及组织内部的代码化知识？现存的哪些软件能够完成类似的事情？自动化会在哪些地方衍生出经济机会？全局者会制定自动化的日程表。拥抱自动化技术的决定不是非此即彼的，因为自动化系统通常支持的是特定任务和决策，所以在组织内部实施这些决策时，人类仍然有很大的决策空间。

人类工作的未来
ONLY HUMANS
NEEDAPPLY

第二种关键决策类型涉及高等级的工作设计。一旦对智能机器进行了投资，完成任务的流程应该做出怎样的改变？哪些任务会由计算机完成，而哪些任务应由人类来完成？对于最困难、最复杂的情况，我们需要依靠人类吗？人类是否应该只负责系统排除的意外事件？计算机做出的决策应该在何时、以何种方式进行复审？最终，该如何去安排这个流程中不再需要的那些人类员工？这些工作设计问题很显然是重要的，而且将会在很长一段时间内发挥作用，这些决策需要大量的思考和规划。

在保险承保行业内，大范围应用自动化的先驱应属好事达保险公司（Allstate）。正如这家公司的前咨询顾问所说，这次自动化部署发生在20世纪90年代中期的"个人保险"业务，即向个人提供财产保险，保险对象通常包括汽车和住房，其负责人在工作设计中扮演的就是全局者的角色。采用自动化承保系统的决定一旦做出，有些人就可以转移到上游部门从事投资组合管理和企业风险管理。但商业领导者意识到，并不是所有承保组织内部的人都能在接下来的投资组合管理中"过关"。有些承保人曾经很善于和代理进行合作和沟通，所以专门从事这种职能的新角色就诞生了。商业领导者开始准备把那些需要转移的人推向这两个方向。这次转移大概涉及1 000人，最终大约有1/3的人进入到投资组合和市场管理部门，1/3进入到代理关系部门，还有1/3的人由于不具备以上这两种技能，所以他们失业了。

全局者需要监控改进后的工作部署随着时间的推移而获得的成果，并且留意系统是否跟随外界环境的变化而做出了相应的改变，由此他们得出了第三种类型的决策。投资组合的效果如何？我们公司的合计风险暴露如何？我们在各种发布网站上购买的计划性数字广告是否很好地展示了我们的品牌？

当卡思卡特在华盛顿互惠银行工作时，采取的就是这种思考方式。随着抵押的总体信用环境逐渐恶化，他意识到自己需要更多的分析模型才能理解问题的范围。他还意识到自己的团队所使用的模型对于业务管理者来说就是"黑匣子"：数据进去之后，风险警告就出来了，但其中并不包含可见的逻辑。如果他的团队希望能够成功劝说管理者在房屋价格下降时承担更少的风险，那么他们的工具就应该更加透明。

所有模型和决策规则都是基于特定业务和经济背景以及成套的基本假设，有时这些假设清晰明了，但是大多数情况并非如此。一位好的超越型管理者必须时刻询问外界环境是否发生了改变，而且这种改变是否让决策规则和算法变得不那么有效了。

这可能是一种日常角色，也有可能是一种受人崇敬的角色。达文波特曾经问过哈佛大学前校长、美国前总统奥巴马的财政部前任部长劳伦斯·萨默斯（Lawrence Summers），他在数据分析公司 D.E.Shaw 从事对冲基金工作时都做了些什么。萨默斯回答说，主要是到处询问构建自动化交易模型的数据分析专家，这些模型后面的假设是什么，以及外界环境如何改变这些模型就会失效。就因为这些工作，他的年薪高达 520 万美元，而且他每周只需要工作一天。如果你也能做到这种程度的超越，这可是一份不错的工作啊。

新闻工作，一种机器能够完成得很好的工作

那些确信智能机器适合他们的组织，并且带头部署智能系统的人，可能就

是广义上典型的科技创新者。无论科技是什么，借助于科技的超越都是从理解工具的潜在价值开始的，然后再逐步延伸至鉴别供应商、为交易筹措资金、设计新工作部署、改变文化和行为，以及改变周围的基础设施。可能描述这些工作中的全局者的最好方式，就是提供一个详细的案例。

卢·费拉拉（Lou Ferrara）是 Bankrate.com 的首席内容官，这个专注于发布金融研究和信息的网站，如今正在探索如何让部分内容实现自动化生成。费拉拉第一次把自动化引入内容生成业务是在 2014 年和 2015 年，他当时是美联社（AP）娱乐、体育和商业新闻的副主席兼总编，美联社是一家向世界范围内的广播、报纸以及网站提供内容的通讯社，新闻编辑室交付的"数字产品"也归费拉拉管理。同时他还带领着几个以技术为基础的创新项目的开发，包括用户生成内容、广告推文以及社交媒体，但我们这里主要关注的是他对美联社商业体育新闻的领导。

美联社现在正在使用一种名为 Wordsmith 的自动化故事类写作工具，该工具来自科技公司 Automated Insights。Wordsmith 可以自动生成和公司收入相关的报告以及用于叙述体育事件的故事。该项目开始于 2014 年，并且从此不断扩张，当我们在 2015 年重新去了解该项目时，该系统已经能够每季度生成 3 000 份收益报告，就在不久之前人类记者每季度只能完成 300 份，他们计划在年底之前达到每季度 4 700 份的目标。在体育新闻领域，这个项目的计划是让系统开始生成关于大学棒球甲级联赛以及篮球和橄榄球乙级、丙级联赛的故事，这些故事每年会为这些球队的球迷增加上千条新闻。

在和费拉拉的交谈过程中，我们对他的背景逐渐有所了解，这也正好证实了我们的观点：**科技创新者并不是天生的，而是后天塑造出来的，而且其诞生的时间点可以是职业中期。**费拉拉早年曾作为新闻记者和编辑在萨拉索塔工作过 12 年。《萨拉索塔报》在当时启动了一个 24 小时新闻电视台，那会又恰逢 20 世纪 90 年代的早期网络热潮，该报纸也同时开启了自己的网络运营。在费拉拉离开萨拉索塔时，他正在监理该台的电视和网络运营，并且通过多格式报道和发布进行创新，他早在全数字、无磁带视频系统成为行业规范之前，就已经构建了这样的系统，那个时候他的团队已经开始使用通过电邮发来的飓风照片了，而"用户生成内容"这个词那会可能还根本没有被制造出来，Twitter 也肯定还没有出现。换句话说，在自动化内容到来之前，他就已经提升了自己，进而很好地跟上了其他科技的发展节奏。对于全局者来说，这可能就是他们所具有的最普遍的特征了。

一路走来，费拉拉获得了全局者的一种重要特质：更广阔的视角。当他观察美联社的情形时，从中看到了几个能够体现出自动化潜在价值的关键点，其中包括稀缺的资源、边际的压力，以及这些压力下对于更多内容的需求。美联社的客户可能受限于新闻用纸的空间，但是线上内容专栏几乎不存在任何限制。就像自动化软件供应商 Automated Insights 的 CEO 罗比·艾伦（Robbie Allen）所说：

> 一个真正的创新者的标志就是能够看到未来并且规划出从这里到那里的路线。费拉拉理解出版行业的压力……但是出版行业在科技方面并没有展示出超越其他行业的远见。对于如何利用新技术帮助美联社适应并且获得数字世界中的一席之地，费拉拉是一个闪耀的例子。

艾伦的断言提出了另一种具备全局观人才的特征：他们为共同取得进展的合作者构建生态系统，并从中获利。事实上，美联社投资了 Automated Insights，并当该供应商在 2015 年被收购时，获得了高额回报。这并不是费拉拉培育的唯一一次合作，例如，他和 Stats 公司一起努力实现体育统计资料的自动发布，他还和一家体育通讯社 SNTV 进行合作，而这两者都获得了美联社的投资。

费拉拉还表现出了另外一种创新者特质：他一直在外面奔波。他参与各种会议，其中包括最近的西南偏南大会；不仅与风险资本投资人和投资公司会面，还和科技公司的领导者洽谈。他不是一个自我推销者，更倾向于低调的行事风格，却能成功地和各种人交换见解。如何不在外面奔波，仅仅只是坐在书桌前可不能让他把握住自动化和其他新兴技术的发展。

对于以接纳更多自动化为目的而对工作进行的重新设计，费拉拉谨慎有加，而这也是一条提供给所有全局者的建议。为什么要用表面上的快速来贬低你的那些知识工作者的价值，以至于最终疏远了他们呢？公司的最初目的是为那些小到无法得到人类记者重视的公司生成收益报告。与此相似的是，在体育范围内，美联社关注的是之前一直被忽略的大学比赛及活动。费拉拉有一句被广泛引用过的话：人类记者不会因为自动化报道而丢掉工作。

> 我们想要实现自动化的那些工作并不是我们所做事情的核心。我们正在自动化那些需要处理很多数据才能完成的任务分支，这是一种机器能够完成得很好的劳动。专题报道、来源开发、资料获取、关系投资以及和公司领导者进行沟通等，只有人类才能完成这些工作，而且需要很多人才能做好。

费拉拉分配一个小团队来测试系统、解决漏洞以及确保故事写作的准确性。系统生成的错误已经比人类记者少得多了。团队把很大一部分注意力放在了写作质量上。他说虽然刚开始时，该系统受到了大量的质疑，但是最终很多记者都为系统的能力感到惊讶。没有人因为引入自动化系统而失去工作，也没有人因为不用去亲自写收益报告而感觉失落，因为这些报告从来都不是最才华横溢的商业报道。

总结一下，费拉拉在美联社的工作不是把人类工作自动化，而是对其进行强化。在 2015 年 10 月离开美联社之前，他构建了一个功能基础设施，目的是让他的团队和同事可以继续沿着这个方向前进。例如，在 2015 年 3 月，美联社建立了可能是世界上的第一个"自动化编辑"职务，该职务的职能之一就是在美联社内部寻找更多的自动化机会。我们将在第 6 章讲到参与时重新回到这个职位，以及该职位的第一位就任者贾斯汀·迈尔斯（Justin Myers）。

显然，如果一个组织想要利用认知技术，那么不仅仅需要像费拉拉这样的内部改革领导者，还需要来自技术供应商的外部创新。从采用来自外部市场的强化项目，到实现内部项目的成功，这一路充满了荆棘与坎坷。对这些技术和人类职能的成功落实不会一蹴而就，这种变革必须由具有远见及管理技能的人来驱动。

全局视角，人的拿手好戏

正如我们之前所说，计算机并不太善于从全局视角看问题，也不善于留意是否出现了某些根本上的改变。对于胜任自己工作的全局者来说，这正是他们的拿手好戏。为了能够找到适合他们组织的智能增强机会、厘清哪些任务应该从人类转移到机器，以及认识到组织以前实施的强化方法从何时开始已经变得不再合理，他们需要广阔的视角和通透的远见。

能从全局视角看问题的人通常可以以轻松且具有创造性的方式回答以下问题：

- 你的公司如何赚钱 / 你的非营利性组织是如何成功的？
- 你的顾客状况如何，他们对你公司的看法是什么？
- 经济环境正在发生什么样的变化？
- 在更广阔的社会、政治以及人口背景中，正在发生着什么？
- 监管部门可能会坚持什么？
- 其他公司采取的哪些方案可能很快就会被你的公司采用？

这类问题和趋势并不总能通过数据得到答案。对于某个议题来说，等到有了系统化且可依赖的数据时，外界环境可能已经发生了变化。对于全局者来说，参考数据和分析当然是很有必要的，但他们也需要去广泛地阅读和交流，并且去尝试消化理解所有这些东西。

通过全局视角看问题的另一个方面就是拥有"态势感知"（situational awareness）能力。这个词经常在军队中用到，飞行员也经常用这个词来形容对于周围发生情况的完整感知。为了获得这种能力，飞行员不仅需要参考驾驶舱中的仪器、计算机以及助航设备（计算机经常使用这些数据在自动驾驶模式下驾驶飞机），还要时不时地望向窗外。任何工作中的全局者都应该做与之相类似的事。

这种能力的另外一面是"系统智能"（systems intelligence），即知晓一个系统的所有零散部分是如何在一起合作的。有一个叫"系统智能自我评估"（Systems Intelligence Self-Evaluation）的网站，上面提出了类似这样的问题"我很快感觉到什么才是最重要的""我从很多角度看问题""我在看似无关的事物间感知到了联系"。

无论你把这些称作什么，如果能从全局视角看问题，你就会明白该如何把智能机器加入进来。那些金融投资业的全局者或许已经注意到了，作为投资者来说，"80 后"在面对科技时更加自如，但要让他们走进办公室来讨论自己的财务状况则会使他们感到局促。与此同时，对投资环境有着宽广视野的人可能已经注意到，现在已经不再流行让专家来挑选股票和债券了，资金流入了投资在主要细分市场上的指数基金。根据这种观察，得出想要创造出一种能够提出这类投资组合的"机器人顾问"的想法，似乎就是水到渠成的事情了。

就此而言，认知科技的崛起本身就是一种全局视角。如果把宏观趋势和计算机能力、全球竞争强度，以及成熟经济从商品到服务的转变联系在一起来看的话，这类系统的腾飞并不是什么令人惊讶的事情。

所有这些都驱动着各类公司去寻找那些能够提升知识工作者生产力的新方法，而智能机器作为一种出色且强大的手段，才刚开始崭露头角。

构建一个生态系统

你见过 LUMAscape 吗？如果没有，那就上网快速搜索一下。如果你在读到此处时没有网络，那我可以告诉你，这是一系列由 Luma Partners 公司拼在一起的信息图，而 Luma Partners 是营销科技领域的一家投资银行公司。不同 LUMAscape 关注的是不同类别的工具，比如一个是致力于展示广告背后的技术，另一个全是移动相关领域，而下一个又全是社交。但是这些图片都有一个共同点：它们都近乎滑稽地把上百家供应商的 Logo 塞到一张纸大小的页面里。我们猜测，在这个区域中发生的改变会比地球上其他任何科技类别中发生的都要多，这要归因于更多新供应商、新产品，以及更多进入和离开这个页面的公司。

安德鲁·戴利（Andrew Daley）每天都生活在 LUMAscapes 中。他是美国分时租赁互联网汽车共享平台 Zipcar 会员吸纳部的副主席，该公司是汽车共享服务领域的先驱，后被美国汽车租赁公司安飞士集团（Avis Budget）于 2013 年收购。会员吸纳意味着找到新顾客，而他的主要做法就是通过数字营销，即很大一部分工作都是自动化完成的。

戴利从 1999 年就进入了数字营销领域，但他并不认为自己是计划性购买（自动化的数字广告购买）和营销自动化方面的专家。但是，他承认自己每天都要和这些技术打交道，所以如果有这方面专家的话，他肯定是其中一个。

直到几年前，戴利说，Zipcar 在数字营销市场方面的运作并没有那么复杂。该公司把几乎所有关于软件平台和自动化方法的决策都交给单独一家数字广告公司，而且他们也没有仔细地去研究成果。但随后戴利和执行副主席兼首席营销官布莱恩·哈林顿（Brian Harrington）考虑到，如果加大对该过程的控制，他们应该可以获得更好的效果。

尽管如此，他们仍然感觉自己需要和生态系统进行合作，因为新技术的种类已经变得"势不可挡的复杂"，正如我们在描述 LUMAscape 时所说的那样，戴利和哈林顿都这样认为。因而一家像 Zipcar 这样的小型公司就需要外部专业知识。但他们决定依赖于有所专注的外部专家，并且找到在每个营销渠道都使用自动化工具的广告合作伙伴。Zipcar 利用合作伙伴真正玩转了自动化系统，而戴利和同事也监控到了结果。很明显，这是一种智能增强的结局，而非单纯的自动化。

专业知识已经变得非常专门化了，Zipcar 和一家公司就数字展示广告的计划性购买进行了合作，和另一家公司在自动化搜索引擎优化上进行合作，还和一家公司在 YouTube 视频广告上合作，另外还有一家公司给他们提供自动化 Facebook 广告购买服务，凡此种种。哈林顿说，在所有这些渠道上，他们"几乎做到了 100% 的计划性"。而且戴利还提到，在和每家公司的合作过程中，他们一直努力保持评估结果和优化正面成果的科学性。戴利的任务正是管理新会员吸纳的整体生态环境，而且他有一个非常精干的团队，该团队负责管理覆盖 26 个不同区域市场的所有渠道。戴利说，如果没有自动化和外部合作伙伴的帮助，他们这几个人是无法管理所有这些渠道的。"计划性"系统不会在自动驾驶仪上运行。戴利说，Zipcar 在数字营销上的目标是观察谁注册了会员，并且找到更多像他这样的人。而自动化营销系统则让他们可以研究所有成为会员的人，并且创造出行为习惯相似的个人简介。无论他们在互联网上的什么地方，戴利和他的团队都会试图找到他们。

戴利和哈林顿需要处理的还有一个复杂的 Zipcar 内部预算结构。26 个区域中的每一个都有一份营销预算。对于一个在罗德岛普罗维登斯（Providence）的特定活动来说，他们的花费额度可能是 X 美元，而在纽约，他们的费用则是 Y 美元。戴利和他的同事从每个市场抽取广告经费，然后把这些钱用回到相应的市场。在每个月的月末，他都要去各个市场，告知各市场他们团队的收获情况。从这个角度上来说，计划性购买很有帮助，因为在达到预设目标后，他们可以轻松地选择开启或关闭广告购买。现在，Zipcar 的营销部门可以在实现既定吸纳目标的过程中，轻松地避免花费过多和花费不足的情况。

贴近，但也要前进

就像美联社的卢·费拉拉一样，全局者需要在某种程度上和他们启动的项目保持密切的关系，但由于他们需要监管很多这类项目，就必须有能力和这些系统的日常运行脱离开来。当一个系统上线运行之后，他们需要监控系统的性能，但同时也要转移到应用认知技术的新机会上。

在第 6 章，我们将要介绍的迈克·克兰斯（Mike Krans）是埃森哲的咨询师，他是我们见到的第一个真正"参与"到自动化中的人。但是现在，克兰斯通过全局者的角色来谋生。他是汉诺威保险公司（Hanover Insurance）个人保险业务的首席信息官，其职责是，不仅需要鉴别出自动化系统的新机会，还要监控已经实施的自动化系统的性能。

克兰斯在他的管理职位上感觉自己需要贴近他所监管的自动化项目。他在一次采访中提到：

随着事业的发展，我不得不升级，因此无法像过去那样贴近工作离一线工作越来越远，由其他人完成日常的实施工作。但是我仍然努力跟工作以及完成工作的人保持联系。我不想被看作是一个不懂技术或项目细节的经理。

然而，随着时间的推移，克兰斯对项目投以关注的合理程度也在发生着改变。现在，在监管了如此之多的基于规则的自动化承保项目后，他意识到这些系统已经变成了保险业的一种商品。

即使如此，"它们已经属于过去时了"。他的注意力应该放在如何驾驭数据的新来源上，比如来自卫星的地理空间数据，这些数据可以揭示商业环境中一些本应在保险成本中就该考虑到的风险因素，以及如何运用更加先进的预测分析法和基于文本的分析法这两个方面上。

有时，我们很难做到既要足够贴近一个自动化系统从而监控其有效性，又要将注意力转移到其他地方。因此，全局者可能需要去设立一个常规的复审间隔，这样他们才能评估一个系统是否还在有效地工作。我们人类有一种倾向，习惯于让这类系统和操作一直混日子直到灾难发生的那一天，而这种倾向无疑是我们需要克服的。

周到的工作设计

智能增强的核心就是对工作进行合理的设计，从而达到把人类和机器的优势最大化、劣势最小化的目的，而引导工作设计流程的正是具备全局观的管理者，就像美联社的费拉拉一样。

在某些情况下，在位者可能没有费拉拉那样优越的条件，可以向人们保证他们不会因为自动化系统而被裁掉。如果引入自动化系统的目的之一就是为了裁员，那么全局者就有责任对人类现在所从事的所有工作做出周全的考虑，然后从中鉴别出可以由机器来完成的工作，以及决定哪些工作仍然由人类来完成，并最终管理这次转型。

我们曾提到，工作设计应该以单个任务为单位来进行思考，而不是整个工作。承担工作的人通常完成的是各种各样的任务，而且有一些任务相比于其他任务，更适合被自动化。对于保险承保来说，在我们之前描述过的好事达保险公司的案例中，工作设计流程就鉴别出了三种关键任务，即个人承保决策、合计风险组合管理以及代理沟通。虽然个人承保中的大部分工作任务已经可以由计算机来完成了，但人类对于另外两种类别的任务来说，是必不可少的，而且人类还得监管和维护承保业务。而在其他案例中，比如在美联社，大部分工作之所以要实现自动化，其目的是为了创造增效，而不是为了取代人类。

人类工作的未来
ONLY HUMANS
NEED APPLY

对于数字营销来说，大体上也是这种情况，关于什么广告应该放在什么地方、什么搜索词会产生高频点击率以及类似的问题，人类从来不会做出大量决策。这些工作从一开始需要的就是计算机。

在这种情况下，关键在于不仅要保留人类与计算机合作的能力，还要保留

重要的人类特性。对于分析软件公司 SAS 的全球营销部负责人阿黛尔·斯威特伍德（Adele Sweetwood）来说，这就是重点。在第 6 章中，我们将从 SAS 数字市场的"参与者"沙恩·赫里尔（Shane Herrell）那里得知，很多公司从事的线上营销活动都是自动完成的，而斯威特伍德的任务就是保证这些自动化任务能与其公司的品牌形象以及创造性内容保持一致。她说：

> 我们在很多流程中都使用了自动化，无论是在 SAS 的软件中还是在我们的数字广告中，但这些都不是我们对软件的关注点，这一切的关键在于如何让自动化和组织的活动、驱动渠道以及其他类似行为保持一致。我们需要能够把数据、分析法，以及自动化组件关联到业务中的人。我相信，核心技能就是结合了创造性定位和技术焦点的技能。人们以技术密集型的方式在营销中加入了创造性信息，而你需要对两者都加以留意。

在这样的环境下，营销活动的工作设计需要保证创造性信息从一开始就进入流程中，而且这些信息还要和负责跨渠道分发它们的自动化任务相适应。如果我们任由自动化系统做决定，那么它们很容易就会把营销内容引导到错误的方向上。

斯威特伍德监控的不仅是自动化决策的输出，还包括像赫里尔这样的人类营销员。只有这样，才能保证创造力、想象力以及自动化执行这三者之间和谐互补。

创造人与机器的平衡

如果想要智能增强的努力获得回报，就需要全局者创造出人类技能和基于计算机的技能之间的平衡。计算机可以分析数据并做出一致而准确的决策；而人类则可以提供能让其他人类即客户和其他雇员感觉有趣又令人满意的内容、流程以及关系。在自动化解决方案可以立足的领域中，这种平衡都是不可或缺的。

例如，在保险承保中，关于是否接受保险风险以及如何制定合适的价格，自动化系统可能会做出最准确而且最一致的决策。但是当特定保单被拒绝时，它们却无法向代理传达这个坏消息，因为我们仍然想要承接那位客户的生意，而对申请作出几个小改变可能会产生不同的结果。这时候，全局者将要确保这两种任务都能顺利完成。

在金融咨询领域，机器人顾问很有可能会为个人客户提出风险和回报的最佳组合。但当一对夫妻的风险承受能力相差十万八千里时，自动化系统能为这个家庭做出最佳风险的等级评测吗？它能劝说客户不要低卖高买，在所有人都惊慌失措时保持冷静吗？只有在这种代码化的投资知识和人类投资者的心理相结合时，才能让客户变得忠诚且长久。

对于营销这个一直属于创造型人才的领域，你如何在数据、分析以及自动化算法中平衡创造力？就像农夫保险公司（Farmers Insurance）的首席营销官迈克·林顿（Mike Linton）在一次采访中所说：

> 营销中的所有东西都具有分析性，且都可以被自动化吗？我不这么认为。如何才能激励客户，扎实的创造性是一个不可或缺的条件。但是你可以利用分析法和自动化帮助你在创造性的空间里更聪明地驰骋。营销者仍然需要不加辅助的创造性想法，但是有了新的分析工具，就可以在获得想法后进行测试。

参与者需要完全致力于让自动化系统融入日常工作中；开创者则需要搭建这些系统；避让者和专精者试图逃离自动化或者至多利用系统支持自己的工作，这样就没有人会依赖他们去思考自动化对于一个组织的潜在价值。只有全局者拥有适当的知识和客观性去考虑什么应该被自动化、什么不该，如何以让客户和所有相关人员都满意的方式，去有效地结合这些能力。

一个**全局者**的自我养成路线图

◆ **如果具有以下特点，你就有可能成为全局者：**

- 你的职位可以在一定程度上监督自动化系统以及该系统在组织内部的实施状况；

- 你对技术以及技术改变你业务的方式感兴趣；

- 你愿意引领变革行动，并且在过去有过成功的经验；

- 你是一个有全局视角的人，你看到的是森林，而不是单独的树木；

- 你在评估自动化系统及进程的性能和产出时，拥有量化思维；

- 从任何角度上来说你都不是一个程序员，但是你也不会被计算机系统吓到，在面对计算机应用时你泰然自若；

- 如果某些东西的运行不再正常，你会毫不犹豫地进行干预；

- 你的主要目标不是让所有人都失业。

◆ **你超越技能的方式包括：**

- 与自动化系统的供应商和用户交谈，从而了解他们的潜力；

- 对于自动化系统应该如何运行，咨询你行业中其他人的意见；

- 广泛阅读关于行业趋势和进展的信息；

- 退一步思考你的业务该走向何处；

- 与"参与""创新"型的从业者建立联系；

- 通过支持其他类型的技术在你所在组织中的使用而获得经验。

◆ **你可能身处：**

- 你所在组织的高级管理岗位；

- 接受风险或者在大范围内进行投资的组织；

- 信息密集型业务和职能；

- 在运用科技方面的进步型组织；

- 正在经历重大变革的业务和专业；

- 你周围的领导和同事都欣赏新的想法和技能。

05

生存策略二：避让

让人做人做的事，机器做机器做的事

ONLY
HUMANS
NEED
APPLY

之前提到过的 5 大生存策略可以帮助我们厘清人类和机器之间可能发展出的一些合作关系，但是为了能让这些名字读起来朗朗上口，我们牺牲了一些它们在描述上所具有的完美性。其中"避让"是我们最担心的一个名称，因为它本身充满了失败感。政治家在失去提名权时会选择避让，失信的 CEO 在继任者接管时会选择避让。所以，避让就是在需要保全颜面时的一种礼貌性说法，而事实是：你被丢弃了。

这是一种令人遗憾的暗示，尤其是它在现实中还是一种能够让人类获得最伟大的胜利的核心手段。**我们所谈论的"避让"是指，让机器在你的领域中接管它们最擅长的那些任务，与此同时，你应该选择把自己的生计建立在机器无法施展拳脚的其他一些价值形式上。**所以，当像马尔科姆·格拉德威尔（Malcolm Gladwell）这样的创造型作家在写作他的畅销书时所做的也是避让。虽然他经常会描述一些满是数据的研究，但他的这些研究工作都是由他和其他社会学家满是计算机的实验室来完成的，也正因为如此，他才能有机会全身心地投入到讲故事的艺术中。

当小罗伯特·唐尼（Robert Downey Jr.）这样的实力派演员离开他那份紧张的电影明星日程表，而把注意力投向"十几个穿着随意的年轻人"手里把玩的"属于他们这一代的"设备时，他所做的就是避让；当比尔·克林顿在完全不接触键盘的情况下却在互联网时代冉冉升起、成为自由国度的领袖时，他所做的也还是避让。你不会从邮件的附件中获得任何魅力。

我们在这里将要讲到的案例会说明，人类近乎垄断地拥有极其充足的能力和特质，所以，并不是所有人都需要在自己的领域中去击败机器。事实上，我们可以选择在计算机现在并不太擅长，而且在不远的将来也不太可能擅长的领域中工作。

很多工作对不可编程的技能的需求比其他工作要多，很多专家认为，这些领域未来的就业前景无比光明。在此，我们将做出更进一步的论断，不仅是今天那些把不可编程这种优势当作核心的职业最终会消失，而且很多其他职业也将进行转型，从而会更加依赖这种优势，这些职业因此最终也将变成人类快乐的求职领地。确实，当计算机开始完成这些工作中那部分高难度的计算任务时，越来越多样化的人才也会加入这些传统上由单一型人才完成的工作，他们会为工作的质量带来全新的高度。

哪些工作是机器无法做到的

大多数在办公室里工作的人会把瑞奇·热维斯（Ricky Gervais）评价为我们这个时代最富才情的喜剧明星之一。作为英剧《办公室》（The Office）的制作人，他对同事之间的关系有着敏锐的观察，而且他有一种神奇的能力，在描绘自己的白领老板时能把节奏调整到令人肉麻的最佳频率上。比如，在其中一场剧情中，热维斯所饰演的角色大卫·布伦特（David Brent）正在面试一位前来应聘秘书职位的年轻女性。"介绍一下你自己。"他开场说。但是当这位求职者开始说她完成了哪些学位时,他打断说:"太无聊了,跟我讲讲你自己。"这是尴尬的一刻。但是热维斯在说"你自己"时还加入了一个让这个时刻加倍尴尬的古怪手势,他用两根食指在空中比划了代表"自己"的某种形状。他几次努力尝试伪装成时髦的老板,却并没有达到任何理想的效果,他宣称:

> 你哄住我了,是不是?你得到工作了。迅速决议。(他指向自己的头,就好像这里是他的专长一样。)我会安排的。很好。你的注意力就集中在你现在所在的位置就行了。我们会安排给你一个月的试用期,为了看看我们……(这时出现了另外一个令人费解的手指动作,至少对于他来说,那个动作代表着思想。)怎么样?好的。很好。

如果有肉麻痉挛这种症状,那么热维斯就是能够引发它的人。而这还只是其中一个恰到好处的场景。你读起来可能没什么感觉,只有亲自看了他的表演才能真正发现这出戏的绝妙之处。但无论如何,我们的观点已经说出来了:我们很难想象有任何一台计算机能够接管热维斯工作中的任何一个部分。

这就是避让的真谛:把你赚钱的能力固定在机器无法传达,而且在未来可能也无法做到的那些价值形式上。请注意,这个问题不同于以下这个问题:在不使用计算机的情况下,我能做什么工作?最近《离线新闻》(*Off the Grid News*)回答了这个问题(在互联网上阅读这篇文章,我们感觉有些惭愧)。该文章指出,他们已经考虑到了所有的选项,并列举了 11 种不用接入共享公共基础设施(比如互联网)就能赚钱的方式:

● 木工;

● 油漆业务;

● 改建;

● 艺术品，特别是高品质的手工艺品；

● 养蜂；

● 草药和传统医药；

● 房屋保洁；

● 送货上门服务或者代驾服务；

● 看管宠物；

● 看管婴儿；

● 动物护理。

这里面有很多有趣的工作，但是为了找出更多以及薪酬更高的可能性，我们建议用另一种方式提出这个问题。比起问"在不使用计算机的情况下，我能做什么工作"，我们更想问的是"什么工作在没有我的情况下计算机无法完成"。

任何需要同理心才能完成的工作都能进入这个名单。我们来看一看身为主管教练和团队合作协调人的希瑟·普莱特（Heather Plett）最近写的一篇文章。普莱特的工作需要很高的同理心，而当她的母亲屈服于癌症，需要一位临终关怀护士的帮助时，她对这位护士的技能进行了高度的评价。她把自己的想法写进了这篇文章中，她说这位护士的照料超越了护士能对患者提供的直接服务，这种照料可以被定义为"一个在我工作的某些圈子中经常出现的一个词。她在为我们保留空间"。她接下来继续解释：

> 为其他人保留空间意味着什么？意味着我们愿意和另一个人相伴而行，无论他们经历着什么，我们都不会评头论足而使他们自惭形秽，也不会去尝试改变他们，或者努力对结果产生影响。当我们为其他人保留空间时，我们会打开自己的心灵、为他人提供无条件的支持，并且放弃指责和控制。

在普莱特的文章中出现了三种让我们眼前一亮的东西。首先，普莱特描述的那种极具价值的服务，其本质上完全属于人类，我们无法想象机器能够提供这种服务。其次，我们必须承认，鉴于她所说的所有事情都不能被代码化，那么这种能力也就无法通过额外 4 年的科学、技术、工程以及数学（即 STEM）教育而获得。再次，看到"保留空间"这样的概念在一些专业圈子中经常出现，我们感到很欣喜。我们承认，教练和协调人，当然还有临终关怀，是需要人情味的工作中比较极端的例子。但是，在任何类型的工作环境中，只要客户、同事以及其他相关人员是人类，同理心就仍然有价值。现在我们来考虑另外一种类型。

幽默和同理心是人类的两种右脑型能力，如果计算机能在这方面也出类拔萃的话，那我们可要大跌眼镜了。既然《离线新闻》的列表是无穷尽的，那么在一个内容更为丰富的列表中，还会有其他很多以需要创造力、勇气以及信念的知识工作为中心的避让型工作。我们还需要伦理、情感、诚信、品位、远见以及启发能力。

如果有任何事物能够证明品位也应该出现在这个名单中，那一定就是家政女王玛莎·斯图尔特（Martha Stewart）的帝国。她用计算机吗？当然，她甚至还成立了一家数字媒体公司。但是无论家庭数据库中的食谱和园艺建议是多么有用，这些系统也无法抢占斯图尔特闻名于世的能力，即亲切款待的艺术。对冲基金经理是否该坐在葡萄酒商或者宇航员的旁边，菜单中应当突出球芽甘蓝还是羽衣甘蓝，没有计算机能做出比她更好的决定。而在稍小的范围内，品位则是购物顾问和室内设计师的常用技能，目前从事这两种职业的人数都在快速地增长。购物顾问的工作是，帮助那些太忙或者太缺少与时尚触觉的人安排装扮行头，这种职业的年薪可以达到 30 万美元。与此同时，据美国劳工统计局估计，2008—2018 年，室内设计师的就业人数将会增长 19%，这比其他大部分工作的增长速度都要快。

在结束品位这个话题之前，我们不得不再一次提到乔布斯。你可能会觉得很奇怪，在一本关于计算机侵蚀知识工作的书中，苹果公司创始人的名字为什么会出现在描述避让策略的章节中。但是请注意，无论何时，当人们说到乔布斯的天赋时，我们强调的都是他的感性、他的品位。没人会否认乔布斯有深厚的技术知识，但根据他的联合创始人斯蒂夫·沃兹尼亚克（Steve Wozniak）的说法，"乔布斯从来不编程。他不是一位工程师，也不做任何原创设计，但他的技术功底足以让他能对其他人的设计进行改变和强化"。在里德学院（Reed College）上大学时，乔布斯不仅学习了物理学，还学习了文学、诗歌以及书法。

乔布斯的天赋在于他决断性的调整，他极致的成功则来自他对注意力的分配，从而能让他把时间花在那些意义重大的小调整上。我们认为这是一个能够反映出更多真相的案例：当某人被称为天才时，一般不只是因为他对专业知识的掌握。在才能的混合体中，有其他一些很难被定位的因素。他们身上具有某些非认知性的优势，而且他们的职位让其有机会在工作的关键时刻施展这些优势。

未来在等待的人才，是具备多元智能的人

在很长一段时间里，人们一直认为，正是抽象推理能力定义了人类。这种能力把人类和低等动物区分开来。这是人类这种动物之所以能统治地球的真正原因。

这种理性思维的能力不像是属于低级野兽的，它有一种神性的特征，所以我们把其作为物种上的骄傲以及我们最为努力潜心磨炼的一种能力。一些心理学研究提出，我们的"人类独特性"来自低等物种所不具备的4种精神力量：生产性的计算能力、想法的混合搭配能力、对精神符号的运用能力、抽象思维的

能力。

人类现在正试图以神造物一样的方式依照我们的面目创造机器。我们已经赋予了它们巨大的能力，它们可以完成高难度的计算，并且针对最复杂的问题给出符合逻辑的答案。现在我们不得不承认，机器在这方面已经超越了我们。

但我们应当明白的重要一点是，一直以来，我们也依赖着其他精神力量，哪怕我们并没有重视这些力量。虽然我们乐于标榜自己的理性，但研究表明，在我们的决策中，压倒性的主导因素仍然是非理性的。丹·艾瑞里（Dan Ariely）是《怪诞行为学》（*Predictably Irrational*）一书的作者，他认为决策中的非理性成分达到了 90%。有一些非理性行为会伤害到我们，而艾瑞里想让我们认识到自己作为人类的荒唐之处，从而避免做出非理性的决定。但在非理性中，也有一些成分其实是智慧，这些智慧能够帮助我们在逻辑计算无法提供最佳答案的情况下继续前行。如果我们把人类的非理性看作一种特性而非错误，又会怎么样呢？

越来越多的证据表明，人类之所以成功，凭借的就是多元智能。100 年以来，自从有了第一个标准智力测试，我们对于精神能力的理解一直都是以智商（IQ）为中心的。甚至可以说，我们对精神能力的理解，除了 IQ 以外别无他物。

但随着霍华德·加德纳（Howard Gardner）在 1983 年出版了《智能的结构》（*Frames of Mind*）[1]后，我们被点醒了。IQ 测试度量的只是人类所依赖的一小部分智能，而事实上，每种能力都是各不相同的。加德纳一共列举了 8 种类别：

---

[1]《智能的结构》一书于 1983 年首次出版后，多元智能理论风靡全球，成为 21 世纪全球主流教育思想之一，在全世界范围内掀起了教育改革的浪潮，也促进了中国素质教育改革的深入开展。它标志着多元智能理论的诞生，被心理学界誉为"哥白尼式的革命"。这是一本心理学、教育学从业者不可不读的经典，也是用心的父母应当了解的基本教育心理理论。该书中文简体字版已由湛庐文化策划，浙江人民出版社出版。——编者注

- 语言智能，所以有些人会比其他人更加"伶牙俐齿"；
- 逻辑 - 数学智能，即"数字 / 推理才能"；
- 空间智能，即"善于理解图像"；
- 身体 - 动觉智能，即"身体灵活"；
- 音乐智能，即"音乐才能"；
- 人际智能，即"善于为人处世"；
- 自省智能，即"自知之明"；
- 自然智能，即"自然才能"。

不用多说，你就能看出这些智能通常都不是我们能在计算机上找到的。20世纪 90 年代后，彼得·萨洛维（Peter Salovey）和约翰·迈耶（John Mayer）通过鉴定出情绪智能，即情商（EQ），对加德纳的多元智能理论进行了细微的改进。EQ 说的是人们感知情绪、理解情绪、管理自身情绪，以及在他人身上引起情绪反应的能力。在这些方面，有些人比其他人能力更强。EQ 是一种软技能，但千万不要以为这种能力不会对人类大脑造成重大的影响。迈耶是这样解释的：

> 我们能够进行最高等级的思考……包括根据感觉进行推理和抽象思考。这就
> 意味着，在我们所说的热心的人、浪漫的人或者糊涂的人，或者类似这种有损人
> 格的表达中，有些人经历了或经历着非常复杂的信息处理过程。

相比于提高，避让为更多人提供了策略，因为这种手段让我们退回到了人类常见的能力上，常见到直到现在我们都不把这些能力视为优势。这就意味着，有时候哪怕是一些最常见的修修补补的工作，由于缺少足够的数字敏捷度，计算机也无法完成。就像迪士尼公司研发部的前负责人布兰·费伦（Bran Ferren）对《纽约时报》所说的："人们很善于发现如何去摆弄散热器或者让软管滑开，而这些事对于机器人来说还很难。"

更多时候，"避让"工作不仅仅只是精神方面的，它还需要调用其他智能。就像我们在第 1 章中提到过的那位财务顾问，他说过，虽然他现在更像是一位精神病医生而非金融专家，但他依然能为自己的客户和雇主提供切切实实的价值。不过，他的真正问题在于，无论是他还是他所在公司的高管，都没有意识到他所提供的"精神病疗法"的价值。因为这不是他在投入了心力和财力之后想要获得的智能类型，这不属于职位描述中的任何一部分，这是一种相对非结构化的活动。

对于某些（也许是大多数）顾问来说，虽然他们需要擅长数学和投资理论才能获得财务顾问资格证或 MBA，但那些其他形式的智能却不是他们生来就具备的。甚至对于那些拥有多元智能优势的人而言，随着这些优势逐渐成了竞争好工作的基础，而且这个趋势还变得越来越清晰时，这些优势的标准也会有所提高。尽管那位财务顾问所处的公司目前还不会为其进行"行为金融学"方面的培训，不过，好消息是，至少这家公司现在已经雇用了几位这个领域中的专家。

你真能学会"非认知"智能吗

我们在这里提出的其他智能价值的重要性引发了一个重要的问题：这些技能可以像专业知识一样被培养出来吗？如果我们可以依靠这些技能，那么我们最好找到磨炼这些技能的方法。

我们应该先弄明白，为什么这些技能正在离我们越来越远。在某几个领域中，人们的软技能水平似乎正在下降。在密歇根大学的社会研究学院，科学家们通过纵向调查，研究了人们的同理心水平。他们通过在最近几十年中实施的标准性格测试得出了这样的结论：今天的大学生的同理心水平比他们二三十年前的同龄人低 40%。而且，根据同一时间区间的自恋人格量表来看，他们也更加自恋。其他社会学家则在担心伦理或道德感方面的问题，因为这些品质曾经是达尔文认为的独属于人类的特质。即使在未来，也不太可能会出现关于这方面的严格的纵向研究，但现在已经存在一种广泛的认知：世界的很多方面正在变得越来越糟。

紧接着还有创造力。如果你是 TED 演讲的粉丝，或许你已看过那场在整个 TED 视频库中被观看次数最多的演讲：肯·罗宾逊（Ken Robinson）[①]的《学校扼杀创造力》。在这场演讲中，罗宾逊说道：

> 我们不会变得具有创造力，反而会丧失创造力。或者说，我们被教育得丧失了创造力。孩子天生就有创造力，但是随着孩子的成长，我们开始逐步增加针对他们腰部往上部位的教育，我们的重点是他们的大脑，而且还稍微偏向其中的一边。

在跨越了几代人之后，这可能会造成日益严重的恶化效应。孩子们会通过定期接受托兰斯创造性思维测验（Torrance Tests of Creative Thinking）进行评估。比如，他们会被要求完成一幅已经画了一半的图画，以及想出书和易拉罐以及其他类似物品的新用途。金庆熙（Kyung-Hee Kim）是威廉玛丽学院（College of William & Mary）的副教授，他在研究了多年的测试分数后发现，美国学生的分数从 1990 年开始就一直在降低，即使在 IQ 分数提高的情况下也是如此。

如果这些研究都捕捉到了真实的状况，那么下一代知识工作者的同理心、道德感以及创造力就真的都下降了，这种情况可不是什么好事。我们正在进入一个软技能当道的时代，而且对于很多人来说，这些技能是他们获得工作并且

---

① 肯·罗宾逊是全球知名教育家，对学校教育、孩子培养方面有着丰富的经验。推荐阅读其著作《让天赋自由》《让思维自由》《发现天赋的 15 个训练方法》《让学校重生》。该系列丛书中文简体字版已由湛庐文化策划，浙江人民出版社出版。——编者注

保住饭碗的最大希望。从个人层面来看，人们不仅需要理解和相信这一点，还需要说服雇主和教育机构，让这些组织相信这类技能是至关重要的。

好消息是，社交和情绪表达技能确实是可以培养出来的。耶鲁情绪智能中心（Yale Center for Emotional Intelligence）在萨洛维和迈耶研究的基础上继续前进，研究者和学校合作，向学生传授 EQ 技巧，然后他们通过观察学生的表现和经历来进行研究分析。他们发现，在采用了他们的 RULER 课程表（后文会解释）的学校中，学生的焦虑和抑郁程度变得更低，能够更有效地管理自己的情绪，能更好地解决问题，拥有更好的社交和领导能力，在注意力、学习以及行为方面的问题更少，学习成绩也更好，第一年高出 12%。

大公司的培训经费也体现出了人们对成人也能学会社交新技巧的信心。美国很多家公司在员工学习力和领导力的发展上花费了巨额资金。一项研究认为，仅 2012 年一年，这项花费就高达 1 642 亿美元。人才发展协会的调查显示，公司支出总额的 25%（2010 年是 27.6%）以上用在了员工软技能培训的相关学习上。

我们假设你打算在工作中实施避让手段，让计算机来完成那些容易被代码化的工作，与此同时，你把自己的时间加倍投入在非认知能力上。首先，你应该利用公司所提供的与这个领域相关的所有培训。除此之外，你如何才能为自己构建起这样的技能？主要通过两种办法：向导师学习以及参与到反思性的刻意练习中。

赖恩·麦克多诺（Ryan McDonough）现在是 NBA 菲尼克斯太阳队的总经理。你可能会对如下信息感到十分惊讶：篮球是分析学应用里最火的领域之一，而麦克多诺正是因他在分析方面的建树而闻名。"这改变了我们在 NBA 中物色球员的方法，"他告诉一位记者，"也从根本上改变了我们看待球员的方式。"但是若想胜任他的工作，在很大程度上需要的还是软技能。麦克多诺曾从一位传奇人物那里学到了他的某些技能，这位传奇人物就是已故的"红衣主教"阿诺德·奥尔巴赫（Arnold Auerbach），他是凯尔特人队的长期教练和主席，还是美国职业体育历史上最为常胜的人物。麦克多诺说：

> 在我被雇用了之后，我经常给阿诺德打电话谈篮球，并听取他的意见。我拿出笔和几张凯尔特人队的信纸，然后把他所说的话都写下来，并且尽我最大的努力去消化这些信息。我当时 23 岁，而阿诺德当时已经 80 多岁了。

麦克多诺消化的是什么？类似于"寻找煽动型球员，而非反击型球员"这种物色人才的建议。麦克多诺说，奥尔巴赫是"喜欢发起身体对抗的球员，这样的人会制造身体优势。有些向对手球队宣战的意味，这样同时还能提高球队的能量和斗志"。奥尔巴赫还告诉麦克多诺要注意球员和教练之间的关系。总结来说就是："寻找品德高尚、不自私的人，这样的人坚强、强壮，而且光明正大地比赛，他们更在乎胜利，而不是薪水和数据。"但有趣的一点是，这些成功的关键特质本身是不会显现在球员的数据中的，所以这些特质在分析学中是不可见的。

在麦克多诺因为从导师那里获得的隐性知识而感谢他们时还说："在凯尔特人队篮球运营主席以及前球员丹尼·安吉（Danny Ainge）手下工作是我职业生涯中最幸运的事。"想要成功避让的人又可以获得另外一条经验。他的父亲是体育记者威尔·麦克多诺（Will McDonough），《波士顿环球报》的丹·肖内西（Dan Shaughnessy）将其形容为"有史以来最坚强、最圆滑以及最富有知识的人"。若想深入地学习这类人的特长，第一种方法就是花时间和已经具有这些特长的人待在一起。

还有第二种方法可以建立起像创造力、同理心、幽默感以及品位这样的软技能，这种方法对于像诚信、道德以及勇敢这样的人格特征也适用。这种方法就是利用一致性框架来完成反思性的刻意练习。

在前面我们提到过的耶鲁情绪智能中心里，人们用缩写词 RULER 来概括这个框架：他们教会别人认识（recognize）自己现在的情绪，然后理解（understand）、标注（label）、表达（express）以及管理（regulate）这些情绪。这并不是构建软技能磨炼流程的唯一办法。另外一种方法来自萨里大学（University of Surrey）的尤金·萨德勒 - 史密斯（Eugene Sadler-Smith）的研究报告：《在工作中使用头脑和心灵》（*Using the Head and Heart at Work*）。他概括了建立软技能所需的 5 种要素：曝光、练习、反馈、反思以及个人经历。对于个人学习者来说，最实用的方法就是采用这种框架，因为类似框架可以让我们通过在工作任务中引入训练方法来专注于构建一种能力。

任何有意构建的能力都应该有一个部分能以一种可说明的方式度量进展。我们之所以怀疑左脑技能能够主宰人类智能领域的论断的原因之一就是，这些技能可以被轻易地评估和比较。我们用来度量人类成就的码尺，用商业用语来说就是我们的"绩效指标"，总是让我们退回去相信更多的硬技能培训才是出路，这种想法还让我们局限在一条狭窄的跑道上，而我们设计出计算机正是为了能够主宰这个跑道。我们已经把自己限制在一场我们注定无法胜出的比赛中。

甚至，我们可能为了紧跟机器的脚步而对人类其他能力的发展产生负面的影响。心理学家大卫·韦卡特（David Weikart）关于儿童早期教育的著名纵向研究发现，接受了技能方面（阅读和算术）直接教学 [①] 的来自低收入街区的学前

[①] 直接教学法（Direct Instruction）是一个概括名词，指的是使用讲座或材料演示的方式进行技能组合的明确教学，而非探究式学习这样的探索性模型。——译者注

儿童，相比于在学前教育中接受了"以游戏为基础"的教育的同龄人，在后来的生活中会表现出在社交和情绪上的发展不足。

那些接受直接教学的人，在 23 岁时与他人发生的摩擦会更多，而且也会显现出更多情感障碍方面的问题。他们结婚或和配偶生活在一起的可能性更低，而且他们犯罪的可能性也高得多：这些人当中的 39% 曾经因为重罪指控而被拘捕（"游戏组"为 13.5%），而有 19%（"游戏组"为 0）则曾经因为携带危险武器侵犯他人而被记录在案。

为什么会这样？发展心理学家彼得·格雷（Peter Gray）猜测：

> 那些在教室中侧重于学习成绩的人可能会养成以获得成就为目标的并将其持续终生的行为模式，要跑在前面的意识，特别在贫穷的背景下，可能会导致与他人发生冲突甚至犯罪，比如为了超过他人而采取不正当手段。

当威廉·津瑟（William Zinsser）把"人性和温暖"称为在写作上获得成功的两种最重要的特质时，他认为："这样的品质是可以被教授的吗？也许不能。但是这些东西大部分是可以学到的。"

把艺术带入工作

我们推测，"避让"会提供很多工作机会。但到目前为止，我们向你展示的例子只有喜剧演员、生活大师、畅销书作家和自由世界的领袖。你可能也想到了其他类型的工作，比如手工奶酪制作者、古董家具修补者。你可能在想：这怎么构成大规模的就业呢？

作为回答，我们要说两件事。首先，你可能认为
艺术家和手艺人的工作是有限的，但事实上这些工作
的应用场景是无可限量的。看看那家包罗万象的线上
手工制品市场 Etsy 的成长，你就会明白这一点。

截至 2015 年 3 月，该网站已经有了 2 000 万个
活跃买家，以及 140 万个向消费者供货的卖家。从
服务端来说，现在把侍酒师、魔术师以及婚礼策划
人作为职业的人比历史上任何时候都多，更别说
还有像治疗师、生活教练以及丧亲协调员这样的
职业。这些非 STEM 工作的收入似乎没有降低，反
而变得越来越高。美国国家艺术基金会（NEA）在
2011 年做了一项研究，他们的研究对象就是占美国
工作人口 1.4% 的 210 万个艺术家，其中涵盖了十几
种不同类型的职业：演员、广播员、建筑师、舞者
和编舞者、设计师、画家、艺术指导和动画师、音
乐家、其他演艺人员、摄影师、制作人、导演以
及作家。根据从 2005 年到 2009 年的数据，美国
国家艺术基金会发现，艺术家的平均收入是 4.3 万
美元，这比美国全职工作者的平均收入 3.9 万美元
要高。

其次，我们看到很多曾经专注于记忆、逻辑以及
计算这种以使用计算机为中心的工作，现在正转移到
新的领域中，而且很多机构的工作内容会变得以 EQ
为导向，我们预测，未来的教育行业可能会朝这个方
向发展。避让，并不意味着要人们加入某些艺术家的
聚居地，它意味着把艺术带入你的工作中。

从某种程度上来说，我们都知道软技能是教学的

重要组成部分，和教育体系所涉及的其他正规知识一样重要。我们在天才身上观察到：你可以问任何人他们心目中最好的老师是谁。可以肯定的是，这位老师不是以熟知艾米莉·迪金森（Emily Dickinson）的毕生作品而著称的专家，也不是计算代数问题最快的人。当教师激发和启发学生时，当他们让学习贴近学生的生活并且为学生注入对学习的热情时，他们的影响力才是最大的。我们一直都很喜欢卡尔·比克纳（Carl Buehner）提出的伟大的教学建议："他们可能会忘记你所说的，但他们永远都不会忘记你带给他们的感受。"现在想象一下，如果让具备这种创造人类联系的能力成为人们申请教学工作的第一道障碍，而非第三或第四道障碍，情况又会如何？就像计算机智能增强在直接教学法上所起到的作用一样，人类的这种能力也会加强教育的效果。我们的普遍观点是，很多工作都需要具备两种智能，然而，筛选条件一直都侧重于整个谱系中偏向计算机的那一端。从现在开始，越来越多的工作都会强调那些偏向人类自身的技能，雇主也会雇用更多具备这类技能的人。

商业记者乔治·安德斯（George Anders）最近写的一篇文章指出，同理心在2020年将会变成一项必备技能。他在文中引述了同理心在体育教练、护士以及其他被我们宽泛地归纳为"关护专业"的工作中的重要性。令人惊讶的是，他的文章竟然被不少读者尤其是公司所接受，于是安德斯决定再做一项针对该领域的小型研究。他在名为indeed.com的工作搜索网站搜索年薪达到6位数的工作，他要求网站具体列出那些薪水达到标准并且工作要求中含有类似于"同理心""聆听者""情商""亲善"这类字眼的工作。这个仅在一天内就完成了的小范围搜索显示出了1 000份以上只对高EQ型人才开放的高薪工作。不过，真正让安德斯感到惊奇的是工作的多样性：

> 在高薪工作中，赏识同理心的雇主的群体范围远远超过了我们能够预想到的那几个"共情型"组织，比如医院、诊所以及基金会。而这些雇主中的那些全球重量级企业均来自竞争极其激烈的科技、金融、咨询、航空航天以及制药领域。

安德斯接下来还列举了几家在这些领域中最负盛名的公司。

同理心只是众多非认知、不可程序化的技能中的一种。知识工作者还可以凭借自己的突破性想象力和能力，用当下流行的话来说就是，用他们的"设计思维"来赢得越来越多的需求和奖励。他们还会因为自己讲故事的技能、产品上的个人烙印，以及他们在工作艺术上的投入而受到重视。

从这里开始，听起来很像是我们认为大部分知识工作者的技能都应该转换为"创造力"。没错，我们就是这么想的。

一切都是为了解放人类

大卫·阿特拉斯（David Atlas）是创业公司Persado的首席营销官。Persado所从事的业务与说服性语言有关，它开发的是用于生成营销信息的软件，而其客户则包括威瑞森（Verizon）、沃达丰（Vodafone）、美国运通公司（American Express）、花旗集团、挪威邮轮公司（Norwegian Cruise Lines）以及Expedia。没错，这就说明邮件推销、展示广告以及推文都已经可以在没有人类脑力参与的情况下发出了，并劝说你跟你辛苦挣来的钱说再见。更加可怕的是，阿特拉斯声称，他亲眼目睹了机器创作的文案使订单率提高了 80% 的案例。但是他坚称"这并没有让撰写文案的人丢工作"。他说这种产品"相比于代理机器人，更像是一个仿生人"，一个"算法假体"。

在这一点上我们同意阿特拉斯的看法。Persado 发出的邮件广告风格的信函和美联社的大学篮球赛要闻是同一个类型，这是一种由营销者炮制出的最容易被代码化的文体。只需要有限的组件，比如题目、促销价格、产品描述和一定数量的词语，或者是它们的任意一个同义词，我们就能找到一些能让最多的客户"点头"的最佳词组搭配。但广告文案撰稿人"顶多只能写出两三种或者四种不同的版本进行比较"，阿特拉斯说。而 Persado 可以测试上百万种。所以接下来我们向你提出一个问题，那就是，如果你是一位营销员，你希望从事 Persado 的工作吗？

如果你在过去是那种既有脑力又有学历的从事创作和润色有效邮件广告的人，你在今天从事的工作则更有可能是"内容营销"：编写博客和社论、授权专利研究，以及和你所在部门的意见领袖一起策划活动。或者你可能在撰写可持续性报告、表达你的品牌在有价值的方向上的专注，又或者和各种相关人士打交道。如果软件能够守住邮件广告的阵地，让你有机会去从事这些更加微妙并且让人更有满足感的任务的话，我们会说，这样的能力多多益善。

对于选择避让的知识工作者来说，这将是机器强化他们的主要方式，即拿走那些他们不想要的任务，而且机器拿走的主要是那些单纯的行政性工作。而对于会用到那些本质上属于人类的特长的那部分工作任务，人工智能则不会起到太大的作用，并且计算机也不会要求把这些工作占为己有。英国游戏开发者艾德·基（Ed Key）最近在这方面进行了深思，他思考的是，人工智能对他来说可能会有什么用。在辞掉工作之后，他开始全职开发他的游戏 Proteus，不过他有些沮丧：

> 我 80% 的时间都用来处理与商业相关的任务，而这些工作和游戏设计根本毫无关系。比如制作预告片和联系出版公司，发送 Twitter 截屏，可能一个人工智能代理能帮我做这些事。如果你最忠实的粉丝是一个机器人，自我推销可能就是你想委托给这个机器人的任务。

在某些案例中，智能增强实际上会放大某些宝贵的非认知能力，甚至可以说，会帮助人类在工作中加入更多人性。因此，使用机器会帮助人们在工作中加强同理心、提高创造力，或者提高品位。

这里有一个好例子，IBM 的沃森新功能能够组合出新奇美味的食谱。当然，大厨是非常具有创造力的一群人，而计算机从来都不吃东西。但从某种程度上说，烹饪方法就是一种化学反应。IBM 的一位名叫拉夫·瓦什尼（Lav Varshney）的计算机科学家解释说，当把一个满是高质量食谱的数据库灌输给沃森之后，沃森就进入了一个高级料理世界。下一步的做法和营销信息软件相类似，就是"重新组合、替代以及做各种调整然后生成上百万种新食谱"。但要想把所有这些都做出来并把它们强塞给勇敢的试吃员并不现实。为了了解哪些想法是最好的，沃森用化学和心理学研究发现的标准来测试它的食谱，凭借这些研究成果，沃森可以得知人类对于不同食材组合的反应。

人类工作的未来
ONLY HUMANS
NEED APPLY

假设你是性感的分子美食家费兰·阿德里亚（Ferran Adrià）或者其他大厨，那么你的客户永远都渴望尝试新奇事物。你会被大卸八块吗？大概不会。但是你会认真地阅读沃森生成的那些你从没想过要去尝试的惊奇美味组合吗？你可能会。有一点可以肯定的是，虽然你是三星级厨师，但这些食谱仍然会给你带来启发，毕竟你不是全知全能的。

　　对于真正的开创型人才来说，无论何时何地，只要出现如此激动人心的机会，他们都不会放过，而这些新发现正越来越多地出现在软件中。知名编舞家摩斯·康宁汉（Merce Cunningham）是智能系统的早期信徒。他早在 1989 年就开始使用计算机软件来创作舞蹈，而这种方式带给他的主要吸引力在于其对可能性的揭示。编程后的动画人物可以反映出（有时甚至拉伸）舞者的身体限制，于是他就能自由地去实验自己的各种想法。在《洛杉矶时报》对他的采访中，他解释道：

> 你可以利用计算机来编程并生成相应的动作，然后可以观看这些动作，并且一遍又一遍地重复这些动作，然而，你不能要求舞者一直这样做，因为他们会疲惫。

　　同样的计算机动画技术也强化了迪士尼、皮克斯以及梦工厂的电影动画师的作品，但就算如此，富有创造力和才华的动画师们仍然没有失业。

　　更加令人惊奇的是，或许人工智能还可以延伸到人类在工作中所运用到的社交技能上。在公司运营背景下，客户关系管理系统就是一个很典型的例子。通过有序的保管优先联系人的记录，以及加强销售流程中那些优良实用的程序步骤，这些系统就可以把销售人员解放出来，进而这些销售人员就可以专注于他们本来就擅长的沟通技巧。但同时，由于系统能够长期积累比以前最出色的销售员还要深厚的社交记忆，所以系统还可以用于强化人们的人际关系技能。潜在客户的上一份工作、共同的朋友、孩子的活动、食物过敏原等信息，可谓应有尽有。人类销售人员因此就可以全身心地专注于如何在谈话中巧妙地使用这些信息。

社交记忆是智能增强的最佳领域，同时也是人类拥有的宝贵特质之一。但是说实话，很多人对这个特质却并不擅长。当然，这其中也包括耐心。如果你是世界上最有耐心的人，我们可以向你推荐一种职业：自闭症儿童的语言治疗师。这种工作至关重要，只有持之以恒的治疗才能阻止自闭症把一个人关闭在世界之外，但这需要具有圣人般的宽容才能完成。

又或者，有一些诊所发现这个工作机器人也能胜任。曾在迪士尼任职幻想工程师的大卫·汉森（David Hanson），现在是汉森机器人的CEO。他有一个想法就是制造一台叫作 Zeno 的可爱机器人，协助他完成这项工作的包括得克萨斯大学的丹·波帕（Dan Popa）、位于达拉斯（Dallas）的自闭症治疗中心、得州电器（Texas Instruments）以及美国国家仪器公司（National Instruments）。治疗师在视野之外操作 Zeno，用它来吸引孩子们参与互动，同时又不会使孩子有限的社交带宽过载。Zeno 可以在任何时间以完全相同的方式提供相同的开场白，直到这些话语对那些孩子来说变得可以理解并且没有威胁性。至少从心理层面上来说，它从不会感到精疲力竭，也不会因为心灰意冷而叹气。这种机器增强手段已经胜出了，因为有些从来没有对治疗师开过口的孩子们，现在会对机器人说话了。

被低估的人类

这时侯，我们需要停下来思考一些存在主义的问题。如果机器已经有能力来增强我们的非认知能力了，那么它们会企图获得这些能力吗？在这些维度上，它们也会像在计算方面一样，超越我们吗？我们如何才能确定会一直存在可以让我们进行避让的工作呢？而如果没有的话，到那时生活还有什么意义？现在就让我们先从幽默说起。

人们喜欢大笑，有关讲幽默和笑话的数量庞大的书就是证据。本书的作者之一茱莉娅的著作《每个人都应该知道的笑话》（*Jokes Every Man Should Know*）很薄，因为编者丹·斯坦伯格（Dan Steinberg）的超选择性，他承诺为我们挖掘所有已有的材料并且只给我们"矮马"（稍后你会看到这个梗的）。在把标准抬高之后，他是这样开头的：

> 树林中有两个猎人，其中一位倒下了。他好像不喘气了，眼睛呆滞无神。
>
> 另外一个人掏出了手机，慌乱地拨打911，气喘吁吁地说："我的朋友死了！我该怎么办？"
>
> 接线员说："请冷静一下。我可以帮助你。首先，我们要先确认他死了。"
>
> 紧接着是一阵寂静，然后发出了一声枪响。那个人回到电话边说："好了，现在怎么办？"

《计算机笑话纲要》（*Compendium of Computer Jokes*）则会是一本更薄的书，它的经典开场可能是这样的：

> 树叶和汽车有什么区别？
>
> 一个你需要去刷（brush）和耙（rake），另一个你需要冲（rush）和刹（brake）。

这个笑话完全是从软件中产生的，完全没有人类智慧的帮助，它来自计算机科学一个名为"计算创造力"的分支。所以,别忘了给你的 Wi-Fi 来点小费。该笑话的源头是一个创立于 20 世纪 90 年代的程序,创造者是阿伯丁大学的格雷姆·里奇(Graeme Ritchie)和金·宾斯特德(Kim Binsted),这个程序的名字叫作"笑话分析与生成引擎"(Joke Analysis and Production Engine),或者说叫作 JAPE。在你被它逗得哈哈大笑的同时,你可能也会不禁陷入思考:根据摩尔定律,还有多久它的作品就会成为凯撒宫^①的头条笑话?

机器对曾经严格属于人类的领域发起进攻是科幻作家和制片人最喜欢的主题之一。在 2014 年的电影《星际穿越》中,马修·麦康纳(Matthew McConaughey)饰演的宇航员库珀(Cooper)一直不停地调整飞船上的机器人的幽默设定,而这个情节也成了整部电影中的笑料。TARS 能够编出库珀所喜欢的那种黑暗系嘲讽,但在某些忧愁的时刻,这类笑话并不受欢迎。有一次,库珀甚至把 TARS 设置调到了非常低的等级。你猜在这个设置下,TARS 说的下一句话会是什么呢?是一个双关语。其他电影则把计算机进入情绪领域的设定处理得更加严肃。在史蒂芬·斯皮尔伯格(Steven Spielberg)的电影《人工智能》中,虽然该影片的焦点是爱,但电影留给我们的是一个极具煽动性的悖论。唯一能够无止境地对我们投入的东西只有程序。而在电影《未来战警》中,则是人类已不再具有外表的魅力了,人们要想表现出最好的一面,就要派出一个能够代表自己的机器人。

在现实生活中,计算创造力也确实在侵蚀着那些我们可能认为是神圣而不可侵犯的领域,还有那些我们甚至无法想象没有灵魂该如何去完成的工作,比如艺术。计算机科学家西蒙·科尔顿(Simon Colton)创造的"绘画傻瓜"(Painting Fool)不仅能生成肖像画,还能根据使用者指定的情绪作画,并且随后还会反省

---

① 凯撒宫(Caesars Palace),位于拉斯维加斯大道心脏地带的大型娱乐酒店。凯撒宫可以说是拉斯维加斯第一家赌场主题的度假饭店。——译者注

自己是否创作出了能够反映当时情绪的作品。而在接收端，Flickr 在很长一段时间内都在用机器学习技术来鉴别，并向用户提供它在网上找到的图像。在最近的一次大会上，Flickr 的工程师西蒙·奥森德罗（Simon Osindero）说，现在的技术不仅能够鉴别出一张图像是否符合使用者的搜索词，还能够进行主观判断。他说，这让公司可以"构建出能够预测图像中的可感知美感的模型"。

计算机还能生成原创音乐。我们最爱的例子是由两个大学生创造的程序性音乐生成器。他们用刊载有自己学术论文的 PDF 作为输入，该软件根据他们的文本，不仅创作出了歌词，还创作出了一段符合他们语调的旋律。这个软件就是"科学音乐生成器"（Scientific Music Generator），或者说 SMUG。

虽然文章生成软件现在的应用范围可能还很有限，但我们仍然可以拿创意写作来举例。正如我们在前面所说的，除了营销中的"说服性语言"，该系统还被用在生成简单的新闻故事上。2014 年，美联社宣布"用于我们商业新闻报道的有关美国公司收益情况的大部分文章，最终都将用自动化技术来生成"。而且计算机科学家也正在努力让机器成为更好的作家，甚至有能力写出一本小说。

马克·里德尔（Mark Riedl）是佐治亚理工学院的副教授，他领导着一款名为谢赫拉莎德（Scheherazade）①的软件的开发项目，该软件能够利用之前人们所撰写的关于真实生活的叙述而生成短篇故事。与此同时，故事的前提也可以由一种名为假设分析机（What-If Machine）或者 WHIM 的东西生成。WHIM 分析了大量的文章，从而能够假设各种不可能的情况。"如果有一条小鲸鱼忘记了该如何游泳会怎么样？"这就是该系统生成的一个思维启动器。我们在儿童书中见过比这要更糟糕的想法。

①　谢赫拉莎德原是《天方夜谭·一千零一夜》中的苏丹新娘，因善于讲留有悬念的故事而免于一死。——译者注

托尼·维尔（Tony Veale）是计算创造力方面的先驱，他喜欢把这个领域区分为强形态和弱形态。根据他的说法，弱计算创造力系统无法产生具有足够创造力的输出。人类使用者必须为系统的输出进行过滤和分类。强系统不仅能够产生新奇而且有用的输出，还能评价、排序，并且自行过滤它们自己的输出，从而选出最好的想法。

计算创造力是一个比较新的领域，但它的强形态已经在形成了，而且这已经是板上钉钉的事。若想把机器的输出和人类的输出区分开来，将会变得越来越难。但是要达到完全无法区分，前路依然漫长。即使真到了那一天，也不意味着我们一定会去购买机器绘制的画作，或者对机器写的故事爱不释手，或者因为机器讲的笑话而哈哈大笑。正如杰夫·科尔文（Geoff Colvin）在他的著作《人类被低估了》（*Humans Are Underrated*）中所说的，我们之所以重视人类创作的内容，可能只是因为这些东西是人类自己创造的。

成就我们的，只有我们自己

在一篇名为《机器的文体》（*The Prose of the Machines*）的文章中，Slate 的高级技术作家威尔·奥雷穆斯（Will Oremus）试图通过指出优秀人类作家的专长而使我们安心。

> 我们擅长讲故事；善于找出有趣的轶事并且能够从中找到类比和联系；擅长塑造信息，能从一个新闻事件周围的没有形状的信息云中找出熟悉的形态。而且我们有一种直觉，它能让我们知道我们的人类伙伴会觉得哪些信息切题并且有趣。

但是下一段内容把奥雷穆斯信心中的谎言给揭穿了：

> 理论上说，只要有了足够的数据、开发、训练以及处理能力，设计巧妙的软件

程序也能获得这些软技能。

相比于问"一篇好文章需要的是什么"，一个更好的问题是，"读者会从一篇好文章中获得什么"。

我们之前提到过，制片人喜欢探索这类想法。亚历克斯·加兰（Alex Garland）为《机械姬》写的原始剧本是机器人暴走类电影中一个比较新颖的故事，至少在写作之时看来是这样的，这个故事提出了一个关于艺术的问题。在一场戏中，拥有一幅杰克逊·波洛克（Jackson Pollock）的画作的隐居人工智能科学家所策划的阴谋显露无疑。他设计了一台绘画机器人，然后完全一致地复制了他所购买的波洛克的画，在有了两幅真假难辨的画作后，他会随机选中其中一幅并将其摧毁。

我们认为，那一刻的恐惧（毁掉波洛克的真迹）是加兰想要表达的关键点。我们在观看艺术家创作的真实作品时的感受和在观看该作品的复制品时的感受有着莫名的区别，无论这个复制品是多么地忠实于原作。对于我们来说重要的一点是：作品是由人类亲手创作的，并且是作者当时情感状态的真实产物。如果你去过位于法国西南部的拉斯科二号岩洞（世界上最著名的洞穴艺术的等比例复制品），就会明白了。毋庸置疑，这个复制品是世界工艺史上的壮举，并且也是防止真实遗址被进一步破坏的一种绝妙解决方案。但是当我们身处其中时，却无法感受到站在古人曾经站立之地上应有的那种惊叹。

这就是为什么我们不应该对计算创造力感到害怕，因为即使到了那一天，正如计算机当下已经取得的那些成就一样，机器也仅仅是在堆砌自己的画展。拍卖行佳士得和苏富比也没什么好怕的。

人们仍然会对艺术领域中的良心之作（也就是有知觉的创作）给予应有的

重视，而且范围还远不止于此。对于在电商 Etsy 上进行交易的大部分手工香皂来说，其背后的道理也是如此。这就是为什么用飞蝇钓 ① 方法钓鱼的人会为一根格伦·布拉克特（Glenn Brackett）制作的竹竿，或是他的 Sweetgrass Rods② "竹子男孩"同事的作品花费上千美元。同样，这也就是为什么，无论沃森在厨房中有多么如鱼得水，我们还是会选择那些能自己品尝食物，同时还能欣赏我们品尝食物的大厨为我们烹饪菜肴。

思想的车轮

在继续讲解下一种可行的"参与"手段之前，我们想通过自动化和智能增强之间的对比，在避让领域提出一个关于它们双方的观点。自动化会从人类的盘中拿走任何它们可以拿走的东西，其目的不是为了让工作者更有能力，而是要尽量减少它们对人类工作者的需求。对于自动化来说最普遍的心态就是，找出今天人类所做的工作中哪些任务能够由计算机更便宜、更好、更快地完成。

因为计算机只有一种类型的智能，这就意味着它们只会被引入到需要应用这种智能的进程中。就像乔治梅森大学的教授菲尔·奥尔斯瓦特（Phil Auerswald）观察到的那样："数字计算机完全能够超越人类的脑力计算能力，而且这一点应该也没有什么可惊奇的：它们生来就是干这个的。"所以我们才能在精算师和数字营销员的工作场所看见肆意蔓延的计算系统。但当你进入其他某些工作场所时，却会发现那里鲜有计算机的身影。依赖人类的能力而非计算机能力的工作者只能靠"青铜时代"的工具勉强度日。

---

① 飞蝇钓（Fly Fishing）是发源并流行于欧美的一种钓鱼方法，由于钓者在钓鱼过程中舞动钓线优美而获得"钓中舞者"的美名。——译者注

② Sweetgrass Rods 是汤姆·摩根（Tom Morgan）和格伦·布拉克特在 20 世纪 70 年代创建的一家飞蝇钓竹竿制作工坊。他们那里的手工竹竿制作者被称为"竹子帮"（Boo Crew）或"竹子男孩"（Boo Boy）。——译者注

当世界逐渐转变到智能增强的观念上时，我们会看到机器开发者有意搜寻着那些能让人类可以更好地去完成最人性化、最有价值的工作的方法。我们在本章中描述了想要在创造性领域中应用人工智能技术的学术工作，这些研究将会不断吸引商业世界持续增长的兴趣和投资。而那些想要凭借自己的人类特长，即创造力、同理心、幽默感以及好奇心，来帮助自己走得更远的人，将会获得思想的车轮。

一个避让者的自我养成路线图

◆ **如果具有以下特点，你就有可能成为避让者：**

- 你有一些突出的非认知、非计算方面的特长，比如同理心、幽默感、创造力等；

- 你要么极其善于与他人合作，要么在独立工作时既有创造力又富有成效；

- 你的专业或工作已经能让你生活得不错；

- 你从未感到自己的工作会很快被一台计算机或者一个机器人抢占；

- 你从未听说你工作中的关键任务被外包出去或者被计算机化；

- 你可以诚实地说你很少每天都做同样的事情；

- 为其他人写下或描述你的工作方式有些困难。

◆ **你建立避让技能的方式包括:**

- 选择一个不涉及编程技能的大学专业或课程;

- 学习新的手工艺技能，增加自己的筹码;

- 培养一种关于你谋生手段的独特视角;

- 在你做的所有事情中都加入人类驱动的有趣内容;

- 仔细思考科技能如何支持而不是自动化你的独特技能;

- 离开你无聊而重复的工作，自己走出去。

◆ **你可能身处:**

- 独资企业或小生意，或大组织中小而独特的业务;

- 一家人类服务机构;

- 并非激进地利用技术的组织;

- 数十年来一直在做相同的业务和专业;

- 应用科技程度比较低的环境。

06

生存策略三：参与

让我们与人工智能一起工作

ONLY
HUMANS
NEED
APPLY

你有想成为一个"紫人"的野心吗？保险公司 XL Catlin 就是这么称呼那些参与公司业务与自动化决策技术交叉地带的人的。吉姆·威尔森（Jim Wilson）是该公司的首席数据工程师，他正在和他的老板金伯利·霍姆斯（Kimberly Holmes）谈话，内容是公司的"战略分析"团队每天都需要面对的人事问题。

霍姆斯描述了情况："业务人员和精算师知道，他们需要的数据并且能够定义需求，却不具备相应的技能来根据需求设计出数据架构。技术人员不理解业务和需求，但他们能够设计数据架构。"威尔森用了一个形象的比喻来描述眼下这个问题："就像技术人员说的是蓝，业务人员说的是红，但我们需要的是说紫的人。"

于是"紫人"这个名字留在了 XLCatlin。为了建立分析系统和自动化系统，霍姆斯在寻找"紫人"，以把业务需求翻译成这些系统的高层次设计。建立模型并且写代码的可能是其他人，但没有"紫人"，系统就不可能存在。

在这本书中，我们会把这些"紫人"称为"参与者"，他们参与创造、监控，并且修改组织内部的自动化系统。他们是智能增强概念的核心，把商业和组织对自动化系统的要求与技术的能力连接起来。他们不会被自动化系统吓到，为了让系统起作用，他们会"深入虎穴"，并尽其所能。他们有能力搞技术，但是在大多数情况下，他们关注的是让技术在商业和组织背景下变得更有用。

在本章中，我们将要探索参与过程中所涉及的各种问题。我们将会说明，虽然这听起来像是一个新想法，但"参与"的概念其实在前几代的技术中就已经产生了。我们将要研究几种不同类型的参与者，然后描述所有这些人所具有的共同特点。我们还会总结一些能够帮助人们在参与者角色中获得成功的属性。在整个过程中，我们会向你介绍几个在工作中成功参与到自动化系统中的人，他们是：

● 沙恩·赫里尔，赛仕软件研究所（SAS Institute）的数字营销员；

● 迈克·克兰斯，保险承保自动化方面的专家；

● 安迪·齐默尔曼（Andy Zimmermann），纽约市一所学校的老师；

● 亚历克斯·哈菲兹（Alex Hafez）和拉尔夫·洛西（Ralph Losey），以几种不同方式参与到法务自动化中的人；

● 多丽丝·戴（Doris Day）博士，一个参与保健（皮肤病学）自动化的例子；

● 爱德华·纳德尔（Edward Nadel），为互联网创业圈监控风险的人；

● 特拉维斯·托伦斯（Travis Torrence），美国施耐德汽车运输公司的联合调度分析师。

他们是那个时代的"紫人"

一直以来都存在着连接技术和商业环境的人。只要存在复杂的技术，为了解决业务和组织问题，就会有人通过"参与"来理解和应用这些技术。在工业革命时期，机械师和技术人员发明并提高了工业机械，从而让纺织厂的生产变得更有效率。

例如，保罗·穆迪（Paul Moody）是 19 世纪早期的一位在马萨诸塞州纺织行业工作的纺织工和机械师，他并没有因为参与这种形态的技术而感到良心不安。与之相反，他与人联合发明了动力织机、发明了直接纬纱细纱机、改进了"双变速装置"，并且改良了机械的动力机制。他的织布技能并没有被这些机器自动化，相反，他发明并优化了技术功能。他的老板弗拉西斯·洛厄尔（Francis C. Lowell）获得了这其中的大部分赞誉（马萨诸塞州其中一个工业城是以他的名字命名的），但是保罗·穆迪才是真正实现这些新方法的人。

波士顿大学的詹姆斯·贝森教授（James Bessen）在他的著作《创新、工资与财富》（*Learning by Doing*）中说，当时纺织业的进步并不仅仅只有一种更加自动化的纺织技术新功能。为了让这些技术轰鸣起来，一群富有经验的人涌现了出来。这些人（保罗·穆迪肯定是其中之一）让技术在当时的背景下开始工作。

贝森引用了亨利·莱曼（Henry Lyman）的描述，莱曼是一位来自罗德岛的成功的棉花生产商，他从早期开始就在新英格兰采用动力织机和其他织布机械。一位不知名的织工的参与曾拯救了整个公司：

> 公司最开始没人能启动机械，人们变得垂头丧气。整经机工作得不好、梳麻机工作得更糟，而织布机压根儿就不工作。在当时的那个困境中，一个聪明但放纵的英国人自告奋勇来检查机械，但他的职业是手织工。在观察了惨不忍睹的操作流程之后，他说问题不在机械，而且还说自己能让机器工作起来，于是他被雇用了。风波就这样过去了，从此，这不再是一场实验，四面八方的工厂都来目睹这场奇迹。

对于其他新技术来说，肯定也存在能够采取类似手段的角色。当我们研究复杂的大型企业系统（来自 SAP 或甲骨文这样的供应商）那艰巨而昂贵的实现过程时，发现很多供应商都在大唱"超级用户"的赞歌，因为这些人可以把业务需求和技术能力相联系。他们是那个时代的"紫人"，而各行各业的公司都想通过雇用这样的人来"目睹奇迹的诞生"。

今天，那些在工作中参与的人要面对的并不是纺织机械，而是产生自动化决策的系统和分析工具。为了能够成功参与，他们需要在技术和商业的交叉领域中发挥作用。**参与意味着这些人不仅要懂技术，还要理解技术所需要配合的业务流程。就像他们的前辈一样，这些人必须是"紫色"的，讲着商业和技术的双重语言，作为两个世界之间的翻译员而工作着。**他们还有一点和前人相似的地方，那就是市场对他们的需求很大，而且所有人都想目睹他们工作所创造的"奇迹"。

照亮人工智能的"黑匣子"

即使在自动化系统领域，参与者也已经出现很长时间了。达文波特在 10 年前遇到了第一个自动化技术参与者迈克·克兰斯，他当时为埃森哲工作，工作是帮助保险公司实现自动化承保系统。保险承包业曾经是商业领域第一个进行大规模自动化的领域。当达文波特遇到他的时候，克兰斯已经和这个系统一起工作了 10 年之久，而且他还在整个美国境内帮助很多家大型保险公司安装了这个系统。

在为埃森哲工作期间，克兰斯是一个介于"参与者"和"开创者"之间的角色。他有计算机科学和人工智能的大学学习背景，而且写了一些基于规则用于承保和赔付的的程序，但是他的主要关注点一直都不是编写自动化程序，而是把这些程序剪裁成适合具体公司需求的产品。在埃森哲工作了多年之后，克兰斯在旅行者（Travelers）和汉诺威这样的保险公司中转移到了"全局者"的管理岗位上（我们曾在第 4 章简短地介绍过他）。他现在是汉诺威保险公司个人保险业务的首席信息官。

克兰斯在工作中对这些系统的主要关注点从某种程度上来说是拓宽了参与者的范围。他的自动化系统目的是要把人工智能的"黑匣子"照亮：让决策规则变得透明而清晰，好让商业使用者能够监控和更新系统。虽然他参与的某些系统最终可能会有几千条规则，但他的目标始终是让这些系统尽可能地方便人们理解。

克兰斯也与承保人和精算师一起工作，他帮助他们发现哪些规则是奏效的，而哪些规则需要修改。当规则进入系统后，克兰斯会帮助他们创造和分析一系列由数据仓库产生的报告，这些报告显示了业务部门随时变化的盈利能力，以及因为具体规则被"解雇"而导致结果上出现的变化。他们甚至最终能把某些具体规则跟在某种具体情况下所支付的保险索赔以及收取的保费联系在一起。这其中涉及复杂的劳动分工：软件供应商提供规则引擎、承保人提供规则，而克兰斯和他的同事则在两者之间进行协调，这种分工最终可以实施和优化整个系统。他说这里不仅有需要处理和修改的规则，还有承保和赔付流程所涉及业务的方方面面。

当克兰斯现在再回顾起自己的工作时，他认为有几个因素是他成功的关键。一个因素是永不满足的学习欲望。在他的事业刚起步时，虽然他对自己即将在保险业自动化中面对的技术知识所知甚少，但他仍尽己所能去学习这些新知识。在差不多掌握了这门技术后，他又开始向承保的业务层面进发。和众多公司一起输入该领域的上千条规则确实能让你变成专家。克兰斯觉得在见识了这些规则之后，自己甚至可以成为一位承保人。

另外一个因素是，他处于商业和技术的交叉地带。从这个角度上来说，他是一个典型的"紫人"。在他的角色中，他一直都运用着自动化技术和商业业务知识。他的上一份工作是在旅行者集团，当时他的职责范围是在业务端，而现在他在汉诺威又作为首席信息官从事着技术岗位。

克兰斯也提到了其他因素，比如个人对于科技的迷恋（其他人购买个人电脑，而他构建电脑）；与供应商紧密合作的能力；不断学习并掌握丰富的关于技术及其在保险领域内应用的先进知识。即使他在管理岗位上越升越高之后依旧是如此，他说："我一直都希望有能力为我管理的项目增添价值并扩大视野。"

参与者也并不是金饭碗

参与自动化决策领域中的人应该算是和智能机器走得最近的人了。他们可能没有创造机器，但他们能够理解机器、可以和机器一起工作，并且还能跟机器进行协作。他们之前可能做过和智能机器相关的类似的知识工作，现在被"提拔"到和机器一起工作。从这个角度上来说，他们不仅增强了智能机器而且也被智能机器增强了。智能增强让他们和他们的组织变得更富有成效。他们的角色既包括鉴定机器所不擅长的情况，也包括帮助机器实现比今天更高的生产力水平。

事实上，最为常见的自动化场景是，在大多数工作已经被技术取代之后，参与者就会在最后剩下的那些工作者中产生。我们先回头看一下保险承保业。或许一开始从事承保工作的有 100 人，其中有 10 个人被鉴定为专家。在自动化系统被实现之后，这 10 位专家仍然留在了保险承保业。他们将会和自动化系统一起参与。而这可能意味着：

- 把自己关于保险承保业的知识提供给机器；

- 和最难、最重要的承保案例打交道，比如那些超过一定金额，或者关键
  信息缺失的案例；

- 监控承保系统的性能；

- 了解系统何时需要升级或修改，并提供自己的专业知识。

这 10 个人对这种改变将作何感想？我们猜测，他们可能会思念一些同事。还有一些人可能会感觉计算机做出的决策并没有他们的好关于这一点他们可能是错的，因为人类对于自己的决策过度自信可是出了名的。但是流程的自动化仍然会给他们带来巨大的好处。首先，他们的专家身份被认同。其次，他们可以真正投身于那些需要他们专业知识的案例中，而不是陷入那些曾经占据了他们大把时间的很无聊的标准化政策引用中。他们还可以接触到科技和保险业的前沿领域。或许最重要的一点是，他们仍然有工作。

但就像所有其他人一样，参与者也无法保证自己可以被长期持续地雇用。计算机"克隆人"确实拿走了他们工作中的常规任务并且让他们有机会从事更有趣的工作，但是参与者同时也被赋予了去寻找自身价值新来源的职责。其中一个关键来源就是帮助计算机发掘它们自己更加擅长的工作。参与者必须动用每一个脑细胞才能把智能增强过程向前推进，让系统在决策过程中变得更快、更便宜，而且更准确。这是参与者角色的核心使命。

我们已经定义了参与者们所做的事。但他们不做什么呢？而且参与者是如何和本书介绍的其他角色相关联的呢？

- 他们不是那些需要决定什么应该被自动化，什么不该被自动化的老板。
  这主要是全局者的工作。参与者只是参与者，他们并不管理做事的人，
  但可以被看成是完成工作并且管理做事的计算机的人。

- 他们不是开发系统的程序员，那是开创者。参与家的任职者可能也会协助配置和调整系统，但他们不会花大把的时间写代码。
- 他们不是决定系统是否可以被成功构建的研究者。参与者的角色是实践者。这份工作需要在日常工作中使用自动化系统。

当然，参与者和我们在其他章节中谈到过的其他角色还是有一些重叠的，比如我们在第 2 章中谈到的丽莎·图尔维尔。有些管理者可能会结合全局者和参与者的职责，这些管理者中的有些人可能还有能力去构建系统，并且会偶尔为之。他们中的另一些人则可能会对自动化系统做一些研究，比如在医疗卫生行业，我们发现最有可能参与的医生都是那些在医学科研中心工作的人。他们经常利用自动化系统进行临床试验，然后再把疗法融入到日常行医的过程中。

纽约的一位皮肤科医生多丽丝·戴就是这种现象的典型代表。她是她所处的领域中最早采用 Melafind 的人，这是一种用于检查皮肤损伤并确定其癌变可能性的自动化工具。这种设备会发射出几种不同波长的光，从而可以观察到表皮下的情况。这种诊断工具让她可以轻松地评估那些不确定会演变成癌症，但也不确定是良性的皮肤损伤，也就是那些让她心存疑虑的伤口。因此，活组织检查的需求就更少了。一个被鉴定为癌症可能性低的损伤对于病人来说也是一种安慰。戴医生在她日常行医时会为患者使用这种工具，她同时也和纽约大学朗格尼医学中心（NYU Langone Medical Center）一起在她的工作中对这个设备进行临床实验。

人与机器的桥梁

从最简单的层面来说，参与者就是让自动化系统运行起来。他们可能会在自动化初始安装时协助配置系统。他们会观察初始决策，判断这些决策是否有效。为了检测决策是否明智，他们会开发出测量系统持续性能的方法。而且当系统需要改变时，他们会修改系统。他们在观察这些系统之外可能还有其他工作，也可能没有，很多人也会处理对于自动化系统来说过大或过于复杂的案例和决策，但是他们肯定至少曾经做出过今天由计算机做出的决策。

他们可能会在不同的背景下完成工作。有些人，就像迈克·克兰斯一样，在组织内部工作或者为组织咨询如何部署和调整自动化系统，这些来自供应商的系统很少能够满足"开箱即用"的需求。因为每个组织做决策的方式都不同，所以他们需要把具体组织想要使用的具体规则或算法放进系统中。而这些决策标准，特别是如果这是一个首次使用的自动化系统，一般不太可能会出现在一张纸上，它们不会是那种只要去文件柜里找，就能轻易拿到的资料。这些标准存在于专家的头脑中。提取信息并且让信息成形并不是一项简单的任务。在专家系统早期，从事这些工作的人被称为"知识工程师"，现在这些人仍然是参与者角色的重要组成部分，他们自己可能就是专家，或者会协助把从人脑中提取出的专业知识注入到机器中（我们希望这是以一种巧妙并且婉转的方式完成的）。只有既熟悉那个待自动化的领域，又理解自动化软件工作方式的人，才有可能完成这项工作。

既然参与者是系统和业务之间的联络人，他们也可能会向和系统一起工作的人传授系统的工作方式，以及对系统进行干预的合适时机。我们采访的参与者模范之一就是安迪·齐默尔曼，他在布鲁克林的公立中学教数学和科学。他告诉我们："我感觉很多教育软件都不是教师设计的。"所以理解这些软件的人可能

人类工作的未来
ONLY HUMANS
NEEDAPPLY

需要对那些不理解软件的人进行指导。这不仅仅是交流技术细节的问题，也是激发人们对软件的热情的过程，因为这些软件可以让知识工作者的工作更加轻松。当然，对于那些能够取代知识工作者的软件来说，要让人们在谈论这些软件时燃起热情可能会很困难，也很敏感。

参与型实践者经常是自动化系统与人类进行沟通的界面。因为大部分系统无法清晰地解释或解读自己的决策，所以这个任务常常会落在人类头上。例如在保险承保业中，参与的承保人经常要承担起和保险代理沟通的责任，他们需要告诉代理为什么一个保险单被接受了或者被拒绝了。情况通常都是后者，很明显，当人们获得自己想要的东西时，就不那么需要解释了。

凯文·凯利（Kevin Kelley）是一家大型保险公司预测分析部的负责人，该公司的专长是财产和人身保险。他告诉我们，他必须给代理讲一个他们能理解的故事，尽管做出决策的模型可能非常复杂。凯利说：

> 我们公司的承保人都是专业人士，他们需要获得更多信息才能有效地和生产团队沟通决策。我们提供的原因能让他们理解自己所处的状况，特别是当信息是负面时。他们不能只参考一个黑匣子。我的雇主的代理都是独立的，他们可以把雇主的业务带到各种各样的公司中去。所以承保人需要和代理直接沟通承保决策的结果，并且努力让结果具有正面意义。如果他们需要拒绝一个保单申请时，他们可以说："如果你能为我们带来这样的生意，将会取得极大的成功。"或者可以说："我们虽然拒

绝了这笔生意，但是总体上，我们接受了你带来的 85% 的申请。"

虽然凯利的公司的模型正在变得越来越自动化，但是现在还没有任何一种自动化方法可以鉴别一个代理关系中的所有正面形势和成功模式。只有人类承保人才能承担这个角色。凯利说："我们需要的不仅仅是模型得出的数字，还需要从模型中找出信息并将其传递给受它影响的人。"

有一些参与者还会避免各类问题的发生，比如糟糕的系统设计、故障，或者对系统的恶意入侵。要想了解系统什么时候运行正常，就需要知道它什么时候不正常。一位熟练的自动化系统看管人可以看出结果何时超出了预期范围。

参与者可能还需要在工作中和供应商密切合作。很多我们采访过的人都说，他们很大一部分时间都在担任这种角色。沙恩·赫里尔是赛仕软件研究所的全球搜索项目经理，他在工作中需要广泛地参与到数字营销自动化程序中去，使用系统，而不是开发系统。他说，他很多时间都要和自动化软件供应商一起工作。他要和数量多得难以置信的营销和"广告技术"供应商进行合作，而关于他所面临的挑战，他说：

> 我尽力去审查尽可能多的功能，但是当我发现了具有前景的功能时，评估才真正开始。我会"掀起软件的面纱"，试图找到软件的功能以及它与我们的营销和技术目标相匹配的方式。有时甚至需要 6 个月的时间才能完整地评估新软件。我也会参与一些供应商的客户咨询会议……如果我找到了有用的东西，就可以向全球范围内的所有 SAS 营销者传递信息。最终，我的责任是发现技术如何才能帮助我们成为更好的营销者，以及如何才能提高客户体验。

身为教师的安迪·齐默尔曼说他要花很多时间和供应商在一起。"很多软件很新，"他说，"而供应商并没有怎么在学生中测试软件。我会告诉他们，当软件被一屋子的七年级学生使用时，情况是怎样的。"对于任何供应商来说，这都可以激发起令人清醒的思考。

对于这些参与自动化技术的人来说，一个很明显的事业选择方向就是为这类技术的供应商工作。那些真正构建新软件的人总体上都属于"开创者"的类别（见第9章），但对于参与者擅长的客户咨询和客户支持来说，还是有很多机会的。齐默尔曼说，到了一定的时候，他会考虑为供应商工作；他认为，拥有一位曾广泛使用过教育类软件的前任教师，对于很多供应商来说可能都会是一个不错的选择。

沙恩·赫里尔说他在考虑为一家供应商工作，但是现在，他很喜欢能和多家不同供应商的工具打交道，如果他被供应商雇用的话，就只能使用一种了。他曾经因在功能和可用性方面考虑周全的反馈被几家供应商赞扬过，这些反馈最终改善了供应商的平台。确实，系统在组织内部运行的大量真实反馈对于一家供应商来说是非常重要的。

最终，参与者还是各种类型自动化技术的整合人。鉴于现在人工智能所固有的狭窄特质，即每个程序只能完成一种决策任务或自动化任务，这些自动化专家必须跨越各种工具和内容来源才行。

齐默尔曼提供了一个使用广泛的工具箱的例子。他所在的学校是最早采用"学校一体化"（School of One）的教育机构之一，这是一种自动化"适应性学习"工具。该工具能确定学生对一个特定科目的掌握程度、向他们提供的相关教育内容，并且评估他们是否学习了新知识。这是一种能够单独对待每个学生的绝妙工具。但是，这种工具不见得能够满足教师的某些更加微妙而复杂的需求。齐默尔曼和他的同事合作（他在一个6人小组中进行教学）进行评估并且采用了针对某种具体目的的新技术。他们为可汗学院加入了备选适应性学习平台（可汗的教学内容也在"学校一体化"平台中）、为学生行为管理系统加入了教师家长互动交流平台 Class Dojo、为学生写作工具加入了 Google Classroom、为快速学生投票系统加入了课堂应答系统 Socrative。他们还为了能在没有平板电脑或个人电脑的情况下进行快速学生评估而加入了 Plickers。

赫里尔也跨越多种自动化工具扮演着整合的角色。他的工作涉及各种数字渠道：展示广告、视频、搜索、社交媒体等。赫里尔发现，跨渠道工作是一件很有趣的事，但每种渠道都有自己的自动化方式和工具集。展示广告使用"计划性购买"。对于视频广告来说，赫里尔使用谷歌的 YouTube 广告平台。他还使用另一种平台来自动化跟踪和报告搜索引擎优化（Search Engine Optimization，SEO）。赫里尔还有一套用于跨越谷歌、必应以及雅虎的搜索广告工具。在这些针对渠道的自动化工具之外，他还使用支持"报告自动化、自动化 URL 处置、批量修改、播放时间划分、跨渠道的平台、计划操作和出价能力"的跨渠道平台（根据该供应商的网站所说）。简而言之，整合也是赫里尔身份的一部分。

你是天生的参与者吗

有些人似乎生来就会参与，其他人则需要在事业方向上自己做出选择。如果你生来就适应这种角色，可能已经和某种形式的信息技术共同工作过一段时间了。你可能在学校时就对技术感兴趣，而且可能醉心于能和技术相伴的事业。在自动化技术来到之时，你就已经准备好参与并帮助你的组织面对自动化带来的挑战了。

拉尔夫·洛西就是这样的人。他是一家大型劳动就业法律事务所杰克逊·刘易斯事务所（Jackson Lewis P.C.）的高级合伙人。洛西在 1980 年，也就是在计算机化法律研究刚刚起步时就成了律师。他一直都是一位计算机爱好者，在从法学院毕业之前的几年中，他还是一位游戏玩家，很快被计算机化的法律这种变革所吸引，并且帮助他的案件团队找到任何他们所需要的法律或文件。后来，他变成了一名商业诉讼律师，但是他一直没有停止涉猎计算机化法律研究的相关知识。自动化技术"电子取证"在2000年左右出现了，这种技术可以自动整理上百万份文件，来确定哪些材料和某个特定法律案件相关。当然，洛西准备好了。他逐渐成为这方面的专家，并且最终放弃了商业诉讼的工作，从此成了专注于电子取证的全职高级诉讼人。他既帮助客户，也帮助其他律师规划并解读电子取证程序的结果，这些结果主要被用于决定哪些文件应该读，哪些文件应该转交给案件的另一方。

他所做的远不止根据电子取证结果建立案件策略。在为客户和公司提供这些方面的帮助之外，他还写博客、在法学院教授电子取证课程（大学中这样的课程仍然相对稀少），而且他还被广泛地视为电子取证领域的领军人物。我们确信，无论何种自动化技术进入法律领域，洛西都会在早期成为这些技术的专家。

另外一种选择，即面向自动化技术的事业转型的代表人物亚利克斯·哈菲兹也来自相同的电子取证领域。虽然哈菲兹仍然处在自己事业的初期，但是无疑他已经成了电子取证方面的高级从业者。哈菲兹告诉我们，他一直以来都喜欢"鼓捣"东西，并且在个人生活中使用了大量的技术及产品。哈菲兹在事业初期却没有应用与工作相关的技术。他上的是一所被他形容为"二流"的法律学校，而且在那里还没有学习过电子取证。但是他很快就在一家主流法律事务所成了一位走合伙人路线的高薪知识产权律师。然而，他在大法律事务所中的事业被经济危机冲垮了，后来就被公司裁掉了。

接下来该做什么呢？哈菲兹选择了一种常见的法律职业策略，就是进入"合约文件审查"状态。这种任务说的是，为了确定大量文件（邮件、备忘录等）是否跟一个案件有关，需要工作人员把大部分文件都扫描到计算机中供有需求的人来浏览。所以，这是一种劳动密集型工作，这种工作的薪酬是每小时 30 美元，但是大型法律事务所要收取 300 美元的报酬，所以对于商业诉讼公司来说，这是一种相对有利可图的买卖。

作为一个合约文件审查人，哈菲兹忙得不可开交，但同时他也获得了一份不菲的收入。可是这份工作为他带来了两个问题。首先，这种任务让人心烦意乱，在工作时只有听有声小说，他的大脑才会得到一点缓解。其次，他很怀疑合约文件审查的未来。他听说过电子取证软件，并且开始思考这种工具是否最终会让他失去工作。所以哈菲兹决定在机器全盘接管之前先发制人。他的目标是把自己变成一位电子取证专家，于是他开始参与一系列的教育活动：

- 他放弃了有声小说，开始在工作时听关于电子取证的播客；
- 他阅读了《完全傻瓜指导系列：电子取证》（*e-Discovery for Dummies*）（是的，真有这么一本书）；
- 他花费 3 000 美元参加了长达一周的"乔治城电子取证培训学校"，同时还放弃了每周 2 000 美元的收入；
- 他参加了由电子取证软件供应商举办的管理员资格认证项目，他感觉这项活动很"无聊"，但是"信息量极大"；
- 他雇用了一位简历咨询师来提升自己的书面简历质量，并且注册申请了一个电子取证招聘服务。

这个故事的结局确实不错。哈菲兹找到了一份高级电子取证项目经理的固定工作，而雇主是电子取证领域的一家大型供应商。他成功地参与了大型电子取证项目。他不仅能使复杂的逻辑搜索字符串连贯起来，还能向更高级别的自动化推荐更精细的分析和"预测性编码"软件。就像很多参与者一样，哈菲兹尝试并整合各种不同的软件工具，并且和供应商紧密地合作。

哈菲兹的故事说明，智能增强对于任何肯花时间去努力适应一种全新的由自动化驱动的领域的人来说，都是一种可行的前景。需要的知识就在那里，要想掌握它，你需要的只是足够强的主观能动性。

还有一点需要指明的是，哈菲兹根本不需要再花费两年时间回到学校去学习新知识。他只需要为已有的法学院背景添加几门专业课程或几种自学阅读材料，而且他在工作中已经学到了不少。如果想要创造出更多的强化型人才，相比于设立大量重复性训练项目，我们认为这类"教育拼装"，即"为已经存在的东西建设或创造更加多样化的培训"，将是最为常见的做法。除了这种天然型和改造型之间的区别，参与者之间还有其他几种差异。

有些人的背景偏技术，另一些人则更偏向业务；有些人在公司内部工作，而有些则是在咨询公司或为供应商工作；有些人实际上从事监控和管理自动化系统的工作，而有些则在管理完成这项工作的人。既然"参与自动化系统"在大部分组织中都不是一种公认的工作类别，那么我们也就不应该在看到这种工作执行者身上的种种差异时感到奇怪。

做到热情和投入

虽然参与者各异，但他们却拥有一些共同的关键属性。首先，他们的大部分工作都不是由正式工作分配驱动的，而是由热情与投入驱动的。而且正如我们之前所说，既然参与角色在组织结构图上还不存在，那么从事这份工作的人通常都有其他正式职务。当然也有例外，比如拉尔夫·洛西的工作和他的法律事务所之间的关系在经历了演化之后，现在他的主要关注点在与电子取证工具和策略相关的工作上，即便如此，他在很长一段时间里都是基于自己的热情在工作。

所以很明显，我们希望参与者都具有热情和投入精神，但是具体对象是什么呢？**参与者共有的一个属性就是拥有学习的热情，以及把知识发掘出来的意愿和能力。**因为学校大部分成型的教育计划还没有真正讲到自动化解决方案，所以从很大程度上说，这些人在受教育方面，都是自我导向的。尽管他们有强烈的学习欲望和动机，但他们并不认为学习应该是填鸭式的。

自动化解决方案专业目前还没有硕士学位，也没有任何法律学位有电子取证这么一个细分的专业方向。甚至要想在大多数大学中找到这类主题的单独课程都很困难。但是就像哈菲兹的事业转变所说明的那样，在准备参与相关工作和事业的过程中，合适的教育资源是一定可以找到的，只是现在这些资源还没有被简洁明了地整合起来。参与者需要自己找出并且拼凑起他们在工作中所必需的知识和训练。而且正如我们在上一节中指出的那样，很多学习过程都是在工作中进行的。

这其中还有一个关键点就是信息技术。我们采访的所有人对于学习新技术，以及在自己的工作和组织中应用新技术都有着明确的热情。在很多情况下，他们对于在日常生活中运用技术也充满热情。电子取证律师洛西是一位热忱的电子游戏玩家，甚至还是创造者；哈菲兹称自己是喜欢"鼓捣"的人；赫里尔说："我的内心是一个技术极客。"幸运的是，在这个特定的历史时刻，还有很多人对科技也表现出了这种程度的热情，所以应该会出现很多未来参与者的候选人。还有一点很重要，那就是不要被自动化或分析法吓倒。

参与者通常不会构建整个系统，但他们需要熟悉系统的运行方式，而且他们有时可能还得会修改自己所使用的系统。这并不需要一个物理学或数学方面的学位，需要的只是一种打破砂锅问到底的精神。例如，爱德华·纳德尔最近刚从大学毕业，目前在一家互联网创业公司工作，该公司能够让顾客轻松地向彼此转账。纳德尔的职位是风险负责人，他之前在另一家互联网创业公司 Square 有一份类似的工作，现在的职责是监控自动化风险管理系统，并且确定是否应该批准一笔可疑的转账。纳德尔并没有亲手构建公司用来监控风险的自动化系统，但他知道系统用于给转账评分的因素及条件。如果他认为自己看到了一种假阴性或假阳性的分数模式，就会做一些数据的快速分析，通常使用查询语言 SQL，从而确定到底发生了什么。然后他会和公司的数据科学团队一起讨论结果，而这个团队就会据此构建并修改系统。为了完成工作，纳德尔需要学习数据团队用于描述风险管理系统，以及公司用于描述风险数据的语言。

纳德尔并不是一个数学或统计极客，他在大学时学的是历史和法律。但是他感觉自己对历史刨根问底的精神驱使他有欲望去理解风险交易所涉及的知识。这是一个重要的角色，因为就像很多其他参与实践者一样，他是自动化系统和顾客之间的交互接口。没有顾客喜欢交易请求被拒绝，而纳德尔又是一个勤于找到答案的人，他并不相信计算机总是正确的。如果被科技和自动化答案吓倒，他就无法成功地履行他的职责。

另外一种面向科技的热情来自业务或组织背景下的系统应用。这些人不仅比普通人更极客，他们还花时间和精力思考该如何运用科技来教育孩子、解决客户的法律问题，或者让更多潜在客户来看数字广告。请记住，"紫人"之所以是紫色的，是因为他们是蓝色（技术）和红色（业务）的混合体。或者从颜色上来说也可能是倒过来的，但是无论如何，他们都是一种混合体。

这种组合的一个绝妙例子就是美国施耐德公司，该公司是北美最大的公路运输、物流以及联合运输服务供应商。这是一种复杂的业务，他们每天要移动将近 1.8 万车的货物、调用 1.3 万名司机和 5 万个拖车／集装箱。为了能够管理和优化如此复杂的业务，施耐德公司在过去的几十年中部署了各种类型的分析型决策系统。分析正在变得越来越自动化，从指导是否接受订单的决策，到推荐最佳行驶时间并自动匹配货物和司机。每一个小时，施耐德公司的计划系统都要评估司机们在未来数天内的上百万条驾驶路线。

施耐德公司系统的一位参与者就是特拉维斯·托伦斯。他是亚特兰大的施耐德"联合运输调度分析师"，他做这份工作已经有几个年头了。在他任职期间，施耐德引入了新版本的调度优化系统，叫作短程运输优化者（Short Haul Optimizer，SHO），该系统可以把集装箱装载工作和可用司机相匹配。托伦斯的工作就是和 SHO 系统配合，一起调度他所管理的市场。他的责任还包括监控系统的性能，并积极向运营研究团队提供用于改进 SHO 算法的建议。托伦斯在这份参与工作中表现得游刃有余，因为他有一个主修物流和信息系统的商业学位。

托伦斯只是待在那里，观察机器工作吗？并非如此。尽管系统确实让他的工作效率更高了，现在他每天利用系统能调度约 75 位司机，这是他以前工作量的一倍，但是仍然有无数个任务，而这些任务只有聪明人才能完成。

这其中最大的一个问题是要保证系统中信息的数据质量。优化系统通常都会产生不错的结果，但是系统也需要正确的数据，包括司机是否真正可用、他们需要驾驶多久、火车的真实到达时间、坡道拥挤程度，凡此种种。所有这些信息都对应着具体的系统，但真实情况往往和系统所显示的有出入。

例如，在一个普通的日子里，托伦斯早上可能会先看一眼 SHO 系统今天的推荐。随后他会检查数据的质量和实时性，特别是要考虑司机的情况。他可能会联系一些司机，建议他们调整自己的可用时间，从而让系统根据已有装载量做出更合适的分配。他也可能会联系客户服务，查看是否有顾客愿意接受更灵活的递送时间。他也有可能会监控交通信息和天气情况，来确定驾驶时间是否合理。他还可能会检查出货的整体情况，从而确定斜坡上的拥堵是否构成问题。

托伦斯在 SHO 系统部署之前就已经从事这份工作了，而现在他的角色有了天翻地覆的改变。即使一些关键决策（至少是一些初始分叉点）是系统来决定的，但是他说这份工作绝对比引入 SHO 之前更有趣了。

> 你不会再因为一车货物无人照看而陷入困境了。这让我有机会去探索这个过程中的其他方面，并且学习更多的数据输入方式以及让数据更准确的方法。因为我现在不用再看管每车货物了，我可以着眼于大局。

就像托伦斯在施耐德公司的工作一样，即使自动化系统自动运行了（假设可以在没有人类干预的情况下工作），人类却仍然牵涉在这类系统的每个案例中。有了自动化放射系统，放射科医生也没有消失。法务自动化正在飞速发展，但是仍然存在律师职位（甚至还不少）。而任何参与自动化系统的人同时也会带着人类的工作态度、行为、偏见以及认知。

和这些人打交道的关键，在于要向他们解释自动化决策系统是如何做决定的。作为组织和系统之间的主要接口，参与者需要为决策的合理性和有效性提供解释和保障。因为很多自动化系统都有"黑匣子"部分，而这部分系统中的规则和算法对于非技术背景的使用者来说，要么太复杂，要么太难以接近。

参与者同时也要有改进的热情。这通常意味着他们要以一种有头有尾有步骤的方式聚焦于已经定义好的工作流程。这就要求他们应该面向评测，评测决策的制定方式，以及自动化干预前后对决策造成的影响。因为通常都是参与者在确定系统是否在有效地工作，所以他们需要时刻度量系统的结果。事实上，甚至有人会说参与者必须是关注度量的分析型人才。自动化的目的在于提高性能，至少在大部分案例中确实是这样。而自动化系统的供应商告诉我们，不能低估客户对性能报告的需求，而且不同客户想要的是不同类型的分析和报告。

一般来说，生成报告并且把报告提供给系统使用过程中所涉及的各种利益相关人的，正是参与者员工。

最后，参与者必须拥有变革的热情，跟上变革、创造变革、适应变革，并且还要帮助其他人适应变革。因为和他们朝夕相伴的技术每天都在改变，所以他们必须习惯于这些改变以及它们所带来的影响。正如我们所强调的，知识的自动化和面向决策的智能系统可能是人类有史以来最重要、同时也是最具颠覆性的变革之一。如果没有面向改变的各种努力，比如传道、关怀、迭代、替代，以及很多其他行为，这一切都不会顺利进行。而今天的参与工作甚至很可能也跟明天的参与工作大相径庭。

未来是光明的

我们认为，任何有能力参与自动化决策系统的人都应该去做参与工作。总体上来说，这个群体的未来是非常光明的。这就好比如果我们正处于工业革命的早期，对于发明家创造出来的动力织机和多轴纺织机来说，参与者就是那些数量有限的机械师。那些知道如何安装、运行以及维护这些新机器的人将会供不应求。任何具有相关视野和能力的人在今天都不愁找不到工作。

或许我们还应该抱怨"STEM 毕业生不够多"。因为至少在美国，现在还没有足够的人才可以用来填补未来参与者角色的空缺。加深对目前已有的这类工作的理解可能会吸引更多的学生加入到这个领域。虽然拥有 STEM 领域的学位并不是能够出色完成这些工作的必要条件，但你也不能对 STEM 持不屑的态度，至少这个领域中的某些课程还是很有必要的。

对于未来的参与者，我们确实还有一点担忧，而且我们在讨论保险承保的案例时就已经想到了这一点。很多人被选中并成为参与者角色的理由是，他们曾经是那些待自动化的工作领域的专家。他们是经验和知识都很丰富的承保人、营销者或者会计师。他们曾花费时间和精力做出非自动化的决策，因为他们非常擅长这份工作，所以他们才被授予参与的资格。

但我们经常听说的是，正因为有了自动化系统，公司已经不再需要雇用入门级的工作者了。计算机会完成入门级的决策，而高级人才则会参与进来和智能机器一起工作。如果未来的参与工作者无法从入门级的工作开始，他们将如何才能成长为参与者？

从某种程度上说，上述这种状况可能就是今天劳动力市场中整体入门职位缺乏的原因。莱斯利·米特勒（Lesley Mitler）是一家致力于训练人们如何获得入门级工作的公司的负责人，他在一篇博客文章中说到，入门级的工作已经不再是入门级别的了：

> 看看任何入门级工作招聘公告中关于任职资格的部分，雇主们都说应聘者需要至少一年以上的相关工作经验。要求刚刚走出校门的人拥有至少一年的工作经验，这样做真的合理吗？

我们似乎已经用自动化取代了传统职业阶梯的前几阶。我们在对人类长期占据的常规化工作进行自动化的同时，人们获得关键"软技能"的渠道也随之被消除了，而这些技能正是处理客户关系以及在大型组织工作时行之有效的能力。雇主可能不愿意再雇人来做可以被轻松代码化的工作，他们想要以普通的方式，高质量而且快速地完成这部分工作。

资历老一些的人在回望自己曾经爬过的阶梯时将再也找不到最初的那几个台阶，他们在现在的工作中依靠的是判断力和战略思考能力。博物馆馆长看到博物馆讲解员被机器人、查询机以及耳机导游所取代；联合国的口译员看到翻译员被谷歌翻译所取代；建筑师看到初级建筑师被 CAD 软件所取代；律师看到初级律师被电子取证软件所取代。当年轻人询问这些"老资格"关于如何起步的建议时，他们根本无法帮后辈们找到第一个落脚点。

这个问题虽然也适用于我们描述过的其他某些智能增强类角色，但在参与角色身上，这个问题却尤为明显。我们不知道教育机构将如何为学生提供公司在参与工作中所需的专门知识，特别是当大部分大学在教授学生当代自动化技术上尚有难度时。因为教员也没有接受过相关培训，所以他们也无法真正向学生们传授这些知识。而这对于今天的数字营销和自动化营销技术来说，将是一个大问题。市场对这些知识的需求很大，但是很少有学校能教授这些。对于某些学校，比如一些声名显赫的法学院来说，还有一个问题，就是他们认为自动化技术不够学术，所以也不值得学习。

为了能在事业早期就进入参与者角色，学生需要在学校尽力获取尽可能多的知识，并且在实习期间接受尽可能多的在职培训。或许聪明的雇主会为选中的新雇员建立带有具体目标的训练项目，从而帮助他们进入参与者角色。时间会证明一切，但是如果不马上采取行动的话，这个问题将成为很多组织的隐患。

一个**参与者**的自我养成路线图

◆ **如果你具有以下特点，就有可能成为参与者：**

- 你首先是一位商务人士或者专业人士，其次是一位自动化／技术专家；

- 你可以被形容为"紫人"，为技术能力和业务或组织的需求之间搭建桥梁；

- 你既善于和硅基生命连接，又善于和碳基生命配合；

- 你不是一位全职技术专家，但你紧跟信息技术的发展而且完全不会被其吓倒；

- 你愿意学习很多自动化系统的工作逻辑，以及一点关于它的编程知识；

- 你愿意为其他人类翻译一个自动化系统做出的具体决定；

- 你现在不是，以前也不是机器人、人形机器人、自动机、计算机化身，或者半机械人。

◆ 你建立参与者技能的方式包括：

- 在大学学习计算机科学课程；

- 在线上课程中学习机器学习和人工智能；

- 上课、听在线研讨会，以及阅读供应商的白皮书（该供应商已经把认知技术卖到了你所在的行业）；

- 与认知技术开发者谈论他们的系统；

- 以关键业务流程为主题，采访你组织内部的专家；

- 研究自动化决策的产出并练习及尝试对其进行解释。

◆ 你可能身处于：

- 自动化已经紧紧抓住了的工业和商业；

- 信息密集型业务和职能；

- 激进地使用技术的组织；

- 正在经历很多变化的业务或专业；

- 领导和同事都欣赏新想法和新技能的环境。

07

生存策略四：专精

找到那个没人想自动化的领域

ONLY

HUMANS

NEED

APPLY

这是神奇的大自然的怪癖之一，每隔48年就会分秒不差地出现一群似乎不知道从哪里来的黑老鼠，它们的目的就是毁坏印度东北地区的庄稼。在米佐拉姆邦（Mizoram）的偏远乡村，直到下一次收获前，大部分农民种植的作物都只能勉强满足家庭的需要，老鼠带来的经济影响从附近的丘陵地区蔓延开来，情况非常严重，农民的心情可想而知。虽然这种老鼠数量爆炸的现象早就有人注意到了，而且随之而来的经济崩塌（恢复到以前的水平）和附近竹林的开花又恰好同时发生，但这种48年的间隔性灾难让人很难理解这一切到底是怎么回事。

这就是肯·阿普琳（Ken Aplin）的登场时机。阿普琳是一位动物学家，啮齿动物是他的特别关注点，在啮齿目动物中，他又特别关注老鼠。所以当他听说了mautam现象（意为"竹子死亡"，因为老鼠要吃很多竹子）以及该现象将会在2006年重演时，他意识到自己必须去。当日期临近时，《国家地理》杂志资助了他的研究并且派遣了一个摄制组。在纪录片的最后部分，我们看到了在夜深人静时刻的阿普琳，他的手电筒光线能在一定范围内捕捉眼睛的反光，他携带的传感器则会捕捉脚底下的动作迹象。

阿普琳就是我们所说的专精者，而我们指的并不仅仅是回避老鼠。对于某一特定主题来说，他知道得比任何人都多，而且我们中的大部分人对此基本一无所知。对于任何需要有关竹子死亡现象的全面知识的工作来说，他就是你要找的人。虽然阿普琳可能是一个极端的例子，但我们认为很多人都可以借鉴他选择这条道路。

在这个自动化不懈进攻的年代，有些人类工作却得以幸免，这些工作既不具有根本的情感属性，也不会因为任务的本质而不适合进行计算机化。事实上，这些工作之所以能够抵御自动化，原因就是没人能让这样的自动化符合经济利益。虽然这些工作在特殊情况下或特定时刻是至关重要的，但是这些任务极具专业化的本质又意味着，只要少数几个人就能满足全世界对该工作的需求。

请记住，设计和构建自动化解决方案是要花费资源的，虽然这部分成本在稳定地下降，却并没有降低到足以让人们对这笔花费感到无关痛痒。更重要的是，一旦一个自动化方法产生了，必须有相应的维护资源，特别是当需要新的发现或改进的协议参与到系统升级的时候。正如我们在第 6 章关于"参与"的讨论中所说的那样，只有具备某个领域的充足知识的人才能做到这些升级。但是在精细的专业领域中，这些人已经能完全应付这份工作了，所以他们也不太可能分配时间去构建和升级那些根本没有其他人需要使用的系统。

我们之所以用一位科学家作为开篇，并不是一个随机的选择，是因为对新科学发现的探索经常需要那些具有某个细分领域无可匹敌的专业知识的人。与此同时，专精也并不只是专属于科学家。投资银行家格雷格·凯里（Greg Carey）也属于这个类别，如果你想为一个新体育场募集资金，就需要他这样的专家；克莱尔·巴斯塔雷（Claire Bustarret）长年累月的经验让她对造纸技术有了深入的理解，如果你怀疑有人涉嫌伪造，她的价值就会显露无疑；凯利·福尔斯

（Kelly Falls）是 Hyperco 公司的总经理，你这辈子知道的关于赛车弹簧的所有知识还不如她忘记的多。

这些人是万事通的反面，他们中没有任何一个人能独自完成所有工作。他们热爱自己的工作，而且做得很好，而计算机则会默默走开，不再打扰他们。

反机器的经济学

之前我们写到过全局者所具有的优势，具体来说就是，全局者竭尽全力纵览全局，跨学科建立起广阔的连接，然后把具体工作留给计算机。我们在本章中提到过，从根本上来说，人正是全局者的反面。那么为什么这里也能成为人类就业的安全地带呢？

专业人士一直以来引以为傲的那些经年累月积累起来的广博知识，是可以被轻松地录入到数据库中的；他们丰富的社交网络也可以在互联网上进行复制；他们做出的决策通常都是严格基于规则的，甚至还遵循结构化的流程。按照这种理解，在很多情况下，计算机可以比人类大脑更快、更好地完成这些决策，当然前提是我们事先已经花费时间和精力把规则和数据都输入到软件中了。不过，还有一个问题就是，通常没有人愿意花费时间和精力来做这件事，因为这件事的投资回报率实在是没有什么吸引力，装配机器劳师动众，而购买者却寥寥无几。

为了能够说明今天在一个相对精细的领域中构建一个用于决策的人工智能解决方案的成本，下面我们引入了一个很不错的例子。

安德森癌症中心医务部是得克萨斯大学系统的一部分，2012 年，他们启动了一个应用 IBM 沃森技术的项目，用来解答针对白血病患者治疗方法的问题。在完全接入了医学文献和具体案例的细节之后，机器将能够制订出一套治疗计划，与对具体病例极其了解的肿瘤医生所制订的计划相比，机器的计划并没有太大出入。《华尔街日报》在 2014 年报道了这个项目，它是当时沃森参与的最大项目，花费了将近 1 500 万美元。在过去了两年之后，该系统距离生成它的第一个可用的治疗计划至少还有一年时间。据报道，安德森癌症中心医务部的主管们筹集了 5 000 万美元用于支持该项目的广泛改革。总体来说，IBM 希望沃森每年能够创造 100 亿美元的收入。如此巨大的数字说明了当 IBM 为沃森的第一个商业应用选择目标时，为什么瞄准的是医疗行业。

我们在医疗上花费了巨额资金，在美国的花费接近国内生产总值的 20%，医疗问题的发生概率又是非常大，所以在效率和服务质量的提升上，医疗行业有着巨大且又相当明确的潜力以及动力。如此庞大的初始成本障碍虽然在大多数其他行业看来是一块大得吞不下的药片，然而对于医疗行业，这个一直都是把成本转嫁给保险和雇主的行业来说，却是可以克服的。

不过，对于区分赛车弹簧、证明古老手稿年龄，甚至是筹集组织安排新体育馆建设资金的业务来说，情况就大不相同了。虽然修建体育馆的投资额巨大，但如果想把计算机应用到财务决策上，至少也要让格雷格·凯里的雇主高盛投资公司对那个系统满意才行。而且，正如我们将在下面讨论的那样，对于那些对精细领域足够感兴趣的人来说，这部分的知识工作仍然是非常多的，足以为他们提供生计。

我们并不打算去赞美科技的进军，对某些在过去由于成本原因而无法自动化的工作，我们也不打算因为它们现在的自动化成本降低而感到欢欣鼓舞。有些人虽然还保持着对自己已经掌握的专业任务的小小垄断，但现在很多这样的人都将面临计算机的威胁。确实，我们最近和 Blue Prism 的创始人阿拉斯泰尔·巴斯盖特（Alastair Bathgate）的谈话再次提醒了这种状况。他把"机器人"过程自动化卖给需要把常规后台进程任务自动化的公司，即使在这些组织中从事这部分任务的知识工作者数量并不多。我们之所以在"机器人"上加了引号是因为这是一种软件，而且在整个运行过程中，这个人类的替代品并没有物理实体。但这个词用得仍然恰如其分，因为我们在指导一个灵活的计算机程序与业务的主要信息技术主干系统进行交互，这个程序的工作就像是人类工作者所做的那样。

> Blue Prism 公司有一个来自英国合作银行的使用案例。它的雇主遵循着传统意义上的针对顾客信用卡挂失或报告失窃的一般程序。在通过和顾客进行 5 分钟对话收集完相关信息之后，客户服务中心专员会继续和不同的内部系统进行交互，用于处理类似取消现有的信用卡、在账户上录入说明、准备递送新卡等一系列事务，这些后续工作还将会消耗 25 分钟。在通过编程软件来完成这些略显单调而又重复的任务之后（用巴斯盖特的话说，就是投资机器人过程自动化），合作银行那些过去一小时只能处理两起信用卡挂失事件的专员，现在每小时能处理 12 起事件。

这是一个经典的自动化案例，但在这里我们想要强调的是它与其他案例的区别，这同时也是 Blue Prism 公司的业务越做越大的基础。这个区别就是，通过应用这种自动化方式，一个组织中的一个单独部门可以自行自动化一个进程，而且这不需要为企业的基础系统添加新功能，甚至也不需要 IT 部门的协助。正如巴斯盖特解释的那样，这种做法为自动化打开了一个全新的工作领域，这个领域中的工作在以前看来并不符合自动化的投入和产出的比。"我们发现，过去自动化有一个从来没有人想要处理的长尾。"他这样说。虽然在制造业中，机器人已经被大量地应用在重复性工作上，但是"文书工厂"却基本没有人动过。

"长尾"是这里的关键词，它是一种用于指代专业领域的时髦说法（再次重申，我们说的可不仅仅是老鼠）。如果你想通过专精的方式保住饭碗，那么就必须转移到你所在行业正态分布的最右端，在那里，事务的总数量会变得越来越少。而且，随着计算机在很多方面的逐渐逼近，你需要一直向前走，走的比自动化得推进线更远。

向专精化转移的另一个领域是，自动化程度越来越高的各种医药领域。在过去的几十年间，那些不想在夜间和周末都随时待命的医学博士毕业生选择了像放射学和病理学这样的医学专业。在过去，如果你不想在现实中和患病的人面对面，就应该选择这些领域。

然而现在，自动化威胁着这些工作中更加常规化而且更加赚钱的部分，比如乳腺癌的乳房 X 光片解读（美国每年要进行 2 000 万次）和宫颈癌的子宫颈抹片检查（每年 3 300 万次）。聪明的医生都转移到了那些不太容易被自动化的附属专业领域，比如结合了放射学和外科手术的参与放射学，或病理学中的细针穿刺（FNA）活检。尽管这些任务在未来的几年也可能会被自动化，但到了那时，肯定也会产生相应的附属专业。

所以我们相信，那些在经济系统中为自己开拓细分专业市场的人，可以继续在可预见的未来维持一份有丰厚收入的工作。这其中的一部分原因在于，他们所从事的工作需求量很低，所以他们可以垄断这些任务，同时他们还极为享受自己的工作，也不会为此收取暴利价格。另外一部分原因在于，他们作为自己行

人类工作的未来
ONLY HUMANS
NEED APPLY

业中的领先实践者，有动力也有机会不断越做越好，
而机器能做的顶多也只是奋力追赶。

别以为乔布斯不需要大学学位，你也不需要

有些人以让年轻人在机器时代找到工作为由，倡导他们要接受更多的正规教育，特别是 STEM 教育，我们之前已经抨击过这些人了，现在我们也不打算就此停止。研究院之所以臭名昭著，就是因为他们分裂学科并且把学生推向智能的细枝末节。就像那个老笑话所说的："关于越来越少的东西你知道得越来越多，直到最终你对一件无关紧要的事了如指掌。"职业之路变得狭窄并不是什么正确的方向，哪怕对于那些选择专精之路的人来说，也是如此。

基础教育的价值是一目了然的，即为了打好一个领域的基础。这里是专精者第一次发现他们兴趣的地方，而且他们在这里还获得了能够帮助他们在职业生涯中占据第一个落脚点的能力。但是在提供这些价值和能力之外，学校也经常不认同发展其他特长。具体缘由在于，课程表永远也不可能像学生所希望的那样专注于他们特别感兴趣的领域。由于这个原因，那些专精者有时在学校的表现并不突出，因为他们不知道自己为什么一定要掌握所有其他那些被算作"分类必修"的课程才能获得学位以及计入 GPA 的学分。

那些科目并不是他们的命运。这就是为什么我们经常会惊奇地听说某个领域"最伟大的人"竟然是大学肄业生。当比尔·盖茨和乔布斯上大学时，计算机科学虽然只是他们一学期所要学习的众多课程中的其中一科，但他们愿意投入所有的时间和精力；当马克·扎克伯格来到哈佛大学时，即便当时计算机科学已

经变成了一个炙手可热的专业，学校却仍然没有提供给他足够的编程课程让他持续地投入精力。

像这样的提醒则应该带有强制性的警告标签："别以为乔布斯不需要大学学位，你也不需要。"我们中的大多数人都会因自己资历中的毕业证书而受益。美国统计数据显示，大学毕业生的平均收入为 58 613 美元，高中毕业生则是 31 283 美元，而且据预测，那些通常要求高等教育文凭的职业的薪资，比不作要求的职业增长得更快。但是说了半天，我们的目的不是要告诉大家乔布斯成功了，即便他退学了。退学对于他来说是一个正确的选择，因为他已经知道他的优势和热爱的东西，也很清楚大学并不会加速他在这条道路上的前进步伐。

但对于很多人来说，他们的命运并没有那么清晰，什么是基础也并不总是那么显而易见。既然我们讨论的主题是开拓细分市场的人，那么就不得不谈到大卫·埃斯特利（David Esterly），他是现今世界上格里林·吉本斯（Grinling Gibbons）（1648 年 4 月 4 日—1721 年 8 月 3 日）风格作品最重要的实践者。如果不知道吉本斯，最好看看埃斯特利是如何总结他的：拥有英国非官方的木雕大师桂冠。吉本斯的毕生作品都以其高度凸显的复杂度和自然主义美感而著称，而他一生则一直奔波于各个负责装饰教堂和皇家宅邸的任命中。埃斯特利在近 30 岁时继承了这种传统，他当时并不知道自己将要从事手工木雕，更别说还要去实践曾经专属于某一个人的雕刻风格。那时埃斯特利的教育背景是哈佛大学的英语文学学士以及剑桥大学的博士，他的博士论文是关于诗人叶芝和哲学家普罗提诺（Plotinus）的。但当他发现了吉布斯的作品后便被其深深地吸引了，于是他开始用相同的风格进行创作。为了达到吉布斯的效果，他试验了各种技法，并且把自己沉浸在吉布斯的历史和他所处的时代当中。但是谁又能说他之前的正规教育是偏离航线的呢（虽然说博士可能是相对较远的一段路）？人文科学的教育基础能为一位工匠带来很多好处。

凭借专业身份所能够参与的最具价值的细分市场，通常都存在于两种广阔知识领域的交叉点，但是人们通常又不太可能把这两种学科都掌握。最近我们从纽约吧（New York City Bar）网站上读到了一篇文章，文章讲了 4 位律师的故事，这些故事所涉及的内容正如文章题目所说的那样，是"不同寻常，而且高度专业化的实践领域"。博雷尔和卢克曼律师事务所（Bohrer & Lukeman）的艾布拉姆·博雷尔（Abram Bohrer）在一个从事货运 / 运输的家庭中长大，现在他是航空法方面的专家。约翰·法比亚尼（John Fabiani）来自法比亚尼、科恩和霍尔律师事务所（Fabiani Cohen & Hall），他对关于马的法律非常了解，"从贵重赛马的保险问题到合伙人争端、虚假陈述以及利益联合投资"。而且，他自己也有好几匹赛马。斯塔西·赖尔登（Staci J. Riordan）来自福克斯·罗斯柴尔德律师事务所（Fox Rothschild），她曾在时尚行业工作过很多年，现在专攻时尚法。德鲁·勒瓦瑟（M. Dru Levasseur）从自己女性到男性的转变，意识到了基于性别身份的歧视，他是跨性别法领域最负盛名的从业者。

从很大程度上来看，如果你想找到属于自己的专长，就需要跟随自己的热情，这一点从来都是择业的重要因素。但是有些爱好却比其他爱好更容易成功，所以对你所选择的精细领域进行理性分析也是一个不错的筛选办法。你需要检验的就是看你是不是在"滑向冰球的去处，而不是在等冰球到位后再追"，就像是韦恩·格雷茨基（Wayne Gretzky）①经常说的那样。下

人类工作的未来
ONLY HUMANS
NEEDAPPLY

---

① 韦恩·格雷茨基是加拿大的职业冰球明星，得到 2 857 分的"伟大冰球手"，全球冰球传奇人物。——译者注

面这种情形或许会给你强烈的指示：你的服务有市场、有需求，提供该服务的人数还不多，而且这个领域也不太可能会被自动化。

　　虽然所有这些问题都需要去猜测，但你可以有根据地进行猜测。要预测你精细的专长是否有市场，你可能需要考虑宏观经济和人口趋势。例如，如果你决定你想要解决老年人在重新安置时的协助需求问题，你可能需要确定你所生活的国家是否有人口快速老龄化的问题，比如日本可能是最佳选择，但美国也不坏。如果你想要加入大卫·埃斯特利，和他一起制造用于西欧教堂的木雕，你可能需要考虑欧洲的现状，因为现在被改成托管公寓的教堂比投资重金进行装修的教堂还要多。

　　接下来就是关于你想进入的领域的拥挤程度问题了。美国劳工统计局或者其他国家的类似机构是否已经承认了你想从事的工作类别？是否已经存在该工作的维基百科条目了？当你在谷歌上查询相关信息时，是否已经有了很多结果？如果是的话，这些都是你独占该领域的不利信号。如果你在大学中能找一些课程（更惨的是专业），而它们所教授的内容正是你的专长，这也是不好的信号。但当你向父母解释你所选择的事业时，如果他们一头雾水，这可能是一个非常好的信号。

　　最后，你需要考虑，这个领域是否有可能被自动化。我们已经在这本书中提供了充足的线索，但是以下还有一些需要你考虑的其他因素。如果你的工作可以被外包到印度，那么它大概可以被自动化；如果你所做的工作不需要见人，那么它也可能会被自动化；如果你能写下从事这份专业所需要的知识和决策规则，那么可能也有人能把它变成软件。最终，如果有人为了能够自动化你的目标工作或者它其中的一些关键任务，已经创造了哪怕仅仅只是一个实验性的项目，那么你可能也需要从头开始，重新选择另一种专业了。

专精你的内核

让你的专长获得成功的魔法是，在瞄准了一个细分市场之后，从业者就开始进行深挖。再一次重申，这种细分市场经常处于常规研究和特殊爱好或兴趣的交叉点上。这同时也向专精者提出了一个特殊的挑战：**在"自己"这一个体对整体经济的贡献变得越来越模糊时，如何才能保持自己的"可发现性"**。在"边缘行业"出版作品以及在大会上演讲都是经久不衰的做法，即便你受邀进行主题演讲的可能性不大。但如果有人要你做主题演讲，这可能说明你的领域正在变得过于流行。

互联网已经对宣传和寻找深度专业技能的过程进行了革命。如果你是一位"一事通"，互联网的连接性和使用性不仅会帮助你加深专业知识，还会把你与你的顾客和市场相联系。网站、博客以及 YouTube 视频已经变成了能帮助人们寻找专业性比较模糊的专家的常用方法。eBay、Etsy 以及亚马逊则可以让人们轻松销售那些在以前看来定义模糊的产品。谷歌搜索当然是神送给专精者的礼物。

社交媒体和其他通信技术让精细领域的专家能够持续地学习新知识。一旦你向你的朋友圈表示出你对

人类工作的未来
ONLY HUMANS
NEEDAPPLY

马法（关于马的法律）感兴趣，你的朋友就会开始把任何他们看到的与此相关的东西传递到你这里。而作为回应，你会宣布你对这个项目进行了"接管"。与此同时，你自己也在做同样的事，即把项目推荐给你朋友圈中的其他人所组成的小网络，并且在他们的谈话中成了一位认真的参与者。于是你激活了某种良性循环。你变成了专家，因为你被看成了一位专家。

很快，当有人搜索"马法"时，你是第一个出现的人，同时还有"马法对策，即马到成功的法律顾问"，然后你会接到更多的案子。之后你又启动了一个关于你负责的马法案件的博客，将其命名为"马法博客"，上面有诸如这样的帖子"割草机惊吓马匹——佐治亚州法院撤销受伤骑手的诉讼"。你开始在事业中快马加鞭地向前冲。

这就是为什么反机器经济学的专长可以变得与人类友好。如果手工业者可以联系到足够多有兴趣的买家，那么哪怕是副业也能变成职业。把工作者和任务相匹配，或者说把问题解决者和解决方案寻找者相匹配的新就业市场，对于那些还不太明确就业方向的人来说可能是个坏消息；但对于那些充满激情的专家来说，却是一个重大的利好。　●　●

这种方式能让人在长尾中走多远？我们认为比较公平和客观的说法是："无限远"。我认识一位年轻的新手制片人，他希望能在纽约拍摄一个场景。对于他来说，找到合适的拍摄位置可能很难，但是找到一位能找到这种地方的人却很简单。尼克·卡尔（Nick Carr）的专长就是为各类电影搜罗位于纽约的最佳拍摄地点，他从事这份工作已经有 10 年了。

我的另一位朋友是一位 80 多岁的老人，他不想搬到养老院去生活。互联网上的一次搜索让他找到了有执照的"原居安老"专家，这个人帮忙重新装修了他的家。丽贝卡·斯科特（Rebecca Scott）就是这方面的典型，她曾作为室内设计师工作多年，随后她开始用自己的空间规划专长来解答那些更加特别的问题。

我的第三位朋友则是最近拯救了一只受伤的小狐狸。于是问题产生了：狐狸可以被驯服吗？你瞧，《西伯利亚时报》曾报道过："伊丽娜·穆罕默德希娜（Irina Mukhamedshina），24 岁，专业训犬员，她算得上是把狐狸训练为宠物的世界领先专家。"虽然这位大专家对于我的这位朋友来说有点大材小用，因为他只是想上一些课程，但我们可以肯定地说，在她所能触及的范围内，穆罕默德希娜女士已经稳稳地抓住了训练狐狸的市场。

10 000 小时的"刻意练习"

我们已经谈到过一些可以帮助专家加深专业技能的网络关系，这背后的方法是把专家们持续推向新发展的前进方向，以及该领域中的有趣问题。当然，专长中也有认知因素，要解决专业问题需要更多的是内在能力，而非外部资源。决定专注于一个精细且具有挑战的主题之后，如何才能达到精通的程度呢？

在亚马逊上浏览时，我们发现了一个人在出售一篇简短的文章，题目是《如何成为任何领域的专家》（*How to Become an Expert in Any Field*）。我们保证，之所以用这个例子绝不是因为我们买了他之前的作品《如何在 30 天内写一本书》（*How to Write a Book in 30 Days or Less*）。他开篇的建议是这样的：

首先，无论是谁都会告诉你，你可能需要"一段时间"才能被视为是你所在领域中数一数二的专家。但我们现在就告诉你，你马上就可以有所行动，不过可能需要一段时间你才能确立你在该领域中的权威地位。

具体多长时间？我将告诉你一个你不想听到的答案，但是这个答案百分之百准确：不一定！

好吧，这根本没什么帮助。我们现在要把《如何在 30 天内写一本书》清出购物车了。但幸运的是，在这个主题下依然还有很多高质量的意见资源。确实，在最近几十年里，如何获得专业技能已经变成了一个非常热门的话题（虽然都是些狭窄的专业），以至于在这方面已经涌现出了不少真正的专家。有趣的是，根据其中两位即《专业的本质》（*The Nature of Expertise*）一书的编辑罗伯特·格拉泽（Robert Glaser）和米歇林·希（Michelene Chi）的说法，他们的领域在 20 世纪 60 年代中期之所以开始了飞速的发展，主要是由于当时人工智能领域刚刚开始获得的一些进展。如果科学要让计算机变得超级聪明，它会先弄明白到底是什么让某些人超级聪明的。

如果要用几句话总结一下有关这方面的大量研究成果，我们能获得的最新、最实用的说法是：**当我们仰望某一具体领域的一位专家时，我们看到的并不是一个无可匹敌的旷世奇才。事实上，我们看到的是一个从一开始就具有明确的方向感，而且还在这条路上投入了惊人的精力并且坚持下去的人。他们的成功是把相关训练、刻意练习以及动机驱动结合在一起的成果。**这是迈克尔·豪（Michael Howe）的结论，他是一位致力于超常智能研究的认知心理学家。这个结论与赫伯特·西蒙（Herbert Simon）的著名推测遥相呼应。西蒙说，在成为重要学科的专家的过程中，学习者大概要接触到 50 000 个与此主题相关的信息块，要想爬上这座数据山通常需要 10 年时间。

如果你觉得这条"10 年专家"经验法则听起来很熟悉，那这就要多谢心理学家安德斯·艾利克森（K. Anders Ericsson）的不懈努力了。他一直在探寻专业技能实践阶段方面的普遍理论，他所涉及的领域包括"音乐、科学、高尔夫以及飞镖"。对于埃里克森来说，10 年左右的时间要求依据的并不是一个人需要接触的信息块数量，而是因为只有花费这么久的时间，一位有动力的学习者才能完成 10 000 小时的刻意练习。在他被引用次数最多的那篇论文中，他和同事总结了他们谨慎研究的成果：

> 个体区别与被评估的刻意练习次数或数量有着紧密的关系，这甚至在精英实践者中也是如此。很多被认为是反映了内在才能的特征，实际上都是持续了至少 10 年的密集练习的结果。

有捷径可走吗？根据计算机科学家艾伦·凯（Alan Kay）的名言"预测未来最好的方法就是发明未来"，至少还有一条路：你可以去开辟一个全新的领域。例如，在利用光催化复合材料通过太阳能驱动进行水净化方面，很少有比迪皮卡·库鲁普（Deepika Kurup）更加专业的人了，虽然她涉足这个领域的时间只有几年。她发明的这个系统为她赢得了 2012 年的大奖。顺便说一下，库鲁普还只是一个十几岁大的少女，所以她还有充足的时间和精力能让自己在这个学科中变得更加睿智。如果这个例子对于很多人来说太难重现，我们还能马上想到更多在最近几年中孵化出了新学科的人。在这些开创者中，我们想要提及的有：体育视觉分析的先锋之一柯克·戈尔兹伯里（Kirk Goldsberry），分子美食学之父（烹饪的新科学）赫维·蒂斯（Herve This），被他的杂志出版同人同时赞誉和辱骂为"原生广告"先驱的路易斯·德沃金（Lewis D'Vorkin），所有这些人都成功开辟出了新天地，而他们自己则成了这些领域的领先专家。

现在我们将要提到一个认知研究领域的大人物：米哈里·希斯赞特米哈伊

（Mihaly Csikszentmihalyi）[1]。在他为尝试理解产生创造力的条件而进行的大量研究中，他发现那些重要的突破倾向于来自那些在之前已经精通了一个基础领域的人。一部分原因在于，精通一个基础领域让他们拥有了想象新可能性的立足点；另一部分原因在于，其他人已经把创造者看作了大人物，因此那些新奇创造也就能更容易被接受。在大多数领域中，精通元学科需要花费很长时间。所以我们又回到了 10 年理论上。

但如果专精真的没有学习捷径的话，那么至少我们可以宽慰地得知机器学习也不会变得咄咄逼人。要理解这其中的原因，你可以思考一下计算机是如何通过诸如深度学习和神经网络这样的技术来获得智能的。就像咨询公司麦肯锡所指出的那样："这些技术让计算机能够从大量的数据集，从 20 年以内的法律案件到分子化合物如何相互反应的相关数据中识别出模式进而得出结论。"

对于人类来说，沿着专长的精细路径持续学习，通常并不是为了获得足够宽广的视角，从而能让自己在日积月累的大数据中发现别人没有找到的模式。因为如此之多的数据在大多数精细领域中根本就不存在。这种方式实际上更接近于牛顿站在巨人肩膀上的方法：凝视一个方向，然后试图看得比别人稍远一点。你需要选择的是一个现在还没有很多，而且在未来一段时间里也不会有太多数据的领域。**专精意味着你要在一个学科中持续深挖，并且在过去成就的助力下，通过实验机器根本不具备的专注思考力去学习下一样东西。**

幸运的是，互联网及其搜索工具已经让这种学习方式具有了更高的可行性。互联网可以让一个对某一领域感兴趣的人根据自己所选择的节奏来获取知识，

---

[1] 希斯赞特米哈伊是"心流"理论的提出者，积极心理学奠基人，创造力大师。推荐阅读其著作《创造力》。通过"心流"体验，杰出的开创者们才能在历经了痛苦的准备期、酝酿期之后迎来灵光一现的时刻，并用 99% 的汗水浇灌 1% 的灵感。该书中文简体字版已由湛庐文化策划，浙江人民出版社出版。——编者注

无论他离该领域中事件的发生地有多远。特别是，如果一个年轻人能在原有知识的基础上快速学习他所在领域的最新进展的话，他就有机会对这个主题进行更加深入的挖掘。

我们可以期待在接下来的几十年中看到很多由自学者带来的突破。甚至是在有互联网以前，有人也能自学，甚至成才。比如詹姆斯·卡梅隆（James Cameron），他是电影《泰坦尼克号》和《阿凡达》的导演。当他决定要进入制片行业时，从来没有被任何一所电影学校录取过。他回忆说：

> 我去南加州大学图书馆寻找毕业生写的所有关于光蚀刻、前屏幕投影或者染印的论文，任何关于电影技术的东西我都想看。如果他们让我影印一份，我会这么做，如果不让，我就会做笔记。

很明显，卡梅隆有着强烈的求知欲。但是想一想更多具有类似动力的人在今天能学到多少：他们拥有一座唾手可得的图书馆，而且还通宵营业，藏书更比以前的上千倍还多。

用技术专精你的领域

无论何时，如果你爱上了一种技术，这一定说明你被这种技术智能增强了。我们刚刚给万维网写了一首情诗，它和我们即将提出的问题有关：如果你选择在一个充满人工智能的新工作场所进行专精，你希望自己得到怎样的智能增强？本书的使命不仅是防止你的工作被机器掠夺，我们还想让它们为你工作。

网络的职责是向你的顾客传递内容和关系，在这种精神的指引下，你需要做的还不止这些。我们将提出三种用机器来实现智能增强的形式：

- 让你的学习更进一步、更快一步；
- 完成辅助任务，从而使你可以专注于更深入的研究；
- 促进你工作的各种联系，使其成为更大的项目。

首先，智能机器不仅能够通过向你提供充足的内容来加快你掌握所在领域的知识速度，还可以通过让你使用更好的教学工具来加快你的学习速度。"专长专家"安德斯·埃里克森提供了一个例子，虽然这个例子来自一个目前自动化正在大声叫门的领域：

> 数据显示，放射科医生根据 X 光片诊断乳腺癌的准确率约为 70%……想象一下，如果放射科医生不使用图书馆里已经获得证实的老病例中的 X 光片来练习如何做出诊断的话（他们可以马上就能知道自己是否正确），放射学的准确率能提高多少……对于精细模拟来说有一个新兴市场，因为这种模拟可以让专业人士，特别是在医学和航空领域的专业人士，用一种安全且具有适当反馈的方式进行刻意练习。

其次，能够在你的工作场所完成辅助任务的机器会增强你的工作效率，这让你可以有更多的时间和精力专注于发挥你所专长的特殊价值，并且把你的专长知识推向另一个新的层次。在我们写作本书之时，亚马逊刚刚发布了新产品 Echo，该产品也已经加入了正在逐渐壮大的"智能个人助手"产品队伍中，这里面包括了苹果的 Siri、微软的 Cortana 等。还记得本书一开始提到的"埃米"会议调度程序吗？这些工具会变得越来越强大，把更多的边角料从知识工作者的日常工作中拿走。

我们现在越来越依赖机器来完成过去由行政助理完成的工作，这算不上什么新现象。今天我们可以通过网站来完成旅行安排，而且这些网站也越来越擅长存储顾客偏好并且提供选择。语音邮件现在可以把音频信息转换成文本。通过 PPT，我们可以轻松编排演讲。大公司中已经没有人再手动填写费用报告了。

但是问题在于，公司在大部分工作场景中并没有选择使用这些有用的工具来平衡助理的时间，进而让他们去承担更高级别的任务。事实上，他们只是取消了行政助理的工作，并且把剩下的任务随便就推到了助理曾经辅助过的那个人的任务清单上，这有效地降低了他们最为昂贵的才能的使用率。于是，我们知道的所有专业人士都没有感觉自己因为这类技术而得到什么特别的强化。事实上，他们非常清楚地知道，他们有多少本来应该用在高薪工作（他们实际上也获得了这份收入）上的时间，花在了通常意义上的低薪任务上，他们在这方面的表现也不尽如人意。他们每天只能用更少的时间来完成自己特别擅长的工作，这些活动对于公司的成功又是至关重要的，他们也正是因此才获得了高薪。所以无论是他们，还是公司，都没有受益。

想一想事情在这之后将会如何发展。现在，既然行政助理已经离开了很久，任何对行政支持工具箱的进一步增强都会为提高个人生产力带来切实的帮助。例如，自动化费用报告系统节省下来的时间就是你可以自由支配的时间。

最后，可能也是最重要的，就是智能机器在未来将会更好地促进你和他人在工作上的联系，并且能够把所有人的努力同步到更大项目的关键路径上。

在这一点上做到极致的，其中就有软件开发公司 TopCoder，他们服务客户的方式是把 IT 项目切割成若干易于理解的模块，从而能让全世界的开发者社区都参与编程。为了激励高质量的工作，公司会根据那些遥远的开发者所做出的贡献对他们进行评估，而且开发者还有机会登上公司的"顶尖编程者"计分板，这能让所有人都看到这些杰出人才。

或者如果你有一份录音文件需要快速转换，一家名为 CastingWords 的公司可以为你提供解决方案。在把音频文件分成一些较短的片段之后，他们会把它们中的每一个都发送给多个远程工作者。转换结果中所出现的任何差异都说明有人犯了错误，而每个版本中一致的短语都将会进入最终的转录中。人多力量大。

与此相似的是，非营利性组织 Samasource 会把数据录入工作发送到发展中国家的边缘人手中，这些长度只有几分钟且报酬只有几便士的小工作，却能让工作者获得提高经济条件的机会，如果个体工作者没有足够的能力去胜任工作的话，这种做法也会对工作本身造成潜在损失。

这些协调机制所结合的大部分工作都具有商品属性，即通过很多人完成各自领域内的简单任务就可以完成，而同样的结构也能让专精者把自己的专长嵌入到更大的项目中，还可以避免那些通常会伴随外部承包产生的"交易成本"。与此同时，即使是对于那些只需要很少训练就能完成的外包任务来说，这样的机制也可能会让这些任务的完成者越来越专注于某种特定类型的工作，从而建立起真正的优势，并让他们因精通某些非常专门的工作而出名，因为需求会从世界各地聚合过来。最终，这些完成者也就成了出色的专精者。

简而言之，你可以把专精想象成是提取工作中的菲力牛排，都是位于中间位置的令人满意的部分，在它的上面是无聊的项目管理流程，下面则是无聊的文书工作和其他辅助性任务。理查德·费曼（Richard Feynman）在他所生活的年代，是当时世界上最著名的物理学家，而当他在麻省理工学院工作时，就已经有能力把"这块牛排"切下来了。他曾直截了当地拒绝参与学校学术部门的所有日常工作，委员会成员、候选人采访、经费申请，凡此种种。他之所以能躲过这些工作，是因为他得过诺贝尔奖，估计没人敢说参加这些活动是利用他时间的最好方式。但是到了今天，想要对任何一个人这么说都是越来越难了。例如，很多"80后"工作者现在都说自己不想为大公司工作。当他们选择了自由职业去单飞时，选择的也是精细型工作。他们这么做的一个原因在于，他们认为，在大公司里从事同一项工作的人数越多，公司就越有可能有意愿把所有员工都换成一台机器。而另外一个原因在于，他们意识到自己已经不再需要去忍受那些琐事，就能够做成自己的事业了。

一个关乎内驱力的问题

我们认为，在将来有能力而且还有兴趣成为专精者的人应该比今天要多得多，而我们描述过的驱动因素和经济情况将会对此起到催化剂的作用。但是如果我们认为仅仅凭借这些因素就能决定未来所有的职业选择的话，那么我们就不会编写本书另外 4 章关于智能增强的备用路径的内容了。促成专精决定的还有另外一个要素：个人心理。有些人适合，而有些人就是不适合在一个地方深挖细掘。

与专精关系最为紧密的就是极强的内驱力。面对现实吧：如果你对竹子死亡过程中的老鼠数量的动态变化了解得比谁都多，你可能会因此出现在《国家地理》的视频中，但是你肯定不会因此获得自己的电视真人秀。你做这件工作的目的不是为了沽名钓誉，纯粹是为了自己的满足感。丹尼尔·平克（Daniel Pink）在自己的畅销书《驱动力》（Drive）①中深度研究的对象可能就是你的这种动力。他把动机分解为三个最重要的部分：自主、目的以及精通。他认为，真正专注于自己工作的人，可以自己决定努力的方向和节奏。他们坚信，如果完成自己的这部分工作，就能影响到更大的设计，而且他们会因为能在自己选择的领域中解决最难的谜题、获得顶尖的表现而欢欣雀跃。

如果你梦想能够获得这种特殊的认知喜悦，比如你知道了一件其他人不知道或者是以前从没有人知道的事，无论这件事是多么简短，你可能都会选

---

① 在《驱动力》一书中，丹尼尔·平克详细阐释了在奖励与惩罚都已失效的当下，如何焕发人们的热情，是对当前传统有关人类积极性理论的颠覆之作。同时推荐其著作《全新思维》《全新销售》。这三本书的中文简体字版均已由湛庐文化策划，中国人民大学出版社、浙江人民出版社出版。——编者注

择专精。科学作家爱德华·多尼克（Edward Dolnick）在他的书《机械宇宙》（*The Clockwork Universe*）中叙述了一件关于科学家弗里茨·豪特曼斯（Fritz Houtermans）的轶事。

> 豪特曼斯在 1929 年写了一篇开拓性的论文，内容是关于太阳的能量是如何通过聚变产生的："在他完成工作的那一晚，他和女朋友出门散步。当她说到天上的星星有多美时，豪特曼斯挺身挺胸说：'我昨天就知道了它们为什么这么亮。'"

这个故事给我们的提示是，专精者也没有对骄傲免疫，但是从另一方面说，你可能直到现在才知道弗里茨·豪特曼斯。喜欢他的人并不在乎你的想法，他的作品值得那些真正理解他研究的人致以崇高的敬意。但如果情况变成，因为某种罕见的行星排列，他的研究突然引起了广泛的兴趣并且成了公众关注的焦点，他们也将因时而变。豪特曼斯将会获得 15 分钟的名望，就像安迪·沃霍尔向我们承诺的那样。[①]但如果这 15 分钟一直都不来，他也不会感觉受到了欺骗。

细想一下，你会发现像豪特曼斯这样的人都是一些古怪特性的混合体。很明显，他很有自信，可以为自己设定一项使命。至少在智力层面上，他完全可以勇敢地走入前人不曾踏足的领域。但他却选择了一个内向者的专业，驱使他深挖一种叫作隧道效应的现象，并完成能够阐明主序星的天体物理学的近似计算。如果用心胸狭窄的方式来描述这种个性类型的话，那就是傲慢的内向者。

但如果我们心胸宽广，我们就会说他是个"不墨守成规的人"。这就是电影制作人埃罗尔·莫里斯（Errol Morris）最喜爱的一群人。在他最著名的纪录片《又快又贱又失控》（*Fast, Cheap, and Out of Control*）中，他对 4 个人进行了特征研

---

① "15 分钟的名望"指的是个人或现象的一种短命的媒介宣传或名声。这种表达方式是安迪·沃霍尔在 1968 年的一次作品展览中第一次提出的，他说："在未来，每个人都有 15 分钟闻名于世的时间。"——译者注

究。这些人所从事的工作至少在 1997 年时都是一些古怪的冷门专业：园艺师乔治·蒙德卡（George Mendonça），驯狮师戴夫·胡佛（Dave Hoover），裸鼹鼠群体行为方面的世界级权威雷蒙德·门德斯（Raymond A. Mendez），以及一位从事的工作在今天看来似乎远没有当时那么冷门的自主机器人发明家罗德尼·布鲁克斯（Rodney Brooks）。莫里斯在他们的各种形式的控制本性中看到了一种联系，以及一种浪漫主义精神。无疑，他也发现了他们对自己手艺的单纯热爱是极具感染力的。

斯坦福大学的鲍勃·萨顿（Bob Sutton）对这样的人有着偏学术性的兴趣，因为他研究的是组织中的创造力和创新。他把这些人称为组织规则的"缓慢学习者"。他很快就指出这是一种称赞，因为不知为何相比于他们的同事，这类人要更加不容易受到"那些支配一切的'必须'和'必须不'的影响，而这些规则有着支配行为、暗示惩罚，以及假以时日渗透组织成员灵魂的作用"。这让他们可以一直以全新的方式观察问题和机会，并且在个人心理中反映这些发现。萨顿总结说，有三种特性是关键性的。

● 第一，原创型思想者因为"自我监控程度低"，所以他们不会拾取那些命令他们应该如何表现的社交线索。
● 第二，他们避免和同事接触，理查德·费曼就是萨顿最喜欢的例子。
● 第三，他们的自尊心极强。

我们认为，在今天，大部分选择专精的人都比较符合这些标准。而当我们之前描述的技术和沟通驱动因素使他们的队伍逐渐扩大并融入更多的人时，可能这些人身上也会明显带有上述特点。从动机心理以及认知风格来说，他们和自己的同事完全不同。

这一章把我们从老鼠带到裸鼹鼠的内容中，根据以上观点，我们不应该忽略对"刺猬"的赞美。我们这里引用的是以赛亚·伯林（Isaiah Berlin）对于思想者的著名分类，这种分类受到了希腊诗人阿尔奇洛克斯（Archilochus）的诗句的影响："虽然狐狸知道很多事，但刺猬却知道一件非常重要的事。"**刺猬思想者通过一种决定性的思想来观察并解读这个世界，而狐狸思想者则拒绝在一个想法上押下重注，他允许经验持续为自己提供新的想法。成为专精者就是成为一只刺猬。**在充满智能机器的世界中，为了获得剩下的有收益的工作，这是一种很棒的策略。你可以专注于了解一件事，并将其做大。

专精者们并不孤独

专精者的生活听起来大概应该是很孤独的，因为他们可能都是自由职业者和独立承包人。但事实未必如此。公司会创造出能使这些人产生效益的装置，用今天的话来说就是平台。

在美剧《绝命毒师》中，沃尔特·怀特在某一时刻意识到，他根本不需要惧怕任何减员行动，因为他出色的化学技能对于他雇主的冰毒生意来说，是至关重要的。当一位化学家被叫来评估和对比怀特的工作以及自己的工作时，他说：

> 我可以向你保证 96% 的纯度，我为这个数字感到骄傲。这是一个很难获得的数字。但是，另外一种产品是 99%……这 3% 的差异虽然听起来可能并不是那么多，却有着天壤之别。

在后面的一场戏中，一位每天监视怀特的年轻看守声称自己也能同样出色地完成工作，怀特发出了让人印象深刻的咆哮，并且让他们共同的老板知道这个孩子离精通还差得很远。最终，人头落地的是那位看守，这确实是毫不夸张的"绝命毒师"了。

专精者并不总能像怀特一样做出有效的决断，但在基于知识的业务中，专业知识总是被看作竞争力的核心。当对知识工作的自动化继续前行而且很多的基本思考任务都已经被转化成商品时，情况只会愈演愈烈。如果想在市场竞争者的包围中脱颖而出，公司就必须有能力拿出某些秘密武器。如果有了沃尔特·怀特，他们也就有了极大的动力继续去制毒，完成只有他们才能胜任的智力专长。

高盛投资公司就是一个不错的例子，他们在赢得关于体育场融资方面的生意时都有一个重要的优势：格雷格·凯里。《彭博商业周刊》从对客户和批评者的采访中得知：

> 他的与众不同之处在于，在各种团队和当地政府官员的利益互相抵触时，他所具有的能够排除万难、掌控项目的能力。他的手段通常就是使用公共财政中的冷门工具来帮助项目所有者获得低利率的贷款、避税以及获取补助。

这听起来可能像是一种计算机（对这类因素百科书式的感知）可以做得更好的工作。但事实并非如此，因为凯里自己说："这类生意中的任何人都是不同的。"

凯里是专精领域出色的研究案例，但是你可能会说，从起步阶段开始，他就踏上了这样的旅程：他的父亲是一位市政债券律师。大学时他学习的是经济学，然后他进入美邦银行（Smith Barney）工作，随后被并入了花旗集团。在花旗时，他联合领导了一个聚焦于基础设施的团队。1991年，新英格兰爱国者队的所有者罗伯特·克拉夫特（Robert Kraft）找他帮忙为福克斯堡球场（Foxboro Stadium）的替代场馆筹措资金。《彭博商业周刊》重新提到那笔生意"颠覆了为专业体育场馆集资的传统认知……而且还建立了凯里标志性的融资技巧"。也许事实正如希斯赞特米哈伊所说，创造力来自辛苦习得的领域知识。

但是请注意接下来发生了什么：凯里被高盛挖走了。从传统上来说，当专业人士已经开始在自己的精细领域积累名望时，他们就会倾向于离开那个曾为他们提供训练场地却并不太专注的公司，并创立属于自己的专业咨询服务。毫无疑问，凯里曾经想到要创立自己的品牌，但高盛提出的条件高达让他放弃了这个想法。

高盛并不是唯一一家意识到以知识为基础的商业经济已经开始发生转变的公司，而那些曾经只有作为独立的细分业务才更有价值的专业服务，也应该得到大型母公司的更高赏识。公司对于这些专业专长的需求就像今天个人对它们的需求一样。如果一家公司的能力是基于可以被机器复制的智力优势，那么这家公司也将时日无多了。

打造你的专精之路

总结一下这一章，专精是一个我们将会在更广阔的范围内见到的事物。如果每个人都能全心跟随自己的兴趣，那么肯定会有更多的人加入到这个类型的工作中。曾经，由于教育资源以及市场效率的欠缺迫使他们成功地成了多面手。但是今天以及以后，专业化的经济才更适合人类。

这就是事实，无论他们在和机器赛跑时有没有回头观望。但是专精，却能让他们在比赛中始终领先一步。你可能会有一种印象，选择专精的人其实就是那些回避计算机的人。事实上，他们回避的只是自动化技术。从智能增强的角度出发，他们跟计算机建立的工作关系可能比其他任何人都要好。他们在智能增强方面的发展潜力是高度互补且极具吸引力的。就像一位出色的实验室助手一样，机器会做家务、完成科学家早已掌握的机械测量和计算，而这就能让主要科学家有时间去完成下一阶段的发现，并且作为第一个知道这件事的人，享受到专属于人类的喜悦。

专精者不会抱着自己的荣誉止步不前。他们的高级内驱力会让他们在自己的领域中勇往直前。在智能机器时代，这种品质比以前任何时候都要重要。你可能需要更仔细地去考虑实践、学习以及作品发表的方式，从而可以让自己成为别人眼中的专家，并且能尽可能地减少在自己有效范围之外的地方花费的时间。最重要的是，你需要投入到一项可以让你着迷多年的工作，因为这就是你最终会出类拔萃的领域，而这里只有出色的人才能成功。

一个 **专精者** 的自我养成路线图

◆ **如果你具有以下特点，你有可能成为专精者：**

- 你对一个可能会让其他人感到深奥难懂的主题充满热情；

- 你已经热切地追求这个主题很多年了，比如10 000小时？

- 你已经通过各种手段向外界确立了你的专长；

- 据你所知，没有任何计算机系统能够接管你所从事工作的主要部分，或者你工作中的非计算成分并不很容易被代码化；

- 你主要依靠自己建立了专长，没有教育机构提供这种教育服务；

- 关于你所做的事，并没有太多数据；

- 你已经在某种工作中找到了能够让专长变现的方法。

◆ 你建立专精者技能的方式包括：

- 获得基本教育文凭，并且从中实现大量的延伸；

- 从不停止追求能让你怀有热情的领域；

- 通过实践和新方法来寻找机会加深你的专长；

- 寻找用技术增强能力的机会；

- 持续监控还有多少人已经进入了和你一样的专业领域并且愿意进一步深造。

◆ 你可能身处于：

- 互联网行业；

- 一家小公司或独资企业中；

- 一个大业务中的一个狭窄但是有利可图的领域；

- ……如果你可以被找到！

08

生存策略五：开创

创造支持智能决策和行动的新系统

—

ONLY
HUMANS
NEED
APPLY

开创就是要为所有其他人创造出新的认知技术解决方案。虽然这种类型的工作者在今天还没有很大的就业市场，但是我们推测，开创者在未来会大有可为。开创的类别不仅包括软件供应商，还包括那些能够开发自己系统的公司。我们认为，基本上所有的软件公司以及大部分各式各样的机器人制造商和公司，都想要雇用能够帮助他们在自动化以及智能增强市场更进一步的人。简而言之，我们预测，只要你的工作是对美国或德国、巴西、中国这样的国家的智能进行自动化，那么你就不会走投无路。

单单从智能机器供应商急切的人才招聘来看，我们就能发现在这个领域乐观的就业前景。比如，IBM 就打算在近期雇用约 2 000 名员工为沃森从事开发工作，除此之外，沃森健康还需要招聘 2 000 名以上的员工，为了能够实现和支持沃森的咨询业务又将会需要额外的 2 000 名员工。今天还有几个产业能这样大手笔地招聘员工？ IBM 已经拥有了一些并还在搜寻更多的合作伙伴来组建沃森的"生态系统"，这些合作伙伴包括了其他一些公司及其员工。就在我们写作本书之时，仅仅 IBM 招聘的面向沃森的工作就包括：

- 产品经理；

- 项目交付经理；

- 应用和平台测试专家；

- 移动应用和平台专家；

- 软件设计师；

- 质量工程师；

- "高级医药注解员"（记录文本属性的人）；

- 安全和网络专家；

- 云部署和支持专家；

- 生态技术经理；

- 协调负责人；

- 性能工程师；

- "内容摄取"开发人员（大概是把内容吸收到沃森的人）。

还有很多。如果你有这种类型的技能，那么要在这个领域获得工作就是一件相对简单的事。

请注意，这些技能并不是非要包含"认知技术""人工智能"或者"业务分析"。如果你因为自己没有实验物理学的博士学位或非线性随机模型的专长而打算停止阅读下文的话，你需要知道，不管什么样的软件供应商，都会提供很多不涉及编程或创造算法的工作（包括认知软件）。很明显，了解产品的工作方式对于营销和销售软件来说都是有好处的，但是通常你并不需要去理解细节。

在本章中，我们将要描述一些涉及创造或修改认知技术系统的工作，以及从事这些工作的人。我们将从较高的层次描述他们肩负的一部分使命，即为了让自动化系统更加符合人类的需求而为其增加功能和属性，换句话说，就是强化人类。

一步一步工作，开创！

为了创造出能为不同人使用的全新的信息系统，很多不同角色的人需要通力合作。在 IBM 沃森的名单中我们发现了开创者中的一些人，但这样的项目通常还需要各种非技术职务的人。技术职务和非技术职务这两种职务我们都会描述，而且还会为几种类型的工作提供活生生的例子。

程序员和其他 IT 专家，开创新软件的前提 |

如果你要加入新软件的创造过程，那么知道如何编程将是一个很大的优势。在过去，一个人工智能程序员需要知道如何用面向人工智能的语言（比如 LISP 和 Prolog）来编程。就现在而言，用业务规则引擎（例如 IBM 的 ILOG 和 Fair Isaac 的 Blaze）编程则是自动化系统开发的常见方法。

虽然这样的工作现在仍然存在，但这些工具却不是自动化领域里大多数软件理想的开发工具。目前的大部分开发都是用一般编程语言（Java 是目前为止最受欢迎的语言），或者是那些能够通过脚本把任务进程自动化的脚本语言（Python 和 Ruby 是很受欢迎的脚本语言）来完成的。已经掌握这类工具的程序员也应该熟悉存储和处理大数据的工具，包括像 Hadoop 和 Map/Reduce、Storm、Cassandra、Hive 以及 Mahout 这样的开源软件。最终，对这个领域的编程产生兴趣的人还应该熟知并且热衷于该领域内的一些关键发展：人工智能、自然语言处理（NPL）、机器学习、深度学习神经网络、统计分析和数据挖掘等。

如果你已经在计算机科学和编程方面打下了基础，那么就有可能在你的事业中建立起对这些面向自动化的工具的充分理解。今天，我们能在网上找到很多关于这个领域的线上课程。比如斯坦福大学的教授们已经和 Coursera 和 Udacity 这样的公司一起，为一些相关度非常高的领域，如机器学习、自然语言处理、算法以及机器人学等创建了线上课程。完成这些课程并不轻松，但是只要你有足够的决心和毅力，你就能成功。

正如前面我们所列举的那些与沃森相关的工作，其中很多面向 IT 的工作并不仅仅只和编程有关。自动化 / 认知系统其实就是一种大型的计算机程序。所以这些系统就像其他程序一样，都需要项目管理、测试、托管、维护以及其他辅助工作。如果你有这些软件辅助领域的任何一种背景，你大概就能找到和自动化软件相关的工作。

21 世纪最性感的工作——数据科学家

几年前，达文波特和帕蒂尔（D. J. Patil，现任白宫科学和技术政策办公室首席数据科学家）写了一篇文章，文中指出数据科学家拥有的是"21 世纪最性感的工作"。这并不是说从事这份工作的人必须要性感，而是说这份工作无疑是充满困难且难以完成的。困难仍然存在，但是这方面的技能短缺却因为美国大学研究生项目中引入的数据科学课程而得到了一些弥补。

当认知系统所使用的数据是高度松散的，例如语音、文本或人类基因组记录，而非成行成列的数字，或者是难以从源头提取时，数据科学家的价值就会凸现出来且变得无可替代。他们就像是某些程序员一样，极有可能也很熟悉像 Hadoop 这样的开源大数据工具。而且他们很有可能拥有定量建模技能，或是自然语言处理技能。

在开发自动化决策系统的过程中，数据科学家的日常工作是什么呢？自动化和系统通常都要使用很多数据，所以数据科学家可能需要四处去搜寻一个又一个的大型外部数据源。在鉴别出一个有希望的数据源之后，他们可能就会寻找方法把数据装进合适的格式中，或者想办法把该数据和组织已有的数据相结合。数据科学家也可能会去研究某种能从数据中提取观点的算法。或者，既然数据科学家也擅长计算技能，他们可能也会搭建或者帮助开发新系统，又或者对系统进行修改。

桑德罗·卡坦扎罗（Sandro Catanzaro）生于秘鲁，现在是波士顿自动化营销软件公司 DataXu 的联合创始人兼分析和创新副总裁。在工作中，他不仅要从事数据科学工作，还要管理公司的相关活动（虽然他现在分配给后者的时间更多）。DataXu 特别专注于数字营销决策的自动化，即确定最有效的广告发布地点、把广告放置到发布网站上，并且评估广告的效果。该公司的决策时间通常不超过一秒钟，而且所有决策都是基于数据和分析。

卡坦扎罗曾经在阿根廷的布宜诺斯艾利斯学习机械工程，后来当他在秘鲁的消费者产品和工程领域推出了一些业务之后就去了麻省理工学院进修商学学位。在此过程中，他又在麻省理工学院的航空航天学院取得了一个学位，并且在 NASA 总部作为研究者工作了一段时间，这段经历让他成了一位货真价实的"火箭科学家"。毕业后，在成立 DataXu 之前，他还做了一段时间的管理咨询师。卡坦扎罗在和 DataXu 另一位有着航空航天博士学位的联合创始人比尔·西蒙斯（Bill Simmons）共同工作期间，开发出了 DataXu 营销决策的核心算法。直到现在，他还在和团队一起持续对算法进行改进。

从这个角度上来看，卡坦扎罗是全局者和开创者两者结合的代表。虽然他本人现在不再承担很多算法或系统开发的工作，但是他需要对两种任务都进行监管。

平常，卡坦扎罗可能会和团队开会讨论他们新算法的进展以及对已有算法进行的改进。他经常针对团队用于扩展新解决方案或者消除限制的方法提出建议。在这件事上，他花费了大概 60% 的时间。他还要在客户身上花很多时间，大约一周两天。他需要去聆听他们对于新功能的需求，并且把那些需求转化成团队的数据科学活动。只要他从中发现了新的机会，他就会面试并且雇用新的数据科学家，并且和其他 DataXu 高管会面。

当雇用其他数据科学家时，卡坦扎罗看重的是三种类型的技能，其中只有一种是技术性的。第一种是"数据科学智慧"，即擅长大数据技术、统计等。他并不是很关心关于某种工具的知识，他关注的是掌握新工具的"原始马力"。

第二种特质是对业务的理解，即了解营销者的问题，并且有能力把问题翻译成 DataXu 赚钱的方式。卡坦扎罗一直相信，要先从业务问题出发，然后再钻进解决问题的技术和数据中。

最后，卡坦扎罗会在他的数据科学家身上寻找管理和合作技能。他想要能够和团队在一起高效工作并且能为组织创造出实际成果的人。在所有这几个方面中，他寻找的都是"对现实有着敏锐理解"的人。

研究者，让知识进一步扩展

既然自动化决策系统（至少在调查的大部分领域中）是相对较新的，那么为了知识的进一步扩展，就还会有重要的研究需要进行。开创型研究者可能会有几种形式。他们可能会做人工智能的基本科学研究，这通常在大学中；在一般人工智能上应用研究成果，这通常在公司研究实验室中，比如谷歌的"深度学习"研究；或者在特定的非供应商环境下应用研究。

最后一种类型中令人瞩目的例子就是在医院和医学院从事临床试验的众多内科医生和科学家。这种工作通常和新药及新医疗设备有关，但有时也会涉及自动化系统。

蕾切尔·布雷姆（Rachel Brem）医生是一位放射学家以及乔治华盛顿大学的教授，她从很多年前起就开始从事自动化识别乳腺癌病变方面的研究。布雷姆是乔治华盛顿医学院联合会（GW Medical Faculty Associates）乳腺成像和参与科的主任，而且她还和成像技术供应商一起在开发和测试新系统方面进行紧密合作。2007 年，她对自动化计算机辅助探测（CAD）乳腺病变方面的研究，成为美国食品药品监督管理局（FDA）在 2008 年批准该技术的重要参考。

布雷姆医生强烈支持对乳房 X 光片进行人工复查，但她也知道人类在读取乳房 X 光片上的不足。这其中就包括假阳性的高发率，即找到需要进行下一步的其他成像，甚至活检的潜在非癌性病变。她感觉计算机辅助探测有潜力可以减少假阳性的发生率，所以为了明确如何才能获得这种潜在的优势，她监管了各式各样的临床试验。她现在正在进行的一个试验就是为了理解基于超声波的计算机辅助探测在密集乳腺组织中的潜能，而密集乳腺组织是最难以评估的一种组织类型。

当我们问布雷姆医生她为什么会对计算机辅助探测感兴趣时，她说她一直以来都对新技术感兴趣，无论是在她行医的过程中还是在她的个人生活中。而且她相信假阳性问题是不容忽视的。她之所以和乳腺成像系统的制造商紧密合作，就是因为她知道最先进的技术通常都要等待很多年才能得到美国食品药品监督管理局的批准。

布雷姆并没有特别担心计算机辅助探测或其他认知工具将会取代放射学家。她说，到目前为止，这些技术更像是拼写检查，即指出人类可能会忽视的小错误。她还没见过能够和人类放射学家的能力相匹敌的智能机器，但是她也没有低估这些技术在未来可能会拥有的能力。在此期间，她认为她所在领域的医师非常有必要去了解自动化诊断系统的优势和不足，而且她还希望临床研究能够帮助并促进他们去理解这些。

产品经理，产品理念的布道师 |

自动化系统是软件产品，而软件产品就需要产品经理。软件的产品经理是一种重要的职能，其职责在于确保软件具有顾客所需要的特性和功能，并确保产品能在保证必要的速度和质量的前提下抵达市场。产品经理经常会涉及一些对那些并不向产品经理汇报的人进行劝说和引导的工作，所以这个职位非常有挑战性。

我们在第2章中提到过的吉姆·劳顿是机器人公司 Rethink Robotics 的首席产品和营销官，该公司位于波士顿，是一家协作机器人制造商。Rethink Robotics 是由麻省理工学院前教授罗德尼·布鲁克斯创建和领导的，他还是该公司的首席技术官，他既要指挥公司的发展方向，还要负责研究。劳顿的工作是理解顾客想从机器人那里获得的东西，并且把其翻译成产品功能。他相信机器人和人之间能够彼此合作，他是这个理念的布道师。Rethink Robotics 现在的成员包括有名字很可爱的机器人巴克斯特（Baxter）和索耶（Sawyer），它的机器人模型并不需要对很多细节进行编程。它们通过人类的引导来学习自身的动作。和很多机器人不同，它们不会对人类构成威胁，也不需要被关进笼子。Rethink Robotics 的机器人的附肢移动得很缓慢，并且在碰到意料之外的东西时会马上停下来。

除了确保产品能够走出大门，劳顿的任务还包括建立对于一种新型认知技术的需求。他经常写博文、到处演讲，并且一有机会就去拜访客户。因为目前是这种新型机器人的初期阶段，所以劳顿正在努力帮助潜在客户找到机器人在制造业和生产流程中的适用场景。

劳顿在大学学习的是电气工程专业，他本以为自己会成为一位音乐会钢琴演奏家。但事实上，他参与了麻省理工学院的一个名为"制造业领导者"的新项目。该项目的目的是创造新一代的领导者，从而复兴美国的制造业。劳顿随后从麻省理工学院获得了一个 MBA 学位。他在惠普的生产部门工作了一段时间后，又经历了几次电子商务和供应链管理方面的创业。他目前仍然在努力复兴制造业，他相信巴克斯特和索耶通过和人类的合作将会对这项事业做出贡献。

市场营销者，将恐慌变机遇

营销是自动化系统和认知技术领域中一个特别重要的环节，其原因主要在于，很多人不懂技术，而懂技术的人当中又有很多人对此感到忧心忡忡。这个领域中的营销者必须是这些系统工作方式的传教士和解说员。他不需要懂自动化系统的技术细节，但必须明白系统总体上的工作方式，以及系统的优势和不足，即便后者并不是人们所共知的。

丹妮拉·祖恩（Daniela Zuin）是自动化营销方面的楷模。她居住在伦敦，却领导着位于纽约的 IPsoft 公司的营销。IPsoft 公司为 IT 运营商提供自动化解决方案 IPcenter，以及一个名为阿梅莉亚的整体自动化虚拟代理"精灵"。

祖恩并不是一个技术型人才，但是她曾在各种各样的技术服务公司作为软件营销人员工作过。她在大学学习的是英语文学，她的论文是关于加夫列尔·加西亚·马尔克斯（Gabriel García Márquez）的。她曾在意大利从事把英语作为第二语言的教学，随后又获得了一个 MBA 学位。她在 2014 年上半年加入了 IPsoft，在此之前她曾为埃森哲、电子数据系统（EDS）以及其他系统整合公司工作。

祖恩之所以对软件和 IPsoft 感兴趣，是因为她之前的工作是和传统技术打交道。而这是她第一次感觉到，她要营销的产品是真正令人兴奋而且是充满创新的。

IPsoft 在 IT 运营领域已经耕耘了 15 年了。该公司的"虚拟工程师"能从各种 IT 设备，比如服务器、存储设备、网络控制器上接收并解读信息，还会在必要的时候采取行动或者决定应该咨询哪些人的意见。这看起来明显就是一个自动化应用。谁会比 IT 工程师更愿意接受基于软件的帮手呢？不过祖恩说，仍有一些 IT 人员会对 IPcenter 设置障碍或者阻碍它的实施。

阿梅莉亚是一种应用范围很广泛的技术，它有潜力改变人类和计算机在各种背景下的交互。阿梅莉亚能适配于 IPcenter，但它也可以自动化（或增强）各种呼叫中心和客户支持应用。阿梅莉亚拥有如此广阔的能力当然是件好事，但这也会让针对它的营销变得更困难。祖恩的一个挑战就是要找到阿梅莉亚的重心，因为它的可能性几乎是无限的。了解它和哪些领域最契合，并且和咨询合作伙伴一起针对不同的行业和业务流程对其进行定制，这对于整个 IPsoft 来说都是一项很重要的任务。

就祖恩看来，确实有一些更合适的客户和环境。作为一位营销者，她自然是对那些能够提高公司收入的客户应用要更感兴趣，谁也不太愿意要一个削减办公成本的业务。运营效率固然重要，但是对于客户来说，更感兴趣的永远是去拓展更多的可能性。

特别是对于阿梅莉亚来说，祖恩和同事必须就自动化这个话题和潜在客户以及整体市场进行大量的沟通。人们在看待这件事时会有一些极端想法，比如，有些人害怕会对它失去控制。但是祖恩反驳说，组织会因为阿梅莉亚的协助而增加对流程的控制，因为系统从此具有了一致而且合规的交互。有些公司，特别是欧洲的公司，则担心技术对工作造成的影响或者人们对于技术影响工作的看法。而其他人担心的是成为一种新技术的早期使用者，也就是说怕成为小白鼠。前进型营销者的工作就是安抚这样的恐惧并把该话题引导向机遇。

祖恩已经在一定程度上成功地让媒体不只聚焦于自动化的负面影响，也开始关注起智能增强带来的机会。例如，在英国出版物《信息时代》（*Information Age*）上有一篇题目为《遇见阿梅莉亚》（*The Day I Met Amelia*）的文章，该文章在提到 IPsoft 的英国 CEO 理查德·沃利（Richard Warley）时是这样说的：

> 有 20％ 的劳动人口的工作类别属于"中等知识工作者"，阿梅莉亚想要接手的就是这样的工作，并且以她的能力应该可以把响应时间从 4 分钟减少到几秒钟，该技术对于全球经济的影响不言而喻。但是我坚信，并不会出现机器接管所有工作的情况。事实上，阿梅莉亚会让人类摆脱单调的任务，从而可以全神贯注于更高级别的流程。

祖恩和她 IPsoft 的同事最希望出现的情况，就是客户和市场都朝着自动化软件提供的积极机会转型。他们希望公司能够关注解放技术型雇员可能会带来的潜能，就是说这些雇员可以从此摆脱技能要求较低的任务，比如总是回答顾客相同的无聊问题，并且接受更高等级的机会。例如，他们可以想象一下，那些真正关心客户的公司完全可以在客户寻求帮助之前，就已经根据问题主动去联系客户了。祖恩明白，自动化的第一波浪潮可能会把一些人挤出业务流程，但她希望重塑业务流程和工作设计的第二波浪潮能够利用起像阿梅莉亚和 IPcenter 这种技术的优势。简而言之，她的努力方向是智能增强，而非自动化。

创业家，让技术指数级爆发的关键

我们认为，自动化决策软件领域的创业家在体系上和其他类型的科技创业家相比并没有什么区别。但我们知道，他们是至关重要的。能让这些系统向前发展的组织很多都是创业公司，而这些公司需要创业家的创立和领导。这个领域中的创业家不胜枚举，不过为了能让你大致了解一下这种类型的人才，我们就向你介绍一位已经在智能系统领域耕耘已久的创业家。

蒂姆·埃斯蒂斯（Tim Estes）在 2000 年从弗吉尼亚大学毕业后就马上创立了一家名为 Digital Reasoning 的公司。埃斯蒂斯的专业不是计算机科学或者工程，而是哲学。没错，他当时研究的是柏拉图和维特根斯坦，但是他同时也非常正规地研究了面向语言的哲学领域。后来他又在一个不太有创业感觉的地方——田纳西州的纳什维尔（Nashville）创立了 Digital Reasoning，他最开始的意图是创造出能够自主学习的软件。但是在 2001 年的"9·11"事件之后，同很多人及政府方面的人士一样，埃斯蒂斯忽然明白了，如果能够通过分析语言来了解恐怖分子和潜在恐怖分子的所思、所想以及他们正在做的事，这将会是一个非常有用的功能。有了他在语言和分类学上的背景，这部分研究自然而然就成了公司的开发焦点。埃斯蒂斯帮助国家情报分析员在不需要阅读每段对话的情况下就能获悉恐怖分子的计划，而他自己在这个过程中也受到了启发。

埃斯蒂斯的公司在 2004 年和美军情报机构取得了联系，并且在 2010 年获得了来自 IQT 电信的资金注入，而 IQT 是美国情报体系的战略投资部门。埃斯蒂斯从没有评论过任何特定情报体系的客户或是他们对于软件的具体用途，但是 IQT 经常会向为情报机构提供服务的公司进行投资。据已发表的报道显示，在 Digital Reasoning 的前 12 年时间里，美国情报产业是他们唯一的客户。

但在 2012 年，金融服务公司开始意识到，读取和理解文本比如邮件等能够帮助他们找到可能有欺诈行为，比如违反证券交易委员会的规定、操纵市场或者行贿的雇员。埃斯蒂斯的业务从寻找恐怖分子组织中的恶人转移到了寻找大型银行和投资公司中的作恶者。软件基本上能够预测出雇员做坏事的可能性，比如，如果他和供应商谈到了免费票，那么这就是可能会出现问题的明显信号。如果预测的嫌疑等级很高，人类安全调查员就可以进行进一步的深入调查了。

　　Digital Reasoning 公司现在聚焦于几个不同行业中的所有类型的"预测性合规"，包括金融服务和医疗保健行业。公司还在和一个基金会合作，该基金会致力于减少贩卖未成年人的卖淫集团。他们也开始更多地关注面向机会的应用，包括针对客户关系以及金融市场动态变化的理解。到了2015 年，Digital Reasoning 公司获得了 2400 万美元的风险投资，投资人包括像高盛和瑞士信贷这样的公司，而这些公司同时又是它的客户。

埃斯蒂斯对打击恐怖主义和减少金融欺诈充满热情。他相信，现在是运用数据、分析以及人工智能工具来改变世界的绝好机会。他努力把自己的热情传递给整个公司。正如该公司的网站上所说的：

> 来 Digital Reasoning 上班的人每天都在下决心让"不可能"成为可能。从入门级的员工到高级软件工程师，我们对自己所从事的工作充满热情，而这份热情就像电流一样充满了整个办公室……我们正在努力创造一种史无前例的能够阅读和理解人类交流的技术。

咨询师，新兴却急需的一员

　　今天，当公司需要构建或安装任何类型的新系统时，他们很有可能会去寻求咨询师的帮助。我们在第 3 章提到过的迈克尔·博纳斯基，他作为咨询师曾帮助保险行业实现了很多自动化承保系统，并且改变了很多承保人的事业轨迹。在今天，即使是像 IBM 沃森这样超强的自动化系统，也需要对应用其技术的具体行业和决策进行高度定制。

　　虽然关于自动化系统的咨询（至少是保险行业中那些不单单是基于规则的系统）是相对较新的，但这却是一个同时拥有几种不同咨询类型并在快速发展的领域。有一些人专攻开发大数据和面向分析的应用。其他人，特别是一些印度的外包公司，他们的专注点是被他们称为"机器人流程自动化"的领域，即自动化常规后台进程。还有一些人则致力于帮助客户确定哪些自动化举措是合适的，并且定制出契合业务流程和决策的系统。

拉杰夫·罗南基（Rajeev Ronanki）从事的就是最后一个咨询类别，他是德勤会计事务所的负责人。罗南基是德勤会计事务所认知计算实践的联合领导者。他和同事在工作中需要和各种认知系统以及人工智能系统打交道，除此之外，他们的工作还牵涉到分析学和大数据。罗南基协助定制并实施了IBM沃森和第一位商业客户的合作，该客户是一家大型健康保险公司。

我们问罗南基他是如何获得他在德勤会计事务所的职位的。他承认这里面有运气的因素。

在我完成了我计算机科学的硕士学位时，我的关注点就是人工智能，但是在当时，并没有很多关于这个领域的咨询，所以我就去做其他事情了。20年后，IBM和一家保险客户签订了一项关于沃森的合作。而沃森需要大量的定制才能契合行业和应用，而这些应用就是保险预授权。所以说，我是在正确的时间出现在了正确的位置上。

罗南基赞扬了IBM，因为他们通过对沃森的开发以及相关的有效营销活动为人工智能带来了复兴。

罗南基认为，在和认知系统的客户合作时通常要涉及三个步骤。一切都先从"认知价值评估"开始。客户会告诉罗南基和他的同事，业务的哪些方面（流程或顾客接触点）需要进行认知技术成熟度上的研究。然后他们就会通过在"热图"中结合的各种不同因素来评估每个方面。变量可能包括已有商业案例的优势、投资级别和可能的回报，以及利用领域内现有技术的难易度。这一步的结果就是一个商业案例和方法，以及一个高等级的解决方案架构。在这一步进行的还有后自动化时期的人类工作规划，这部分工作将由罗南基及他的同事以及客户的超越型执行官共同完成。

罗南基说几乎所有的客户在第二阶段时都想要尝试一个试点项目，因为技术是新的（至少对于他们来说），而他们对于勇往直前地执行一个完整的新技术实施并没有充足的信心。试点项目可能会用在业务流程的子集上，或者只涉及功能的一小部分。这部分工作通常需要4~6个月来完成。

咨询项目的第三步也就是最后一步，涉及把试点项目扩展到生产上。这一步牵涉到为系统编程、对系统进行整合从而连接数据、对"语料库"（系统将要学习的知识主体）进行汇编、用训练数据集训练系统，以及测试系统。在第三阶段，罗南基说，他和同事以及"超级用户"（我们之前将其视为参与者）一起工作。这些用户理解业务流程，能够协助配置系统，而且还能帮助其他使用者利用系统来完成工作。通常罗南基他们会去寻找最专业、最成功的一线人员来充当这个角色，只有这样才能让系统成为名师的"高徒"。在某一些情况下，超级用户最终会转变成更加固定的参与者角色，因为这样的职务需要和系统紧密合作；另一些情况下，他们会回到自己原来的工作岗位上。

无论是德勤会计事务所还是任何其他咨询公司都没有大量的自动化咨询师，但现在他们的数量正在增长。罗南基说德勤公司正在寻找拥有不同类型技能的下列4种人才：

- 数据科学工程师，有能力创造或者至少能够定制机器学习算法；
- 大学毕业生，拥有计算机科学背景；
- 具有人工智能背景的人，但是罗南基说这些人尤其难找；
- 具有大数据技术技能的人，这些技术包括 Hadoop、Spark 以及内存中计算。

罗南基说非技术技能也很重要，其中包括和待自动化的流程相关的功能性专业知识。这些技能通常不会和技术技能相伴而行。"要是能找到兼具保险索赔超额偿付和机器学习这两方面知识的专家，那就太好了，但是这种情况非常少见"。德勤会计事务所在认知系统领域有一个处于初期的变化管理实践，但是罗南基预测，随着自动化措施的体量和数量都变得越来越大，这项实践将会变得更大、更重要。"然后你就会遇到重大的人员问题。"他说。

内部自动化领导者，让运营更高效

自动化/智能增强项目并不只是由创业公司和咨询师开发的，需要解决自身内部流程问题的独立公司也会开发这些项目。有些项目涉及典型的人工智能，其他的（可能这种情况更常见）则涉及在操作系统中嵌入分析性决策定制工具。

我们曾在第6章中描述了施耐德公司的货运和运输业务的大小、规模以及复杂度。你可能看到过这家公司的大型橙色卡车和集装箱，但你看不到的是管理所有这些业务所涉及的复杂数据、算法以及规则。

查希尔·巴拉波利亚（Zahir Balaporia）的团队开发了特拉维斯·托伦斯现在正在使用的系统（我们在第6章中描述过），在启动和开发施耐德公司已经使用了18年的这些自动化系统或者至少是半自动化系统的过程中，巴拉波利亚起到了重要的作用，他最近离开了施耐德，开始在FICO从事类似的工作。巴拉波利亚在施耐德的上一份工作是高级计划与决策科学主管。他还在施耐德的工程、技术以及流程改进部门中担任着各种其他职位。但是从我们最近几年间和他的沟通来看，他的关注点始终都是为公司建立更高效而且效果更好的运营方式。

巴拉波利亚（他的同事会直接称他为"Z"）拥有一个计算机工程学的学士学位和一个工业工程学的硕士学位，而且他还在进修一个系统动力学的硕士学位。但他绝不是一个彻头彻尾的极客。他知道自动化"系统"其实包含有人、流程以及计算机，所有这些都要通力合作。当然，我们会把这样的系统称为智能增强系统。

"短程运输优化者"应该算是巴拉波利亚的团队开发过的最为复杂的自动化系统了。正如我们前面所说，这就是特拉维斯·托伦斯经常在大城市中用来连接施耐德的卡车司机和轨道坡道上的集装箱的那个装载系统。司机每天在客户和轨道坡道之间提货和运送集装箱奔波多次。在一些城市中，这种"短驳托运"活动可能会涉及上百位司机，以及每天超过 500 次的配送集装箱的活动。巴拉波利亚和他的团队开发了一种可以把司机生产力最大化，同时把公司成本最小化的自动化优化程序。这个复杂系统使用了"分区设置的规划以及产生纵列的试探法"，但是复杂的数学仍然不能完成所有工作。在整个运行过程中仍然需要人类来充当一些重要角色，包括像托伦斯这样的"派遣分析员"，他们会监控系统的推荐并且时不时地改写这些推荐。

虽然巴拉波利亚试图尽量多地让这种复杂的决策制定变得自动化，但他认为人类不会在近期内脱离这个流程。数据和模型总是需要改进。此外，在施耐德公司工作时，他和团队一直都在为自动化系统添加新的能力，比如为特定城市的规定和收费、路况，以及天气增加补充。对人类增强的需求虽然可能不会像施耐德公司的船运一样增长得那么快，但这部分需求肯定不会消失。当他还在施耐德公司时，他是这样对我们说的：

> 我的团队经常总结说，聪明的人和智能机器的结合，即智能增强是一种比自动化更实际的做法。我们对短期运输优化者的初始策略曾经是自动化策略。但是随着我们进入实现阶段，运营研究团队通过和派遣分析员紧密合作，从而近距离接触到了运营细节和数据质量问题。理解这些细节让我们明白，实行智能增强策略是更现实的。不过我们仍然在继续寻找自动化的办法，这会让派遣分析员能够更加专注于

更为广阔的系统问题。

没人知道未来工作的最终数量

所有这些自动化就业机会的建立和成长最终会形成大量的工作，但并不是所有这些工作在本质上都是高度技术性的。谁能知道这些工作的最终数量会有多少？前进类别可能不会取代所有被自动化淘汰掉的工作。《福布斯》的专栏作者吉尔·普雷斯（Gil Press）认为这是一种乐观的前景，他回顾了约翰·迪博尔德（John Diebold）于 1963 年发表的关于自动化影响的文章。迪博尔德预测了对重复性工作在一定程度上的自动化，但是这种情况具有局限性：

> 特定功能，比如低级管理层的文件归档和统计分析将会由机器完成，但很少有公司会实现完全的自动化。很多日常工作，比如类似于回应函件之类的工作都必须由人类完成。

普雷斯使用了我们最喜欢的词评论说：

> 在我自己的书出版两年后，"自动化"这个词就流行了起来，迪博尔德在 1954年就已经"开创"了，当时他只有 28 岁，这并不是因为他开发出了下一代计算机，而是因为他创立了最早的一家针对新技术在业务中的应用而提供建议的咨询公司。一个全新的产业和一群全新的知识工作者跟上了他的步伐。"自动化"已经制造了大量的新工作，而且没有什么理由能阻止机器人在此后创造出更多的知识型工作：咨询工作、服务工作、信息服务台工作、观察工作、计算工作、对话工作、分析工作、研究工作、营销工作、销售工作等。

当然，我们认为普雷斯在这方面是对的。

没人能精确地预测出创新型工作市场的体量，但是既然大多数人甚至都不知道存在这样的工作市场，那么大概在很长的一段时间内，这个领域的工作者都不会面对太多的竞争。如果你想在这个冉冉升起的行业中找到工作，你可以从我们刚才描述的类别中挑选一个，或者另外想出一种可能即将起飞的工作种类。然后你就可以开始准备必要的技能了，进而帮助世界创新。

开创者的 8 条工作法

了解开创者都在做些什么，会让你大致了解自动化系统和智能增强系统会带来什么以及在这个领域中工作的感受。虽然每个自动化系统都是不同的，但不同的项目之间却绝对会有一些共同主题是项目的创造者和领导型使用者都要遇到的。

对于业务使用者的可用性和透明度 |

自动化系统在过去面临的一个问题，就是系统不仅难以理解而且还难以修改。这些系统有时就是"黑匣子"，输入、输出，但是系统得到的答案或决策却并不清晰。但是，这些系统的使用者却越来越不满足于它们仅仅只是黑匣子。如果不知道结果是如何得出的，他们就不信任这些结果；如果不信任结果，他们就不会让系统做出重要的决策。如果参与者不理解或无法改变他们维护的系统，他们就很难和这样的系统一起工作。

第一种让这样的透明度成为可能的，就是保险行业中基于规则的系统。供应商和咨询师为顾客实现了这些系统，这样保险公司就能够理解并且改变这些规则，从而实现与时俱进。对于大部分在今天使用这种系统的公司来说，承保人和精算师可以在没有供应商或咨询师的帮助下，用类似英语的语言和图形决策路径来监控和改变系统。现在，保险行业中基于规则的承保也从最初的财产保险扩展到了新的领域，例如，医疗和人身保险承保领域。

另一个透明度和可用性都与日俱增的自动化领域就是机器人。我们在前文提到过机器人公司 Rethink Robotics 和其他几家公司专注于协作机器人业务，在这样的合作模式中，人类和机器人可以肩并肩地一起工作。对于传统机器人来说，改变动作和行动模式需要对复杂的编程语言进行更改，但改变协作机器人的行为通常只需要向机器人演示规定动作就可以实现。**对于机器人软件的任何改变都是通过可视化用户界面来完成的。另外，协作机器人移动得很缓慢，而且遇到东西就停止，这就意味着它们不会威胁到与它们在一起工作的人，也就是说不需要为了防止它们伤害人类而把它们关进笼子。**

第三类透明度很适合那些想要对整个自动化流程取得一定控制权的提升型管理者。亚伦·凯克利（Aaron Kechley）是由桑德罗·卡坦扎罗联合创立的自动化数字营销公司 DataXu 产品部的高级副总裁。他告诉我们，他们的系统可能会在某个数字营销活动期间推荐上千种不同的改变。他们已经为顾客制造了一个名为"接受改变"的按钮，如果顾客想要了解细节的话，他们还会让顾客看看具体发生了什么改变，是真的看到，系统会给出所发生的改变的视觉展示。事实证明，大多数人会直接接受改变，虽然可能不会真的使用可视化演示或参与详细的决策流程，但他们喜欢一切尽在掌握的感觉。

不幸的是，其他类型的自动化系统没有如保险业、协作机器人，以及数字营销中那些基于规则的系统一样的透明和易于更改。一些机器学习算法根本上就很复杂，而且到目前为止还没有易于理解或修改的方法。不过一些学者包括麻省理工学院的辛西娅·鲁丁（Cynthia Rudin）已经在呼吁这种能力了。一些面向语言的系统可以用图像化的方式展示同一系统中不同词语之间的联系，以及用户的问题是如何被拆解成不同的组成部分。像 IBM 沃森这样的系统可以展示一个答案、决策或者诊断的正确的可能性。其他的一些供应商，比如 Digital Reasoning，则在使用训练数据来改进自动化系统的准确率。他们现在正在努力让用户可以使用自己的新数据集对系统进行训练，从此用户就不用再找供应商或者咨询师寻求这方面的帮助了。这些有助于透明度的做法虽然有时可能难以实现，但努力的方向却是正确的。

扩展方法的基础

正如我们在第 2 章中讨论的那样，过去用来对决策进行自动化的技术大体上都是比较精细的，而且依赖于单一类型的人工智能软件。但是现在，几家供应商正在努力把多种方法结合到一种更广阔的人工智能"平台"上。像 IBM、Cognitive Scale、SAS 以及 Tibco 这样的供应商，正在增加新的认知功能并将其整合到解决方案中。德勤会计事务所正在和像 IBM、Cognitive Scale 这样的公司合作，他们要创造的不是一个单一的应用，而是一个广阔的"智能自动化平台"。

即使当这样的整合取得进展时，其结果与无所不知的"通用人工智能"或"强人工智能"相比仍然相形见绌。未来这方面很有可能会有发展，但近期应该不会。然而，这些短期的工具和方法组合却很有可能会让自动化解决方案变得更加有效。

扩展相同工具的应用

在采用更广阔的技术类型之外，前进型组织现在正在使用他们现有的技术来实现不同行业和业务的功能。IBM 在应用沃森方面是真正的专家，沃森已经被应用到了医疗保健诊断、保险审批、技术支持、购买应用、制药开发以及很多其他领域中。沃森内部的基础技术（至少是其原始版本）是文字摄取、理解以及逻辑推理，而这种能力可以被广泛地应用。但是，沃森的顾客有时会低估用新的术语和问题集来训练系统所需要的时间。

我们在本章中已经提到过几家公司，他们正在把自己的技术应用到新的领域中。Digital Reasoning 正在转移自己的技术，该技术最开始的用途是分析潜在恐怖分子的交流、研究金融服务雇员的合规度，以及追查贩卖人口或是理解投资机会；DataXu 正把它的数字营销自动化软件应用到视频广告购买上；IPsoft 正在将其回答问题的能力从 IT 管理转移到顾客服务和海外客户联系上。

用这种方式跨越领域很明显会为这些公司提供增加收入的机会。但是这也可能会成为提高不同应用的底层基础技术的阻碍。要想为新的应用定制系统，这些公司需要克服不少困难才能获得新领域的专业知识。

报告和展示结果

我们在和开创者，特别是那些自动化软件的供应商进行交流时，惊讶地发现，他们经常会说正在研发更好、更全面的报告系统，以便用来展示他们的系统所完成的工作。现在想来，这也没什么好奇怪的。如果公司正在为自动化系统花费大量金钱和精力，他们就会想看到他们的钱具体是用在了哪些有价值的地方。

比如，第 4 章提到的汽车租赁公司 Zipcar 的会员吸纳部副总裁安德鲁·戴利。我们在第 4 章中把他当作一位提升型从业者进行了讨论。戴利用自动化"计划性购买"了大量的数字广告。我们在那一章中写道，Zipcar 有 26 个不同市场，而每一个市场的预算又都各不相同。"每个月末他都需要去各个市场，告诉那里的同事他们在这个月的收获"。这就意味着对大量报告的需求，因为戴利需要为不同的人量身定制不同的报告。

DataXu 的亚伦·凯克利告诉我们，他的公司从几年前就已经开始重视报告系统的改进了。他说："我们用惨痛的方式学到，你不能先入为主地判断人们想在报告中看到的东西。人们想用不同的方式处理信息。"所以，DataXu 就在最近的"商业智能"工具上投入了重资：全新度量的定制化仪表板以及量身定做的报告。

事实上，DataXu 今天提供的主要服务之一，就是一种能够向营销者展示他们的数字广告是否奏效的工具。这种不局限于报告的方法已经在一段时间以前就通过传统的统计分析方法实现了。但是现在，DataXu 已经找到了一种用严格而频繁但仍然是小规模的实验来测试广告或促销是否有效的方法。有些人会收到广告，其他人则不会，这就可以让人清晰地看到广告或促销对线上销售带来的不同影响。

在工作流中嵌入自动化功能

还记得我们在第 7 章提到的鲍勃·萨顿吗？这是一种似乎永远都在阻碍你工作的回形针一样的"向导"。马腾·登哈林（Marten den Haring）是 Digital Reasoning 公司的产品负责人，他说，因为害怕自己会创造出另一个鲍勃，所以激发了全公司一定要把服务流畅地适配到用户工作流中。

> 我们不想变得具有侵入性。如果工具能够以一种合乎情理而且还易用的方式来帮助人们，人们就更有可能会应用系统并且从系统中获得价值。

这种契合用户工作流的需求对于任何类型的工作者来说，都很重要。UPS 倾尽全力要把自己的自动化驾驶员路线选择算法（ORION）适配到司机的工作中。美国施耐德公司花了很大气力才把派遣系统植入到派遣分析员的工作中。跟法律和医药功能自动化打交道的公司表示，他们的潜在用户（律师和医生）

对于改变有着强烈的抵触，虽然（或者是源于）他们有着高收入和高智商。

我们相信，在未来你将会看到自动化决策功能被构建在更广阔的商业事务系统中。你公司的 ERP 系统将会自动决定是否值得为一个特定顾客提供折扣或加快货运。管理网上工作申请的系统将会自动决定是否值得为某个申请者安排面试。你甚至可能会收到大学申请是否成功的即时自动回复。正如技术研究公司高德纳所说，分析和系统智能将会变得更加"高级、普及以及无形"，嵌入我们所有的系统和业务流程中。

添加新的数据源 |

有一件确凿无疑的事，那就是现成的新数据源会不断地变得越来越容易获取。如果你是创新型组织的一分子，那么你工作的一部分将会是把新数据源合并到自动化系统中。

只要你说出具体产业，我们大概就能告诉你一种已经被合并到智能机器中的新的可用数据源。例如，保险公司正在迅速把卫星图像和地理空间数据加入到财产事故承保系统中。他们不再需要开车到潜在顾客的地点检查停车场的大小或房屋附近的树木，他们可以通过自动探测进行远程决策。理财咨询公司过去局限于只能了解到客户通过他们公司投资的金融财产，现在他们可以获得客户邮编中的关于平均资产的线上信息，或者（在客户的允许下）接入客户其他投资以及银行账户的信息；医疗保健服务提供商和保险商可以找到你正在服用的药物、你昨天走了多少步，以后甚至可能还会知道你吃了什么早餐，如果你把照片上传到社交网站上的话。你的汽车保险商可能会知晓你开了多远的路、开得多快，以及你在一天中的哪些时间驾驶了汽车。

当然，这里面的一些数据源会引发隐私问题。但在很多情况下，这些都是

"选择性加入"信息，因为顾客只要提供这些信息，就能换取折扣或者更深刻的洞察力。像汽车保险公司 Progressive 和小额商业贷款公司 Kabbage 这种公司，已经在其顾客的明确许可下加入了这类信息交换。那些想要维护自己隐私的个人和业务将会面临一个越来越无法回避的选择：放弃，还是为了保持神秘感而支付更多的钱。

致力于数学 |

很多我们采访过的公司都表示，他们不仅在新的人工智能工具和方法以及已有系统的新应用上进行了扩展，还改进和调优了为顾客做出决策的算法和模型。有一些工作涉及用机器学习来进行自动化建模。机器制做出的模型数量更多而且更精细。比如，像 DataXu 这样的数字营销公司可能每周需要上千个模型，来帮助其决定什么样的数字或视频广告应该放在什么地方。对于像 DataXu 这种从事语言处理的公司来说，摄取和解读语言的模型的类型及其所使用的方法仍然在快速演化。这些公司一直都在快速浏览研究文献并雇用新的数学极客来帮助他们改善自己的模型。

当然，那些更数学、更难以统计的复杂性，可能会有悖于让业务使用者获得系统的更大透明度和更高可调节度的目标。就在我们刚刚取得了一种黑匣子透明度时，另一种新的黑匣子就会出现，尽管它能提供更强大的预测力和解释力，它的可见性和可解释性却更低了。公司和研究者们只能继续在这两个领域进行耕耘，并且努力在这两个目标之间维持一种平衡。

专注于行为金融学和行为经济学 |

创新型公司现在也在做一些"避让"，即承担客户关系中某些自动化决策无法完全解决的方面。比如，虽然我们前面提到过的"机器人顾问"可以进行自动化的财务决策，但很多领先的金融企业为了能更好地理解和处理投资者的行为，还是增加了一些针对这方面的功能。你可能听说过"行为经济学"，该学科为经济学带来了革命性的结论：人类并不总是理性的。金融投资公司在个人投资领域有一个类似的概念，叫作"行为金融学"。这意味着，无论那些能够决定何时买进或卖出何种金融资产的自动化决策系统有多好，不理智的人类可能都会置建议于不顾，无论是人类的建议还是自动化的，然后做出糟糕的决策。

投资者做出糟糕决策的几种常见方式包括损失规避，即总是想着一美元也不要丢，而不是多赚取一美元；熟悉度偏误，即更愿意去投资熟悉的资产，比如故乡公司的股票，而非那些他们从来也没听说过的公司。这些非理性的投资准则会导致一种十分可悲的投资者行为：高买低卖。

只有那些拥有机器人顾问的公司，比如 Betterment 和 Wealthfront，以及一些采用了一部分自动化建议能力的大型财务顾问公司，比如领航集团（Vanguard Group）和 Fidelity 已经开始采用行为金融学的方法来理解和改进投资者的行为。在一些案例中，他们提供教育和其他劝说方法来纠正行为金融问题。在其他案例中，他们则直接把理性行为编入其自动化系统中，寄希望于非理性的投资者不要通过撤出投资的方式来推翻他们的建议。我们将在下一章中简要介绍，领航集团是如何利用这些理念和半自动化线上建议系统进行相互协作的。

到了现在，有一点应该已经清楚了：创新将是经济体中一个充满活力的类别。如果你认为自己拥有这些必要技能中的一些，你现在就可以开始为自己筹备一份这样的事业了，时不我待。

就像我们在之前提到其他一些你可以采取的用来保住工作的手段时一样，在这个属于聪明绝顶的机器的时代，要想成为一名开创者，你也需要成为一位充满朝气的行动派。构建和实现自动化系统的技术正在飞速变化：这些系统的开发本身甚至也正在变得更加自动化。想要在自动化系统产业工作的人必须要特别擅长学习新技能，并且善于更新能够反映出他们所掌握的新技能的简历。而他们得到的回报将很有价值：在一个令人兴奋的行业中工作，并且能在很多年中都获得一份不错的收入。

一个开创者的自我养成路线图

◆ 如果具有以下特点，你就有可能成为开创者：

- 你对某种类型的信息技术（并不一定是认知类）有着深入的理解，同时你也愿意探索一些新工具；

- 你已经能够轻松胜任和IT相关的某种形式的支持型角色；

- 你对认知技术充满热情，而且愿意进行大量的学习；

- 你是你所在领域的专家，并且也愿意探索认知技术能在该领域扮演的角色；

- 你拥有或想要一份探索新技术的工作，该工作要求你探索如何才能让新技术融入到你公司的战略和运营中。

◆ 你建立开创者技能的方式包括：

- 在大学学习计算机科学和数学/统计课程；

●在线上课程中学习机器学习和人工智能；

●上课、听在线研讨会，以及阅读供应商的白皮书（该供应商已经把认知技术卖到了你所在的行业）；

●出席关于认知技术或其组成，例如分析学、机器学习等方面的大会；

●探索已有的认知技术工具，方法包括下载该工具免费或便宜的版本，或在云端试用。

◆ **你可能正身处于：**

●认知技术解决方案的供应商；

●探索或实现认知技术的业务中。

第三部分

人工智能不会让
工作裂变，只会把它变得更好

—

ONLY
HUMANS
NEED
APPLY

Winners and Losers in the Age of Smart Machines

09

智能机器时代，打造完美员工的7个步骤

—

ONLY
HUMANS
NEED
APPLY

困在地下的矿井中，同时思考着你是否还能有机会重见阳光，度过这样的 69 天将是一个无比漫长的过程。但是如果智利国家铜业公司 Codelco 现在还没有参与进来的话，这些被困的矿工可能将会经历比那更加可怕的磨难。

你可能记得这个故事：2010 年 8 月 5 日，圣埃斯特万派美雅矿业公司（San Esteban Primera Mining Company）的一座位于智利北部科皮亚波的铜金矿遭遇了一场严重的地下坍塌，33 位矿工被困在了地下 700 米处的一个避难所中。一场大型的国际救援行动立即展开，智利国家铜业公司在其中提供了大量协助。在救援期间，救援队钻开了不同的孔洞，好让矿工们获得新鲜空气和补给。最终，在 10 月 13 日，矿工们被绞盘机一个接一个地拉到了地面上，全世界有数十亿人通过直播观看了这场救援行动。当最后成功的旗帜飘扬起来时，上面写的是 "Misión Cumplida Chile"（任务完成，智利）。

但在同一年，智利国家铜业公司做的另一件事却完全没有获得世界的关注，而这件事在当年救援矿工的行动中却是功不可没的。在科皮亚波事故发生的那一年，智利国家铜业公司启动了新的整合运营中心，其目的是为了控制各种各样的机器人和自动化采掘机。在投资了这些智能机器之后，智利国家铜业公司可以用最好的方式来保护自己的人类员工了：从一开始就不把大量矿工送到矿井深处。

智利国家铜业公司并不是在2010年才开始探索智能机器的，它从20世纪90年代开始就对自动化进行了实验，当时该公司首次在地下矿井中使用远程"遥信"技术来控制岩石锤。到了2003年，智利国家铜业公司则开始了广泛的"Codelco数字化"举措，其核心就是对采矿设备进行自动化和远程控制。这个项目需要对当时可用的自动化技术以及公司的核心业务流程进行广泛的考察，并时刻留心思考两者的结合方式。

在Codelco数字化的召唤下，各式各样的自动化措施启动了。自动驾驶卡车在2008年被引入，装车也相应地变得越来越自动化。与此同时，矿井火车也变得越来越自主。熔炼和破碎操作则是在先进控制系统的控制下运行。在现在开发的一些新地下矿井中，采矿设备将会是100%自动化或机器人化的。

虽然目前仍然有3 400名矿工需要下到地下矿井中工作，但是现在智利国家铜业公司能对他们每一个人进行实时定位，并且还可以追踪他们当时的健康状况和环境条件。2016年，智利国家铜业公司在地下矿井中基本能实现完全的自动化采矿。

无论是根据哪种严格的定义，矿工都不是"知识工作者"，但是智利国家铜业公司的例子却教会了我们一些重要的经验：智能增强在任何环境下都有其实施的方式。首先，我们欣赏智能增强的一点是，这种方式来源于专业人士的专业思维。马尔科·奥雷利亚纳（Marco Orellana）是智利国家铜业公司的首席技术官以及 Codelco 数字化的领导者，他告诉我们：

> 地下矿井和冶炼厂中的作业流程具有很高的风险性，同时又处在极其不利的工作环境条件中。我们需要给工人创造更好的安全条件，还需要为那些不喜欢在矿井或隧道中工作的新工人提供一种吸引力。

当然，智利国家铜业公司对自动化带来的生产效益也很感兴趣。但他们当前的重点还是工人的安全。不过，Codelco 是一家国有企业，在国有企业中发起以消除劳动力为主要目的自动化举措并不具备政治上的可行性。

在这个例子中，还有一点是值得我们学习的，那就是智能机器的使用虽然是以机会主义和一个定位狭窄的项目（遥控锤）作为起点的，但是随后这个项目却可以演变为一个更广泛的战略，如 Codelco 数字化，从而能让从事核心工作的人创造出更多价值。智利国家铜业公司内部整体的员工和作业技能已经在过去的 10 年中发生了巨大变化。卡车司机已经变成了控制杆司机，而选择司机的标准，其中一部分就是基于他们玩电子游戏的技能。控制员能够理解自动化系统的工作方式，并且学习了他们在仿真中需要管理的变量和信息。车队经理优化了对卡车的使用。其他工作者则专门研究机器人设备的维护。智利国家铜业公司的专业人士创造了概念化的设计要求以及所需能力的规范，他们和智利以及国际上的设备供应商一起在寻找自动化的设备和系统。

智利国家铜业公司的转变是人 – 机智能增强这一新兴策略中一个激动人心的故事，其他公司都可以从这个故事中获益。自动化技术、集中监控和控制以及远程操作的结合，意味着一个工人在未来再也不需要或者说很少需要去地下采矿。铜矿开采已经从危险的劳动密集型工作，转变为一个由创新、知识以及技术驱动的工作。

你不是贡献者，而是管理者

智利国家铜业公司是一家不同寻常的公司，因为他们在很早的时候就已经开始实施智能增强策略了，当然，该公司与其他公司相比，也更有动力和需要去保障员工的安全。大多数企业并没有智利国家铜业公司矿工经历的那般泥泞而危险的工作环境。他们的自动化是在一系列外部设备和自动化服务供应商的帮助下完成的，这些供应商在产品的自动化上已经取得了明显的领先地位。他们知道，虽然智利国家铜业公司是早期且比较激进的采用者，但很多其他矿业公司最终也都会实施自动化和智能增强策略。

同理，对于很多其他类型的组织来说，现在也是时候更加广阔地思考机器和人类之间的合作方式并且规划智能增强策略了。这种技术正在迅速成熟，而像 IBM 这样的大型供应商也正在以非常快的速度签署合同，并发布其快速进军各个领域的新闻稿。你的竞争对手很可能已经在开展这个项目了。在其他某些行业中，比如保险业（和采矿业一样都属于早期采用者），自动化决策制定已经变得越来越普及和商品化。所以我们现在必须重新思考智能机器：我们能用这些工具干什么、人们应该如何和它们一起工作，以及如何从中获得最大限度的组织优势。

在整本书中，我们都把重点放在了如何武装个人知识工作者上，帮助他们在一个充满智能机器的世界中调整自己，以便不断地向前发展。但是我们也曾不止一次地说过，大型雇主及其管理者也必须为智能增强策略提供组织环境。所以现在我们没有把你，亲爱的读者，当作是个人贡献者，而是把你看作是一位管理者。在你的指导下，你的组织可以帮助其知识工作者创造出数量更多或更少的成功改变。你可以鼓励人们学习新技能，并为他们提供时间和机会。你还可以在设计业务流程时把智能增强策略定位为重中之重。而且你可以让你的供应商和咨询公司明白，智能增强是一个关键的组织目标。

员工第一，机器第二

我们不会指望雇主拥抱智能增强策略的理由仅仅只是为了让自己的员工开心，虽然提高对这一点的重视程度似乎已经成了一种越来越强烈的趋势。例如，HCL 科技的长期领导者维尼特·纳亚尔（Vineet Nayar）就强烈地相信这一点，这在他的书《员工第一，顾客第二》（*Employees First, Customers Second*）中有详细的描述。但是，随着大多数公司逐渐意识到智能增强才是通往掌握可持续竞争优势的唯一路径，他们最终会接受智能增强。

当这些公司意识到把人替换为机器在本质上其实是对自己不利时，针对这个观念的转变就开始了。用最简单的话来说，就是选择自动化策略意味着加速了让你冲向零边际利润的现实。如果你正在用自动化来完成那些曾经由你的员工来完成的工作，而且仅仅只是让工作的速度变得更快的话，那么很有可能你的竞争者也会做同样的事。能为整个行业提供自动化解决方案，对于供应商和咨询公司来说都是再高兴不过的事了，所以最终你和你的竞争者向市场提供的将是完全相同的产品和服务。你的成本会下降，其他人的也一样。迟早会有人决定，他们要让利于顾客，而最后的结果就是所有人的利润都会下降。

与此同时，你的自动化进程在没有人照料的情况下会变得更加脆弱而且还不灵活。我们在提及各种不成功的技术时也曾暗示了这一点，从自动化呼叫中心，到线上"向导"，再到跳舞时摔倒的机器人。我们给了智能机器它们需要的东西，而它们就像是一直都在进步的队友，但人类的输入在这样的学习进程中仍然是至关重要的。如果你选择了过多的机器人自主性，这就会让你的顾客和员工经受大量的挫折。

一些组织在追求自动化的同时也考虑到了人类角色的作用，我们会把其称为智能增强。但其他组织却期待能摆脱尽量多的人，虽然他们没有直接说出来，这样会对公共关系造成负面影响。比如，加拿大石油公司森科尔（Suncor）通过向投资者展示了一张用 PowerPoint 2013 修饰过的幻灯片，介绍了该公司的激动人心的"自主运输系统"，他们对此还特别增加了一个优点："技术为工人们创造了技术技能提高的机会。"但是，该公司的首席财务官阿里斯特·考恩（Alister Cowan）在 2015 年于纽约举行的加拿大皇家资本市场（RBC Capital Markets）大会上对投资者说的话，似乎更能清晰地指明该公司为什么要努力用自动化卡车来替换重型货车：

> 这将会从运输线路上拿掉 800 人，每人的平均年薪是 20 万美元，单从运营角度这一点上，你就能看出我们将要省下多少钱。

有一些公司甚至都懒得去粉饰太平。当马丁·福特（Martin Ford）在为他后来声名大噪的书《机器人时代》（*Rise of the Robots*）做调研时，遇到了一家名叫 Momentum Machines 的公司。该公司创造出了一套用于生产美味汉堡的自动化解决方案，公司的联合创始人亚历克斯·瓦达科斯塔斯（Alex Vardakostas）说：

> 我们的设备不是为了能让员工更有效率……它的目的就是彻底消除员工。

硬核式自动化有时会让组织只能去采取某种特定的生产或运作方式。你可以这样考虑：无论你是有一条汉堡生产线还是有一个类似于保险业这样的服务流程，都需要进行大量的投资，并进行大规模的组织结构变更才能实现自动化解决方案。一旦自动化系统就位，你就不太可能想要去改变它。构建一个新的或者完全不同的自动化系统是一项极具挑战性的商业活动。如果你设计的是一个偏向于智能增强的方案，它会让聪明的人和智能机器一起工作，这可能会让进程的调整变得更加简单。

激进的自动化的最后一个问题就是，最终，你将和其他人一起，不再能够理解进程当初的运作方式了。如果剩下的工作并不令人满意，那么最好的工作者将会离你而去，而且也不再有人能帮助你改进流程、突破瓶颈，或者当系统因为某些原因停止工作时去手动完成工作。面向智能增强的工作设计在这方面面临的风险相对较小，因为留在组织中的通常都是最有知识的一群人。但即使是采用智能增强策略的公司，在专家工作者决定离开或者退休时也会面临问题。如果他们没能在不同阶段建立起持续不断的工作者管道，最终，专业知识的源泉也会枯竭。

面向自动化的方法制造了上述所有的这些问题，因为这些方法主要或仅仅关注成本的降低。所以，即使成本节约实现了，但可能也是以降低长期收入和缩小边际利润为代价的。而智能增强策略更有可能获得价值和创新。我们认为，任何有竞争力的组织都无法忽视我们在本书中描述过的智能机器所具有的优势。**我们相信，只有把智能机器和聪明人相结合，才是更有益于长期发展的做法。**

与此同时，贯彻智能增强策略会让你更容易获得效率和生产力上的效益。例如，Facebook 的业务凶猛而快速的增长让该组织不得不关注面向 IT 任务的自动化，比如，如何对其数量庞大的服务器进行管理。在一次对 Facebook 工程部副总裁杰伊·帕里克（Jay Parikh）的采访中，他明确表示这就是其中的一个强化方案。他告诉我们：

> 所有这些自动化项目的目的，都是为了让我们可以把简单却耗费时间的任务从我们真正聪明的员工的工作流中移走。我们更愿意让他们把时间用在思考接下来的两年可以做什么，而不是浪费在我们在过去两年中构建的那些东西上。

当我们遇见帕里克时，我们作为使用者已经很熟悉 Facebook 的基本产品了，而且作为商业新闻的热忱读者，我们也经常听说 Facebook 投资的那些野心勃勃的新领域。但我们从未真正仔细思考过其运营的绝对规模。用帕里克的话来说就是：

> 我们的基础设施在全世界范围内跨越了几十万台计算机，我们在主应用上要为14.4 亿人服务，在其他应用上也要为几亿人服务，而且我们每时每刻都在部署上千位工程师编写的软件。

帕里克解释说，无情的"产品开发节奏"，是需要维持的最重要的事，也是他们在自动化方面持续进行投资的基本动机。让人们能够放手去构想新的社交解决方案，这件事非常有趣、非常重要，而且毫无疑问是属于人类的工作，意味着不仅要解放人的时间，还要控制由服务激增所带来的操作复杂性。

Facebook 在保持底线增长的同时，仍然获得了真正的实际效率。比如，帕里克用"数据中心确实发生了变化"来形容 Facebook 软件和硬件维护的自动化程度，对于某些修补来说，甚至连修正决策和流程也是自主的。

> 很多工作现在都是这样完成的，我们每 2.5 万台服务器只需要 1 名技术人员。这基本上算是一个闻所未闻的比例。大多数 IT 企业的比例是 1∶200 或 1∶500。

帕里克还提醒我们说，当剩下的经济体可能已经不再承载有很多机会时，硅谷在争夺人才方面仍然是剑拔弩张的。如果工作无趣，那么即使是 Facebook，想雇用并且留住一位高水准的工程师也是很难的。为了达到这个目的，就要搞清楚如何才能去除那些不太有趣的的任务。如此浓重的强调自动化在解放人类和保持人们工作积极性上所具有的意义，听起来很像是智能增强。

有了我们在本书中所描述的智能增强策略，即结合参与者、全局者以及开创者，你就能得到最好的人和机器。你的组织中很可能也有留给避让者和专精者的重要位置。如果你赏识并且奖赏这些人，你就会被看成是聪明人的理想雇主，从而可以吸引来那些刻苦学习了智能机器的功能，以及知道如何为它们增加价值的人。除了获得更高的灵活性和面对改变时更快的响应性之外，你还会获得生产力上的优势，而且不会被锁定在不灵活的解决方案上。人类工作者可能觉得很难告诉你他们做不好自己的工作而应该让其他人来顶替，但是计算机系统却完全无法做到这一点。直到机器获得这种能力之前，你都应该将人类和机器相结合。在下一节中，我们将描述如何着手规划并实现你的智能增强策略。

付诸实践，人机结合才能创造兴旺未来

我们假设你已经被说服，相信人类和智能机器的结合才是在未来兴旺发展的唯一可行方法。作为管理者你该如何继续前行？特别是在涉及快速演化的技术领域时，你又如何才能在今天为下一年可能会变得非常不一样的技术制定出应用规划？

别担心。虽然事情将会继续发展，但是智能技术增强人类的大体方式已经非常清晰了，并且不会在眼下出现太大的改变。**规划智能增强系统的关键在于拥有清晰的视野，既要清楚技术能做的高级别事情，也要明白你需要的东西。**

我们将会用不同的例子来描绘规划和开发智能增强策略的流程，而在我们所描述的流程的每一步中，我们都会向你指出一个特别具有启发性的例子：领航集团启用的一个用于支持其财务顾问的智能系统。该系统有能力针对客户在资产管理方面的提问制定出快速而准确的回应。领航集团因向投资者提供低价的指数基金服务而闻名，而它在结合聪明人和智能机器上也取得了很不错的成就。

第1步：了解你最有影响力的决策和知识瓶颈 |

有时，花费了很多时间实现的智能技术也有可能并不符合你的业务需求或者没有解决重要的问题。所以我们最好先从一个非常简单的问题开始：如果你能挥舞魔杖让一些你精挑细选的专业人士拥有超能力，你将会在哪些方面扩展他们的能力？具体来说就是，你想帮助他们在哪些问题上做出更好的决策？他们缺乏哪个领域的知识，而这些知识又是他们能有效完成工作所必需的？很多管理者喜欢用企业的"杠杆点"来思考问题，也就是说运营上的一个小改进就能在市场上或者是组织结构上产生很大的收益。

例如，在纪念斯隆-凯特琳癌症中心，没有什么能比帮助医生们去更好地回答他们每天都要面对的问题更加重要了：治疗某位特定患者的癌症的最佳方法是什么？强化诊断和治疗决策还没有大规模渗入到肿瘤专业，但有很多证据表明这方面的成功将会指日可待。这个领域现在正变得越来越复杂，而毫无辅助的人类大脑的表现却越来越力不从心。根据现在的估计，总共有超过400种癌症，新的种类在不断产生，而治疗癌症的药物的数量也在急剧增长。仅仅只是针对乳腺癌，就已经有75种用来防止和治疗这种疾病的药物通过了审核，其中包括了单独用药或联合用药。与此同时，个人基因组成对癌症的影响也变得越来越明显，无论是在所罹患癌症的类型方面，还是在患者对于特定治疗的反应方面。菲利普·夏普（Phillip Sharp）是麻省理工学院一位领先的癌症研究者，他说人类肿瘤的排序"已经揭示出了上百种不同组合的致癌基因和肿瘤抑制基因"。而我们对于这些基因所能造成影响的理解才刚刚揭开帷幕。

个人化治疗方案的选择会涉及患者的基因、蛋白质组（蛋白组成）、生物群系以及新陈代谢功能数据。而针对所有这些特征的测试和标记将变得越来越容易，这就意味着数据、数据、数据！所以纪念斯隆-凯特琳癌症中心等机构确实有理由利用像 IBM 沃森这样的工具在强化诊断及治疗决策方面做出努力。

当然，一个组织不会只存在一个类似于这样的应用领域。事实上，大多数组织中都会有很多不同的知识瓶颈在阻碍高效的决策制定和实施。例如，在休斯敦的安德森癌症中心，虽然临床医生正在利用沃森提供的针对不同癌症的治疗指导来进行"对月发射"（他们自己使用的词），但他们的首席技术官克里斯·贝尔蒙特（Chris Belmont）却还在寻求另外一种被称为"让 1 000 种认知花朵开放"的策略。通过使用 Cognitive Scale 提供的技术，贝尔蒙特已经为一些问题建立了应用，这些问题包括把患者引导向当地的治疗资源、确定哪些患者最有可能面临无力支付账单的风险、为关键企业应用提供一个"认知求助台"，以及很多其他应用。目前贝尔蒙特和他的团队已经在认知应用领域中鉴定了超过 60 个的用例，他期待还会产生更多。

在领航集团，管理层明白，一旦他们启动了新的建议服务，顾问和客户之间的信任关系就会成为公司成功的核心。但是信任是一种超越了单向度的心理契约：客户需要相信他们的顾问不仅永远都在努力将客户的利益最大化，还能对客户的目标和情况有着感同身受的理解；而顾问则需要让他所提供的合理建议具有竞争力。信任等式的后面一种考虑就是领航集团认为它可以用智能决策工具来增强的方面。

比如，现在让我们思考一下一个经常会遇见的问题，这个问题通常是由刚刚退休或临近退休的客户提出的：他们每年能安全收回多少资产？对于这个问题，有一个久经考验的普适性答案：每年 4%。但是这样的经验法则并不总是适用。要想获得一种更有效且更安全，也就是说更值得信赖的答案，就会涉及综合了年回报水平期望、利率、通胀以及客户特定财务状况等很多因素的复杂计算，换句话说，就是需要计算机程序的参与。

关于领航集团设计的最终被命名为"个人顾问服务"（Personal Advisor Services）的服务——我们想要强调的是，从一开始它的定位就是具有能够胜任关键角色所需宝贵技能的人和新型复杂技术的结合。就像负责创造个人顾问服务的组织领航建议服务（Vanguard Advice Services）的负责人卡琳·里西（Karin Risi）在宣布该服务时所说的那样：

> 我们相信人类顾问的价值。我们为顾客提供建议已有将近 20 年的历史了，所以我们曾在多个市场周期中见证过顾问的价值。我们仍然认为将两者结合是至关重要的。

"个人顾问服务"的计划不仅是要帮助顾问给出更好的建议，它还让顾问们有能力去服务更多的客户。通过移除掉手工计算这个包袱，领航集团的顾问们可以把更多的时间和精力投入到他们的特长——同感式指导上，而这就意味着可以有更多客户获得这方面的服务。通过强化，领航集团得以把提供资产管理服务的人类顾问服务成本降低 30 个基本点（即客户每年投入的资产价值的3‰），他们比以前收取的费用低，也比其他绝大部分投资顾问的收费更低。这项技术极大地扩展了能享受到这种手把手服务的顾客的基础，因为领航集团对于顾问服务的最低资产要求从 50 万美元下降到了 5 万美元，这也比很多其他顾问的要求要低。所有这些都和领航集团提供高水准服务的强大企业文化和清晰使命相吻合。"永远把投资者的利益放在第一位"的保证是领航集团向客户做出的几项承诺中的第一条。同时这也让顾问的工作变成了能让更多人成长并且完全参与进来的职务。

为了帮你的组织达到同样的效果，你的第一个目标须与此相似，即找到那些可以做出刺激企业成长决策的有价值的人。为了能让这种机会出现，另一个问题可能是：哪些人虽然你现在要对他们进行高度补偿，但是仍然需要雇用更多？

根据 Facebook 的杰伊·帕里克的观点，增强这些人的能力不仅能帮你留住他们，还能帮你吸引更多这样的人。

还有一点可能显而易见、不言自明，但我们还是要指出：和这些人聊聊。直接去到源头，询问一线人员：如果他们有了计算能力，他们希望在哪些方面提高对顾客的服务？他们在哪些不需要运用自己才智的工作上浪费了自己的时间和公司的金钱？如果他们能够卸掉自己掌握的常规任务，他们将会如何利用自己的时间？**让人们运用新工具的最好方法，就是给他们一个他们想要的工具。**

在理想的世界中，你可能已经清晰地掌握了你组织中的那些最为重要的决策和流程的脉络，以及随之而来的针对应用认知技术机会的完整分类。但是，在实际情况中，你却可能没有这么清楚。没关系。能在最开始时拥有对商业模型的基本理解，就已经足够了，你只要能够鉴别出需要出现在智能增强愿望清单中的关键决策和活动就完全可以了。随着你对其进行进一步的探索，你就能够不断厘清剩下的脉络。

第 2 步：跟踪技术发展

有时，只要你有关于目标决策或活动的清晰想法，就可以轻松地鉴别出适合的认知技术。而在另外一些情况下，技术突破本身就可能会向你提供一些你原本根本无法想象的智能增强可能性。所以一定要时刻关注机器学习、自然语言处理、机器人学，以及人工智能这样的领域的发展。你也应该不断问自己这个问题：我们该如何利用这些技术？这里需要澄清一下，这其实就是那个会让公司陷入我们曾在上面提到过的那些麻烦当中的问题：应用这些技术的原因是因为这些技术"现在很火"，而不是这些技术能够在公司最有价值的机会中对公司提供帮助。我们在这里不想推翻第 1 步。尽管有警告在先，我们还是要指出不断发展知识基础的重要性，这些知识会帮助你在组织所面临的问题和已经存在的解决方案之间建立连接。

例如，计算机已经学会了阅读，并且还能通过对大量文本内容进行快速吸收，进而得出推论，但这是最近才有的发展。如果你不是人工智能社区的一员，你可能在 IBM 的沃森获得益智类问答节目《危险边缘》的冠军时才第一次听说这件事。为了得到每个问题的答案，沃森（特别是它的"发现顾问"）要阅读整个百科全书以及数不清的网页。你该如何去利用这样的能力？在达拉斯的贝勒医学院（Baylor College of Medicine），他们用该技术通读了超过 7 万篇的科学文章，寻找任何关于可以修改 p53 蛋白质的记载，而 p53 是一种可以控制癌症生长的蛋白质。大多数科学家需要花费一年的时间才能费力地鉴定出一个这样的蛋白质，而沃森用几个星期的时间就找到了 6 个。不过公平地说，沃森花了几年的时间进行准备。其他组织也在使用类似的技术，从存在于巨大体量数据内的自然语言内容中收集真知灼见。

或者想一想"物联网"：在真实世界中，把一个小传感器放在一个物体上，并且让它拥有能实时传递所读取的数据的能力。计算机的处理能力决定了这种技术的崛起，因为这样的计算能力让计算机可以处理别处生产出来的海量数据。对于毫无辅助的人类来说，监管和控制如此大的传感器网络是完全无法想象的，而这些传感器的用途其中就包括：检测在离岸很远的地方是否有一场海啸正在酝酿。在你的组织中可能还没有出现这样的技术，所以我们要问：如果我们有这样的能力，该如何利用它来提高我们的业务水平？你可能现在就需要问自己这个问题了。

在领航集团，个人顾问服务背后的技术之所以会出现，是因为他们之前和技术供应商的合作，其中包括一家名为金融引擎（Financial Engines）的公司，该公司是一种金融仿真的先驱，这种仿真可以显示出一位退休人员在不同条件下把钱用光的可能性。对于领航集团来说，虽然当时还没有认知软件成品可以购买，但是在"机器人顾问"创业公司，比如 Wealthfront 中，却有合适的模型，而且 Wealthfront 在当时就已经推出了线上顾问业务。

第3步：考虑对机器自治的限制 |

对业务流程所要进行的自动化的程度并不总是由公司来决定的。法律、法规以及工会契约可能会严格地限制一家公司对有前途的技术的使用，甚至对于限制规则是否存在的猜测也会抑制技术的发展。但是我们有必要强调一点，在你所处的行业中那些对自动化进行限制的规则可能最终会对你有好处，前提是你的战略目标是智能增强。

例如，自动化运输解决方案的开发者（想想自动驾驶汽车）所面临的是一个介于法规密林和法规沼泽之间的困境。现在无人驾驶汽车、卡车以及无人驾驶高尔夫球车的技术能力已经非常精湛了，或者说可以变得很精湛，虽然目前这个结论已很明了，但法规政策何时才能允许这样的汽车出现在高速公路或球道上，还是个未知数。像谷歌和特斯拉这样的公司，以及汽车行业中的中流砥柱福特、通用以及奔驰，都已经在开发自动驾驶汽车上投入了大量精力，但它们却可能会发现，自己被相关的法规困住了手脚，而这样的法规可能会警告司机一定要把手放在方向盘上、把脚放在刹车踏板上。一旦这种情况发生，可能那些一直以来都没有强调自动化策略，特别是有些公司还仔细思考了该如何重新安排被技术解放了的人类的注意力，而是强调智能增强策略的公司将会获得重大的胜利。这样的公司将会获得增强性能所带来的好处，而且不需要和市场中那些单纯提供自动化解决方案的对手去竞争，还不会面临因竞争造成的严酷的定价压力。

当然，领航集团是在经济体中高度法规化的领域里进行运营。金融服务是一个会被任何和机器人有关的联想牵连到的行业，这是由于在 2010 年制造出美国止赎权危机的抵押放贷者们以及他们的欺诈性机器人签单。虽然针对"机器人顾问"系统该如何构建和实施，美国证券交易委员会和美国金融业监管局（FINRA）已经设置了重要的屏障，美国金融服务公司的主要监管部门还发布了联合警告，告知金融公司的客户应该警惕这些系统，比如有一些系统会有隐藏费用或者限制投资选择。就这个警告本身而言，这并不是一项规定，而是监管部门感觉有必要发出的教育性公告。领航集团因为有了自身的增强设置，远远地规避开了单纯的自动化服务可能会带来的风险。

要理解你行业中的限制以及其中所蕴含的机遇，你应该始终关注最新的裁定，留意那些涉及塑造未来规则的对话。如果你预想的解决方案会使用到顾客的个人可辨识数据，那么这将会是尤为重要的一点。因为如果你生活在"老欧洲"，就像美国国防部前部长唐纳德·拉姆斯菲尔德（Donald Rumsfeld）曾经说过的那样，你可能会发现，虽然你的公司已经可以利用神奇的能力向个体消费者发送个性化邮件或网页广告，但是你却被禁止发送或传递这些东西。即使是在美国，你也许能就如何处理某种疾病或者选择哪位医生向患者提出好的建议，但如果你这样做的话，就会违反 HIPAA 法案在医疗隐私上的规定。

我们不是律师，也不会徘徊在华盛顿特区的白宫前街上，那里可是规章制度游说的天堂。但是我们建议你，不要在没有仔细评估风险的情况下就对智能机器进行过大的投资。找一位对你所在领域会涉及的关键决策自动化法律分支了如指掌的律师。而且你也要准备好支付一些咨询费用。可以想象，像这样的隐秘法律专业离自动化还很远！

第 4 步：构建你的智能增强策略 |

有了所有这些你刚收集到的以及你已经掌握的信息，包括你的业务及其决策、演进的技术，以及自动化的法律限制，你现在应该能够清晰地看到符合你使命和策略的智能增强机会。你已经准备好了用这些技术来达成一个不错的初始目标，换句话说，也就是一个应用。

你需要在两种主要的类型之间进行抉择："对月发射"和"小步快走"。对月发射是通过改变组织中最为核心、影响最大的工作方式来获得潜在的巨大回报。也正因为如此，这种方式的特点还包括，它具有把任何挫折都放大为更大程度的失败的高能见度。小步快走则让你可以学习并且从聚光灯下收获信心，不过这有可能无法给整个企业带来有足够影响力的成功，从而激励接下来的投资。

这个困境的正确答案并不是唯一的；最适合你所处环境的选择可能依赖于那个环境对这种创新的渴望和期待。在纪念斯隆 - 凯特琳癌症中心，很容易就能看到支持癌症治疗所推荐系统的潜在价值，因为这是一种非常复杂的疾病，其中涉及的信息和科学对于人类大脑来说都太难记忆了。那里的人们也明白，信息是如何增加所要解决的问题的复杂度的。目前癌症中心的沃森项目远远落后于原定计划，就像所有我们知道的面向癌症的人工智能项目一样。用智能机器和癌症作斗争，事实上比任何人预想的都要困难。

这就是"对月发射"方案的优势和劣势，简而言之，这是一个非常值得解决的重要问题，但想要做到却很难。这样雄心勃勃的项目会花费很多，可能会比任何人预想的都要花时间，而且最后还可能会功亏一篑。所以你需要平衡达到一个远大目标所能获得的价值，以及无法成功完成该目标的更高可能性。

与其对立的策略就是选择你业务中一些不那么具有战略意义的领域，但是在这样的领域中，你可以找到更简单的方法来利用智能机器来增强有价值的专业人士。正如我们前面所说，安德森癌症中心已经在一个"对月发射"计划之外采用了一个这种类型的策略。一般来说，这意味着要瞄准重要的和战略性的"后台"活动（那些并不具有使命意义的任务和流程），在这些地方你仍然可以受益于创新以及技术的持续提升。这是一种面向认知技术的低风险、低回报的方法。

在过去的很多案例中，这种类型的工作被外包给了具有更低成本劳动力的离岸供应商。很多被外包和被发送到海外的任务都是易于说明和监控的。当一项工作无法被详细说明时，要为该工作编写合同也是很难的，所以这样的任务就不会被外包。以银行的行政性事务为例，银行可以清晰且详细地说明那些事务的工作流程和处理逻辑，所以这些任务就可以在技术的辅助下完成。工作完成的地点不再重要，所以这些工作就流向了低成本劳动力且具有良好英语能力的人，最常见的地点是印度。

目前离岸外包已经成了一个兴旺发达的产业。今天，由于自动化系统和流程自动化正在执行着结构化的行政任务，所以无论是软件创业公司，比如美国的 Automation Anywhere、RAGE Frameworks、IPsoft，以及英国的 Blue Prism 公司，还是大型外包公司，比如 Wipro、TCS 以及 Infosys，都在创造可以把行政任务自动化的人工智能平台。

Blue Prism 公司的顾客 O2 和 Xchanging（从劳埃德保险公司产生的外包公司）现在已经把一些离岸工作拿回来交由机器人来完成了。其实就是装配了合适软件的计算机，因为所安装的那些软件具有足够的灵活度，所以计算机可以在知识工作者的指导下完成重复性任务。Automation Anywhere 专注于从各种不同的系统中收集信息，这样的系统也包括电子病历。RAGE Frameworks 的关注点则是金融服务公司的自动化流程。IPsoft 到目前为止关心的主要是 IT 管理流程的自动化，但是现在他们正在用智能交互系统"阿梅莉亚"来扩展其业务重点。

我们和一家已经通过使用 IPsoft 的产品 IPcenter 自动化了很多 IT 管理任务的公司 KMG 国际进行了对话。马塞尔·奇里亚克（Marcel Chiriac）是该公司的首席技术官，他说自己在 2013 年领导了一个名为重建失控外包协议的项目。他的一部分工作就是和 IPsoft 一起自动化很多简单直接的 IT 任务，诸如网络和基础设施管理以及加油站技术监控。自动化脚本运行在 200 台左右的"自动装置"上（总比叫它们机器人强）。这些自动装置完成的是磁盘空间监控和文件删除、自动化重启死机的 PC，以及设置新员工邮件这一类的工作。奇里亚克向我们展示了一份报告，该报告显示最近 73% 的故障报告单都是在没有人类干预的情况下解决的。奇里亚克说公司通过自动化之前外包的服务省了一些钱，但他主要关心的还是服务的质量。事实上，他们获得的服务质量很高：不单单是在快速且自动地解决故障报告单方面，公司的 IT 基础设施在最近的 15 个月内也没有发生任何意外的运行中断。

很显然，这是和纪念斯隆-凯特琳癌症中心的癌症治疗工作完全不同的一种类型。这个项目风险低，涉及的还是行政工作者，而非备受瞩目的知识工作者，而且在这个正在被自动化或智能增强的领域中还有几个已经拥有了成型解决方案的供应商。如果进行大规模应用的话，这种对后台工作者进行智能增强所产生的结构性变革会影响工作的完成方式和地点，以及那个年产值超过 1 000 亿美元的外包产业。这可能就意味着，那些曾经因为低成本劳动力而被发送到国外的工作将会返回国内，由机器来完成。

回到领航集团的例子，我们已经说过这家公司挑选了顾问作为智能增强的专业对象，目标是为了向老龄化的婴儿潮一代派发有效的金融建议，所以鉴别正确的技术并不是一件难事。但是该公司在应用这些工具的过程中仍然做出了一些艰难的选择。例如，系统应该是建立自己的"建议引擎"，还是使用已有的产品？他们应该允许客户直接使用系统，还是只能在业务过程中和顾问一起使用？系统是要采用像沃森一样的"Q&A"交互，还是要依赖于传统的线上界面？系统应该加入的最重要的金融建议是哪些？

领航集团决定开发自己的功能。因为人类顾问是公司智能增强策略的关键，所以系统被设计为由客户和顾问协作使用。领航集团认为，虽然目前Q&A功能并不是必备的，但他们应该改进用户界面。该系统核心组件的功能是模拟顾客整个退休阶段的财富、平衡和重新调整投资组合，以及税损收割（该系统运行的是蒙特卡洛模拟）。这一项目花费了三年的时间进行开发，参与者包括领航集团的大量IT开发者、几位专家级财务顾问以及分析学的专业人士。

第5步：管理变革

在进行智能机器强化人类的过程中，你需要从人类员工的角度来考虑这场变革。你可能做出了要强化他们工作的核心决定，给他们配备计算机队友，并且允许他们专注于作为人类最擅长的事，但这并不一定就意味着他们会完全信任你的意图。你需要不断加强并且证明你的坚定信仰：企业的成功主要依赖于企业内部的人。

有时，任务的自动化将会变得极具破坏性，人们需要被转移到与之前相比大相径庭的职务上。而更多的时候，则是他们的工作会被重新度量，从而能让他们开始运用自身的相比于过去更具价值的人类能力，并且把基于计算的工作交由计算机处理。但无论是哪种情况，帮助人们调整自身技能组合的过程应该尽早开始。

为了能在增加自身价值的同时也为机器留出空间，在第 3 章中我们曾描述了知识工作者可以在他们的工作场所使用的 5 种手段。我们以一种类型的专业人士即保险承保人为例，通过解释专业人士每一步的选择来展示它们之间的不同。同样可以想象的是，承保人的雇主可以帮助承保人来理解这些选择。通过提高对这些可用手段的认识，管理者可以帮助人们选择最适合他们自己的路径。

这一步的两个关键部分就是教育和沟通。无论他们的角色是全局者还是开创者或参与者，他们都需要就认知系统的工作方式、优势以及弱点进行训练。大多数人都不需要为了获得另一个层次的学习而离开工作场所，在职训练通常就足够了。这不是核物理学，但也需要你有意愿去参与系统并且对其内部进行浅层次的窥探。

另外一个涉及人类的关键活动就是和他们进行沟通。如果"自动化""机器人""人工智能"，甚至"认知"这样的词语以新系统的名义被随意摆放的话，人们自然而然就会担心自己的工作。我们建议，在早期就宣布没有任何人的工作会被机器抢走，这会马上平复员工的紧张心情，并且能让他们更有可能接纳新的虚拟同事。一些出现在时事简报或公司内部邮件中的关于实现了类似系统的关于胜利和挑战的故事，也会帮助员工对系统形成正面印象并积极支持它的使用。

领航集团在财务建议实现的方向上从来没有任何怀疑，一定是智能增强，而非自动化。公司从系统开发的初始阶段就会告知理财顾问系统的进展，还会告诉他们系统会为客户关系做些什么、做不到什么。大部分顾问之所以欢迎系统，是因为他们期待（事实也正是如此）系统会帮助他们更好地服务客户，而且还能让他们从工作中那些不怎么具有满足感的任务中解脱出来。关注技术的顾问会以轮换的方式参与到项目中去，他们也为系统工作方式的塑造提供了帮助。

一些顾问还接受了有关系统及其功能的训练。因为现在很多基本信息传输的任务都是由机器来完成的，所以领航集团的高管们认为，人类顾问应该会有更多的时间可以用来和客户一起解决重要的金融行为问题。正如我们在前一章中所说，附属于行为经济学的行为金融学领域的历史已经有 10 年以上了。领航集团开启了一种能让顾问具备更强的行为指导能力的策略。根据卡琳·里西的说法是：

> 新系统让顾问可以和客户进行自由的交互。所有的信息细节都在系统上，所以他们中的很多人现在用面对面视频的方式开会。当顾问在和客户交互时也会进行行为指导。比如，当客户想要在经济低迷时期退出市场时，顾问经常就会充当理性的角色。我们有一些客户之所以会求助于顾问，是因为他们缺乏进行稳定投入和长线投资所需要具备的克制。这和找一位私人教练帮你锻炼没什么不同。

领航集团拥有一个投资策略团队，该团队既协助系统开发输入系统的建议，也把行为金融学的方法尽可能多地融入到实践中，比如，温和地促进客户增加他们向 401(k) 退休福利计划的投入。

第 6 步：着手一个项目，但创想一个平台

大部分组织都不太熟悉认知系统，所以无法在开始时就为这种技术着手准备一个功能完备的"平台"。我们在第 8 章中提到过的德勤会计事务所的咨询师拉杰夫·罗南基说，几乎所有的客户都想先从试点项目或"概念验证"（Proofs of Concept，PoC）项目开始。用他的话说就是：

他们想要在真正全面地投入到这种技术上之前确定这并不是科幻小说。所以第一个项目通常都是一个需要 4 ~ 6 个月开发时间的试点项目。

概念验证通常会涉及技术的选择、对解决方案的开发或实现，以及一些有关评估系统性能和价值的测试和度量。这和其他新技术所采用的流程没什么大区别。

如果试点或概念验证是成功的（大部分都会成功，除非野心过大或者选择了错误的技术），组织通常很快就会意识到，他们的业务存在很多可以应用认知技术的机会。比如，如果他们在汽车保险承保系统中获得了成功，他们就会想要把技术应用在房屋保险或小额商业保险上。所以在这个时候最好是把这种技术看作是一个潜在的平台，而非一个单独的应用项目。正如我们在第 2 章中所说的那样，一些供应商会努力给你装配上各式各样的认知能力，绝不会只有一种。这会让你的平台更加灵活而且更加有效。你还需要确定的是你将要使用的认知技术是可以扩展的，它可以和你现有的技术架构相匹配，而且你还得能找到合适的人来帮你实现你想要启动的一些项目。

例如，外包公司 Xchanging 从一开始就具有平台思维。这家公司鉴别出了不止一种他们能用的已选技术，即来自 Blue Prism 公司的"机器人流程自动化"工具来支持业务流程，他们找到了 10 种。最初这 10 种方案都是相对直接而且结构化的，并且全部处于该公司在英国保险市场中的最佳地带，虽然该公司出自劳埃德保险公司，但它也在其他几个行业中进行流程外包。

Xchanging 在最初的概念验证阶段动作迅速，只花费了一个月左右的时间就完成了。事实上，该公司在 2014 年 6 月成立，在同年 8 月就建立起了 4 个流程并且在 Blue Prism 公司的系统上成功运行。Blue Prism 公司的技术相对易用，而Xchanging 的流程也已经颇具结构化并具有完备的记录。Xchanging 想要自己配置这种技术，所以他们在模型开发阶段训练了约 15 个人。事实上，他们从第一个流程启动以来，再没有向 Blue Prism 公司的任何人寻求过帮助。

我们在之前已经描述了领航集团实现个人顾问服务开发的整个过程的一些方面。因为领航集团在建议系统方面已经有了一些经验，所以它才会感觉并没有进行概念验证的必要。领航集团从一开始就马力全开，然后花了 3 年时间开发并完整地安装了系统。通往"平台"之路最可靠的方法，可能就是针对资产水平较低的散户对已有系统进行扩展，或者是采用一种更加自助的方式。领航集团也在收集客户在公司以外区域的投资数据，这样做的目的是为了能向客户提供资本净值或退休资产的全景图。

第 7 步：设立负责人

我们为你所在组织的智能增强策略提出的最后一条建议就是，你应该为其设立负责人。就像其他所有能跨越组织内部的信息孤井的重要职位一样，如果有人能够紧密地关注项目、收集经验教训、负责展示成果，并为未来制订战略计划，这项职能将是非常具有价值的。

虽然"自动化领导者"职务是新兴的，现在这样的人还不是很多，但他们和我们在第 4 章中定义的全局者角色有很多相同点。现在两者逐渐涌现出了一些共同的目标和任务。首先就是对组织进行调查研究，为技术挑选出最好的机会。第二个是鉴别最佳技术和供应商。第三个则是领导项目，实现跨业务的认知技术应用。最终，该职责还需要肩负起沟通、教育以及改变管理结构章程的责任。简而言之，我们在这一节中所描述过的几乎所有步骤都需要去领导。

不出意料的是，能胜任这一角色的人需要既熟悉业务又熟悉技术。将这两者结合在一起的优秀例子就是贾斯廷·迈尔斯（Justin Myers），他是美联社的第一位"自动化编辑"。我们曾在第 4 章中提到过迈尔斯在美联社的上司卢·费拉拉，我们认为迈尔斯的角色结合了全局者和参与者的特质。迈尔斯在描述他的工作时是这样说的：

> 鉴别并评估自动化创造和生产新闻内容的机会（这是被我们分类为全局者的角色），以及编写用于实现新自动化进程的 Ruby（一种适合于人工智能应用的编程语言）应用和库（我们认为这应该属于参与者的角色）。

迈尔斯的背景非同寻常，他拥有信息技术和新闻学的交叉专业知识，这对于他的工作来说恰好合适。他还握有密苏里大学的电气工程学和新闻学双学位，而这所大学又是新闻学方面的权威。他曾是一位兼具新闻编辑、交互和数据驱动的新闻网站的制作人，还是一位研究人们如何消费内容的学者。如果你想为你的组织寻找一位自动化领导者，你要找的可能就是类似于迈尔斯这样的具有非凡背景组合的"独角兽"。

当然，组织中的自动化项目或智能增强项目所具有的不同重点会导致组织需要不同类型的人。在 Xchanging，高度面向流程的工作本质意味着，"机器人自动化"的负责人保罗·唐纳森（Paul Donaldson）需要拥有强大的专注于流程的能力。幸运的是，他还是一位六西格玛"黑带"。

唐纳森说，他的关键职责包括指导机器人流程自动化的总体运营、决定需要应用技术的流程、教育、协调 IT，以及确立技术应用的前进方向。他还和 Xchanging 的 IT 部门的一位系统经理紧密合作，这位经理负责处理该系统和其他系统在衔接方面的技术问题。

回到领航集团，我们曾在前面提到过卡琳·里西，她领导着该组织的建议服务部。虽然她并不是一个技术型人才，却和领航集团的 IT 团队合作开发出了人类智能增强建议服务。她在公司中拥有几种不同的工作，在和高级资产投资者以及投资顾问进行合作之外，她自己也是一位投资分析师。所以她才能清晰地知道关键问题，并且能为领航集团的客户解释那些基于计算机的建议所具有的背景。领航集团是一个学院型组织，在那里，里西可以轻松地和公司的技术、投资策略以及风险与合规职能进行合作。

无可避免的头疼

公司的目的只有一个：竞争。公司会投资那些能让它们获得竞争优势的东西。

优势的一部分就是效率，即用更少成本完成更多工作的能力，当然，这就为水平越来越高的自动化提供了动机。几个月前，达文波特和一家大型汽车保险公司的 CEO 进行了一次谈话。主题是该公司现在和计划中对大数据和分析学的使用。这位 CEO 提到了用自动化分析来处理某种形式的理赔，比如当汽车被冰雹砸坏后的定损的可能性。通过分析一张受损汽车的照片就可以评估出冰雹对汽车造成的伤痕的数量及严重程度，而且这个结果还可以被自动转化为维修成本。他说："我们在这个领域中已经完成了一些试点项目，结果就是机器比人类定损员要更加可靠。"通常该工作的持有者不仅具有维修成本方面的知识，还拥有很好的人际交流技能，当达文波特问他定损员角色、所蕴含的意义时，他说："我们远远不需要这么多人。我需要减少理赔流程的劳动密集度，而这就是办法。"

如果该公司的一线定损员有能力做得更多，公司在下一步可以为顾客提供什么服务？很显然，这位 CEO 认为这个问题并没有什么意义。他更不可能把保住一线定损员的工作当作是自己的职责。他把他的职责理解为削减成本和获得一致性。也许大部分上市公司的 CEO 都会做出相同的回答，甚至可能更加直截了当。当富士康的董事长郭台铭被问到为什么他要为他的生产车间制造 100 万台机器人时，他说："因为人类也是动物，而管理 100 万只动物让我头疼。"

这种思维需要改变，而具有讽刺意味的是，我们正在向全面机器化的时代进军。管理者会愈发意识到，**公司竞争力的关键并不是自动化所能提供的效率，而是智能增强所创造的独特性**。为了达到这个目的，他们将会明白，他们需要做的是吸引、雇用以及留住更有能力的人才。

对于公司而言，就像对个人工作者一样，接下来将会是一个困难的转型期，但我们别无选择。在这一章中，我们描述了那些已经理解到了这一点的组织，以及一些帮助组织意识到智能增强所带来的优势的个人。我们鼓励你，作为一位管理者，你要成为一个这样的人。但你需要你的组织的帮助。如果你看不到这件事发生的可能性，假设你的 CEO 为了减少对人的依赖，坚定地信仰自动化的未来，那么希望你能利人利己，找找别处是否有就业机会。在通往智能增强的未来之路上，你会获得更多进步，反正你的上一家公司也不会继续兴旺发展了。

10

乌托邦还是反乌托邦

—

ONLY
HUMANS
NEED
APPLY

我们这本书的主要目的是要给你一种对于智能机器时代的掌控感，并且帮助你为自己做出决定：你将以什么样的方式面对不断进步的自动化。直到现在，关于自动化和人工智能的讨论有太多都仅仅只是停留在宏观经济的高度上，这让人产生了一种强烈的印象：无助的个人被各种事件推着走，任由高层决策者随意摆布。

即便如此，我们也必须承认，社会和经济政策在塑造能让人类持续繁荣的环境的过程中发挥着重要作用。在本章中，我们将要看一看政府、其他社会实体，以及为这些组织提供建议的专家们应该如何考虑智能机器时代的社会需要。为了把智能增强提上日程，我们还将提出他们应该采取措施的优先顺序。

我们先来观察一下，很多人对未来的构想都是一个充满机器人的社会，而这些人现在又都在研究一个根本问题：我们是否会被一锅端地扔进地狱。我们的媒体文化本来就是这样，我们能听到的大部分都是名人思想家和开创者的意见，特别是当他们想用一些小小的恐慌刺激我们一下的时候。于是乎，埃隆·马斯克（Elon Musk）的关于"人工智能是人类生存的最大威胁"的言论就成了 2014 年被引用次数最多的观点了。紧随其后的是史蒂芬·霍金的警告:"人工智能的全方位发展,可能招致人类的灭亡。"比尔·盖茨则开玩笑地说:"我不明白为什么有些人并不关心。"

但也有很多没有那么出名也没有那么吓人(所以也就放弃了上头条的机会)的思想家。例如,人工智能专家乔安娜·布莱森(Joanna J. Bryson)就驱散了谣言散布者,她坚称人工智能只是"另外一种人工制品"。

> 人类从能人① 时期就开始使用工具,而人工智能仅仅只是一种最新的工具而已。人工智能确实是像它的很多前辈一样,有效性已经远远超越了之前的工具,这也并不能说明我们就会成为它的仆人。即使人工智能的认知能力超过了我们,我们也不应该担心这个更加聪明的"物种"莫名其妙地就会"胜出"。我们已经有了在算数方面比我们更在行的计算器,但它们甚至都还没占领我们的口袋,更别说世界了。

正如我们在之前所说的那样,确实存在对"超级智能"充满热情的预言家,比如全球著名思想家、牛津大学的尼克·波斯特洛姆(Nick Bostrom)。波斯特洛姆的同事斯图尔特·阿姆斯特朗(Stuart Armstrong)发表了一篇报告,呼吁人们要认识到一种全新的、具有潜在无限影响的风险。在几种"威胁我们文明基础"的全球性挑战,比如核战争、气候变化以及全球性流行病中,他们把人工智能也包括了进去,因为这是一种所谓的"控制问题"。

一旦机器可以在思维上超越人类,它们的决策力和行动力可能就会超出人的控制范围。波斯特洛姆和阿姆斯特朗描绘了天启式的景象,但哪怕即便那是一个没有机器人横行霸道的未来,你也需要相信,我们在面对进击的人工智能

---

① 能人(Homo habilis)是已灭绝的东非原始人类,据说约 175 万年前生活在东非一带,是最早制造工具的人种。——译者注

时需要社会级的决策制定。很多具有前瞻思维的人都确信，至少，这意味着人类的就业水平会发生一次急剧的下降。在我们出席的每次大会上，我们都会听到类似这样的争论，而各种专家在有关总体影响的意见上又存在深层次的分歧。如果你觉得我们信手拈来的样本尚不具有说服力，那么就看看最近一次皮尤研究中心的调查。作为"互联网未来"（Future of Internet）项目的一部分，皮尤询问了 1986 位专家，这其中包括研究科学家、商业领袖、记者以及技术开发者。皮尤提出的问题是：他们是否相信到了 2025 年，人工智能和机器人取代掉的工作要比它们创造出来的工作更多。持不同意见的调查对象的比例几乎是五五开，乐观主义者稍稍超过了悲观主义者，即 52%∶48%。

大多数人都同意，对知识工作进行的越来越多的自动化将会在短期内导致（确实也已经导致）让人非常头疼的劳动力脱节。但是他们无法达成共识的是这种情况将会带来的长期影响。那些沉浸于历史上生产力提高事件的经济学家则更倾向于认为，混乱的转型期间永远都是糟糕的，但最终一切都会好起来，因为生产力的提高将会让高新企业获得的投资增加，而这会创造出以前无法想象的工作岗位。至少从历史上看来一直都是这样的，但是其他人坚称，这一次历史不会重演。

劳伦斯·萨默斯是美国最著名的经济学家之一，他曾在奥巴马白宫政府担任财政部长和国家经济委员会主管。虽然他的直言不讳让他闻名于世，但这也让他在担任哈佛大学校长期间陷入了一些麻烦。2013 年，萨默斯在美国国家经济研究局的演讲中说道：

> 在 20 世纪 70 年代早期，当我还是麻省理工学院的本科生时，很多经济学家曾嘲笑有些蠢蛋竟然会认为自动化会让所有的工作都消失。直到几年前，我依然不认为这是一个复杂的话题：卢德分子是错的，而信仰技术及其进步的人才是对的。但我现在却没有那么确定了。

作为证据，你可以想一想我们在经济衰退后经历过的那场拖泥带水的复苏。2014 年，经济合作与发展组织评估了其成员方（世界上那些最发达的国家和地区）的恢复进度。之后经济合作与发展组织发现有 4 500 万人失业，比 2008—2009 年发生全球金融危机前多出了 1 210 万人。该报告的结论是，持续性失业不能再被称为周期性现象了。该现象反映了一种结构性的变化，部分原因就在于自动化不断增加的复杂度。

你可以把我们归入总体上看好智能机器的阵营中，但与此同时，我们也在期待周围能够产生更强烈的紧迫感，从而可以敦促人们制定出能确保我们真的会拥有美好未来的决策。我们和波斯特洛姆的观点不同，我们不相信仅仅因为"这是一个我们只有一次机会来解决的问题"，人类就必须马上做出重大的选择。但是我们知道，我们想要进行的能够把转型期造成的破坏程度降低到最小的改变，需要花费很长时间才能完成。我们很喜欢加州大学伯克利分校的人工智能教授斯图尔特·拉塞尔（Stuart Russell）在最近被问及，超级智能计算机对于人类来说是不是一种威胁时的回应：

> 人工智能不是天气，在这件事上我们能做的不仅仅只是瞪眼望天，然后默默祈祷。我们能选择未来的走向，所以人工智能是否会对人类构成威胁，取决于我们是否让它成为一种威胁。

这并不能说明他是乐观派，这只不过说明他认为我们应该开始工作了。

我们的目标应该是智能增强

阅读本书至此，估计你已经知道我们倡导的是什么了：把复杂的机器和人类结合起来进行合作，实现双向强化的工作场景。我们相信，知识工作者个人应该拥抱这一点，而雇主为了提高自己的竞争力也应该追求这一点。同时，这

也是国家和政府应该在大方针和小政策上都要鼓励的事情。

科学发现和技术突破在改变世界上获得了如此巨大的荣誉，所以我们很容易就忽视了社会政策的制定在保证转型能最终获得压倒性成功上的重要性。波士顿一位专攻人工智能法的律师约翰·韦弗（John F. Weaver）在这一点上提醒了我们。他谨慎地指出，通过分析工业革命在美国造成的社会影响，特别是后来极其重要的中产阶级的产生，美国人需要感谢的不仅仅是蒸汽动力和机械。

> 技术肯定是中产阶级产生的因素之一，但是我们在工业革命之后创造的法律创新让 20 世纪中期美国中产阶级的普遍繁荣成了可能：最低工资法、童工保护法、法律保护下的工会、管理工作场所安全和环境保护的规章制度等。没有这样的法律，普通美国人不会从科技突破中受益太多。

这一事实所产生的推论可能会让我们中的一些人很难接受：市场的力量本身并不是万能的。这就是哥伦比亚大学的经济学家杰弗里·萨克斯（Jeffrey Sachs）想让人们理解的。他担心，虽然智能机器可能会提高生产力和平均产出，但是市场力量的影响会将收益集中在整个人口中的一小部分人手中，即那些拥有高技能和财富的人，而置剩下的人于不顾，特别是年轻人、穷人以及被机器取代的人。美国的不平等趋势的抬头，很有可能就是被早期的自动化所驱动的。一些经济学家把美国工作者工资在经济产出中所占比例的下降的一半责任归咎于自动化。为了确保社会的收益得到广泛的分布，我们需要政府对这些市场进行干预。

那么，为了确保这场新一轮的技术突破带来的好处能够被广泛地分享，我们今天需要什么样的法律创新？我们会分享一些想法，但我们现在想做的是要让读者们专注于这个问题本身。韦弗引用的法律手段对于我们来说仍然是可用的，虽然这些手段肯定已经被全球化的市场复杂化了。过去还有其他一些韦弗没有提到的有效手段，比如教育政策。而且政府还有其他工具可以在缺乏立法的情况下带来改变。他们可以投资计划和功能、资助研究、进行真实实验、宣传关于如何与机器进行合作的知识及知识产权，并且运用他们的召集能力让来自不同领域的参与者达成共同目标并通力合作。

如果所有这些手段能把力量使在一处，就可以合力造成巨大的影响。而为了实现这一点，就必须有一些能够对所有手段进行指导的共同哲学或原则。我们认为，我们之前提出的智能增强策略就可以提供这样的哲学。举例来说，如果你计划培养出跟智能机器更互补的劳动力，你就可以在公共教育领域下功夫。你预期人类能有多少创造经济价值的机会？这些想法将会影响你对收入所得税以及社会福利计划的思考。在属于智能增强的未来中，机会多多。你对雇主的期待以及对公司获得"运营执照"所应具备条件的预想，将会在社会中转化为去寻求特定的智能增强形式，而其他思想形式的目的则是为了抑制或加速机器对人类工作的接管。

STEM 教育是唯一的答案吗

我们先从自己教育孩子的方式说起。很显然，随着人工智能发展的突飞猛进，要求教育团体做出回应的呼声越来越高。有一些呼吁针对的是学校自身利用这些技术来完成教学任务的方式。对于今天大部分学生学习和考试的内容来说，智能交互系统将会成为出色的教师。这些系统有能力通过实时了解学生对知识的掌握程度（学生已经掌握了哪些知识，哪个学生仍然有困难）来准备课程，而且还能以最适合学生学习风格的形式来完成教学。加大对这些系统的依赖将会改变学校的定位，因为学校最初完全就是围绕着人类教师来建立的，而人类教师的任务则是在一年的时间内把一批约为 30 人的学生推进到一般意义上的下一个等级。与其让教师的教学任务来驱动系统的设计，不如让系统从学习者的需求出发。等到所有学生都能享受到个人化教育计划所带来的好处时，我们可能才会最终看到问题重重的校历表的终结。这种不合时宜的传统来自一个遥远的年代，当时农耕家庭需要孩子们整个夏天都在田间劳作，而且某些宗教节日的重要性又远胜于其他。

我们需要通过应用人工智能来改变内容教学的方式。但是至少还有一件同等重要的事，那就是要去重新塑造内容本身，从而能让学生们可以在一个被人工智能改造的世界中获得成功。请注意，学校对于公众是免费的，因为社会需要保持人口的受教育水平。这一点不仅仅适用于民主系统（我们希望受过教育的人来投票）；对于其他任何想要自己的公民能在全球化经济体中享受到得体生活的政体来说，情况也是如此。在当前的经济背景下，我们需要的是能够创造足够多的价值进而挣得维持生活水平的工资的人。而当重大的新技术改变了经济结构时，社会需要人们了解的东西也会发生改变。

人类工作的未来
ONLY HUMANS
NEEDAPPLY

回想一下，这就是过去我们为什么向公众提供教育的全部理由。在工业革命时期，商业和政治领袖很早就意识到，如果不存在有能力和机器一起工作的劳动力，那么来自自动化的潜在巨大收益就会离他们而去。筹备这样的劳动力，不仅意味着需要增加很多原来对于农场工作来说完全是可有可无的科目来改变知识基础，也意味着需要改变劳动力生产和发挥能力的日常习惯。这就是为什么学校要安排学习者无条件地遵从上级发出的命令，学校想让人们在一成不变的工作岗位上形成机械工作的稳定生产习惯，学校把这种谆谆教导当作其业务的一部分并不是一种巧合。在学校接受有效的教育会习得在工厂工作所需要的软技能。

到了 19 世纪末，学校向技术教育转型的理念已经站稳了脚跟。在那之后到了 1909 年时，新的专注于科学和工程课程的"红砖"大学在英国的 5 座工业化城市建立了。更多的城镇则是创建了名为"技工学院"的夜校，在那里成年的男性工人可以获得能够扩展生产设备的技能，而这些技能同时也是工厂主要需要的。位于马萨诸塞州洛厄尔（Lowell）的工厂也在用类似的方式教育女性，虽然并不是所有女性工厂的工人在工作 12~14 小时后还有精力去参加讲座。

快进到现在，有人提出了相同类型的解决方案：今天需求的更多的是"STEM"教育，STEM 指的是科学（S）、技术（T）、工程（E）以及数学（M）。对于本质上就是由技术驱动的变革来说，这就是一种已经成功通过验证的回应。而且在今天，这甚至可能还是一种更有力的方式，因为相比于过去，现在的教育方向更加清晰且集中。政府正在以史无前例的力量影响着教育标准、方法以及设施。

例如，在今天的英国，一种教授孩子学习计算机的新方法已经被采用了。这种方法关注的是一些常见的能力，比如编程和使用生产工具。我们认为，这些正在接受训练的主体似乎很适合去培养一些与机器合作所需要的技能。根据BBC 的一则新闻文章，举例来说，5~7 岁的孩子正在学习：

- 什么是算法，算法作为程序是如何安装到数字设备上的，以及程序是通过遵循精确而清晰的指令来执行的；
- 创造并调试简单的程序；
- 使用逻辑推理来预测简单程序的行为。

无论学生最终是成了参与者、全局家，还是开创者，这类知识都是有用的。

如果你相信我们提出的知识工作者在面对机器时所能采用的那 5 种可行手段，你可能就会意识到推进更多的 STEM 教育对于那 3 种人来说是有意义的，所以这种教育涉及的可能将是半数的工作人口。对于每天都需要使用智能机器的参与者、评估影响的全局者，以及构建新系统的开创者来说，计算和分析训练都是非常有用的。但是很多针对教育的解决方案却对所有人都提倡进行 STEM 教育。

为了让所有强化型工作者都能在未来创造出价值，如果要对公共教育进行再设计的话，我们可能还需要去关注专精者和避让者的知识和技能。但我们要再一次重申，完全没有必要让个人化学习工具完全聚焦于这些手段中的任何一种。事实上，公共教育应该认识到所有这 5 种手段都是存在的，而公共教育的目的之一就是在于帮助学生探索自己，并且让他们在兴趣的引导下走向那条最适合自己的路径。

比如，专精者就是学校在以前解决得并不是很好的一个群体，学校本可以做得更多。智能机器却可以在允许学生追求精细的兴趣路线的同时，确保学生学习的精确性，并让他们拥有足够快的进度。与此同时，教育系统则可以帮助学生成为当下某个领域的专家的学徒，让专家有机会把他们行业中的隐性知识传递给学生，这其中包括了他们对自己工作的热情。

当雇主们在利用特殊的领域优势创造人才储备时，学校也能起到更好的作用。例如，在波士顿这样一个机器人制造商云集的地区，那里的职业高中通常都设有机器人学课程和专业。这些课程计划的塑造很大程度上都要归功于附近公司人事招聘经理的大力投入。但一所学校的专业课程是否必须和所在地区有关并没有绝对的规定。同样也是在波士顿地区，东北大学已经创立了一个目标是打造下一代网络安全专业人士的项目，该项目的投资来自联邦政府。这是一个可以存在于任何地方的项目，毕竟网络攻击是可以来自任何地方的，但是拥有一个物理地点的好处就是，研究这种前沿技术的学生可以和讲师坐在一起同时从彼此的经验中学习。

我们认为，雇主会越来越多地承担起教育责任，教授自己的人类工作者该如何与智能机器进行配合。就像工业革命时期的聪明雇主会建立目的是培训出"充足的机械师、工厂经理以及织布工"的方法一样（詹姆斯·贝森《创新、工资与财富》），21世纪的明智雇主也将会提供针对增强技能的现代版训练。在上一章中，我们解释了他们将会进行这项投资的充足理由，即将来企业的优势竞争力将越来越多地来自员工所具有的人类能力。

我们也期待，企业对其人类工作者竞争力的培养和维持将会成为企业"社会运营执照"的一部分，政府和公民要求企业负起责任，而企业因此换得的是对公共投资基础设施的使用。这可能不会是一份正式的责任，却是一份涉及期待和劝勉的义务。

同样，在工业革命的余波中，雇主被迫制定了安全标准，因为机器虽然代表了对工人身体优势的威胁，但工人的身体本身又是其价值的来源。或许我们今天应该要求雇主做的是制定教育标准，因为受到威胁的是认知优势，而知识工作者的认知能力又正是其价值的来源。如果这听起来有些极端，就像是上一个时代中的安全和生活工资标准那般,那么请注意,这已经是开明的公司现在在做的事了。我们这里所说的"开明",指的并不是利他主义,而是一种以长期利益为导向的理念,因为他们确信自身的终极竞争优势源于对其人力资本所进行的开发,即便一些搭便车的竞争者会在这个过程中对人才进行窃取。很多与工作相关的知识将会由一些员工而非他人所持有,聪明的组织会促进员工彼此之间的教育。

> 例如,谷歌就有一个名为"谷歌人对谷歌人"(Googlers-to-Googlers,G2G)的项目,在这个项目中,谷歌员工会训练彼此。谷歌提供的教育服务有一半以上是由自己的员工来完成的。其内容范围从技术话题,比如数据可视化、Python 编程,到单车运动课和育儿课程。

很容易就能看出,那些世界领先的公司的发展趋势最终有可能会变成社会对所有公司的期待,事实也本应如此。很多年来,我们见证了产能增长所带来的好处更多的是流向了资金所有者,而非劳动力。所以社会也有理由宣称,输送从第一天起就能产生价值的劳动力并不完全是社会的责任。在职训练一直以来都是一种强大的工具,公司需要拥抱这个工具并用它促进智能增强的实现。

教育应该促进人与机器的协作

在所有的这些事情当中,教育是最需要把重点放在教授学生如何增强与机器进行合作的能力的。在最近的一篇论文中,科技博主谢莉·帕尔默(Shelly Palmer)指出,一些知识工作者已经自然而然地拥抱了那些对他们开放,并且还使他们变得更有能力的人工智能形式。

> 如果你的谋生方式是把 Excel 表中的数字从一个单元格挪到另一个单元格,或者是为了追踪生产进度和管理项目而在甘特图上移动标记,那么你可能会为了尽量

降低你工作的乏味程度，创造出了一些宏命令。事实上，你已经创造出了一种人机合作关系。如果你对此很擅长，你可能会比其他与你竞争的人更富有成效。高效的人机合作关系正是现代生产能力中一个最为关键的组成部分。如果你能更善于使用自己的工具，那么你总会在竞争中胜出。

帕尔默是对的，所以我们在这里必须提出那个虽然是显而易见，却会令人感到不适的问题：为了躲避这些聪明人的打击，有人曾教过你或你的孩子如何去创造更好的人机合作关系吗？

我们的孩子刚刚奋力通过了优秀教育体系的"认证"，而作为他的父母，我们二人至少可以证实一点，那就是相比于我们年轻时，美国当前的教育已经发生了巨大的改变：现在的教育要更加重视协作性团队项目。今天的学生听到更多的是"孤独的发明家只是神话"，他们也因此更倾向于让自己成绩的一部分依赖于他人的努力，而这些其他人有时可能会出工出力，有时则有可能是完全不作为。对于高材生和他们的"虎爸""虎妈"来说，这经常会让他们感到很痛苦，因为无论如何，他们都必须拼尽全力来保持完美的成绩，才能让常青藤盟校的招生官接受他们的入学申请。但不可否认的是，现在的这种教育和工作场所的现实是完全吻合的。在现代的工作场所中，几乎所有成就都是在多样化团队的共同努力下实现的。

展望未来，学校甚至想要把这种对于团队的强调更进一步，这就需要他们认识到，学生在将来的工作场所中所要加入的团队里也会包含机器。学生们可能在很小的时候就被传授了有关打造有效人机合作关系的要点，在这个合作关系中，每一方都要有效地补充对方的优势和弱点。这样的教育可能就是现代版本的"手工艺课"，男孩在课上学习如何采伐木材和切割金属。而另外一些在其他方面经受过良好教育的孩子却可能没有经历过这些，这实在是一种遗憾。

麻省理工学院媒体实验室的负责人伊藤穰一（Joi Ito）在最近的一次 TED 演讲中所说的话很符合这种思想。当谈到教育时，他很好奇为什么一些教师仍然坚持让学生在没有技术支持的条件下去完成某些特定的任务，因为在学生即将步入的真实世界中，所有这些支持都是存在的，主要体现在互联网和智能手机应用中。比如，当计算器已经无处不在时，你会要求一个 17 岁的学生在化学实验时采用长的项式除法来解决问题吗？同样的情况对于任何认知支持工具来说都是成立的，而在未来，这样的工具还会越来越多。如果我们的最终目标是让人们找到并掌握那些能够增强自己与机器进行合作的优势的最好方法，那么我们就不能在孩子走出校园之前拒绝孩子与机器的合作。

无论是否要借助智能机器的帮助，教育也应该更加关注教学方面的决策制定。学生需要学习什么样的决策更适合交给机器，而哪些决策则需要人类的干预。永远都存在需要人类来裁定的判决。后一种决策通常都在于设定一个方向，然后其他人可以在向前推进的过程中通过自己的努力对此提供足够的帮助。最终，凭借每个人对决策的支持，决策就可以成为正确的。

如何做出最好的决策，这是一些领域中的一个由来已久的学科，这些领域既包括外交政策也包括商业管理；很少有学生能在没有完成相关课业的情况下通过这些学位课程，虽然这些课程并不总是包括和人工智能相关的内容。最近，一些决策制定方面的专家，比如《思考，快与慢》（*Thinking, Fast and Slow*）一书的作者丹尼尔·卡尼曼（Daniel Kahneman）已经突破了这些领域范围的限制，并且达成了一些面向外行读者的跨界呼吁。我们想要看到人们把决策制定看作是一项技能，并且将这种技能更加广阔且深入地推进到教育的早期阶段。

我们也希望看到决策制定可以作为一个能通过计算机来促进并完成的事物来进行讨论。为什么？因为人们的决策制定能力已经岌岌可危，如果疏于练习甚至还有继续恶化的风险。当人工智能工具从人们手上接过大量的决策制定权后，情况必将如此。

在很长一段时间内，人们要想学会制定相对困难的决策，通常都是先做出大量简单的决策。他们通过简单的环境来获得技能和信心，因为这样的环境允许他们在事后验证他们做得够不够好。当计算机接管了这些简单的任务后，留给人类的将只剩下模糊不清，我们需要确保不要让决策制定变成一种失传的艺术。如果只有非常少的人能明白该如何去诊断并改善这类必须由人类做出的决策，我们又将置身何处？克里斯汀·赖姆斯巴赫 - 考纳斯（Christian Reimsbach-Kounatze）是经济合作与发展组织的分析师，在最近一次由该组织的法律事务委员会召集的大会上，他做出了一个不祥的预言。

> 我担心，我们可能很快就会发现自己正生活在一个"数据专政"下，在这样的世界中，受教育程度低的或者是漠不关心的决策者，都将会自动遵循机器的决策。

虽然这并不总是一件坏事，但有时会很糟糕。我们作为人类需要知道事情究竟是怎么回事。

我们鼓励教育者要去培养的最后一类软技能，是持续学习的技能。对于学生的传统意义上的期待，就是他们应该专注于对某种特定知识主体的学习，而非学习如何去学习。在变化缓慢的时代中，前者可能就已经足够了，但在如今这个快速发展的世界中，一个人在学校学习的内容可能在未来的 10 年内就会被淘汰掉或者被彻底机械化，而此时后者就会显得更加弥足珍贵。

几乎所有已经走出校园的人，都未曾在学校学习过有关认知技术或深度学习网络的知识，但了解这些技术在不远的未来将至关重要。在我们描述专精的那一章中，也没有人有可能在学校学到这种角色所需的精细技能，因为向较大的群体传授如此狭窄的知识主题是毫无道理的。

约翰·布朗（John S. Brown）是施乐帕克研究中心（Xerox PARC）的长期领导者，他因鼓励"创业型学习者"而闻名。他关注的并不是向学生传授企业家精神，而是教学生在增加自己知识的同时，让他们更具有冒险精神。他说，创业型学习者就是要去"寻找新的方法、新的资源、新的伙伴，以及能帮助他们学习新事物的潜在导师"。

创造人机合作关系、做出明智的决策，以及成为创业型学习者，可以被看作是机器强化型工作者的一部分重要必备"软技能"。越来越多的人意识到，学习就业所必需的软技能很有必要。与此同时，越来越多的组织开始关注向员工教授基本的"卫生"品质：不迟到、面对客户有礼貌、遵守既定的礼仪礼节，这些课程的主要对象就是那些就业形势很严峻的入门级工作者。

在更高的等级上，软技能训练则可以帮助工作者构建人类优势，这样的优势将一直都是他们最大的价值来源：他们与顾客及同事产生共鸣的能力，促进他人齐心协力的能力，解决问题、沟通以及管理人际关系的能力，尤其是持续学习的能力。为了追赶智能机器，无论我们的方式是直接和它们一起工作，还是做一些它们无法完成的事，都需要通过努力工作和学习才能成功。

"挑选赢家"，创造更多就业

如果教育政策是以把自动化对就业水平的威胁降到最低为目标的长期策略，那么与之相对应的短期举措就应该是创造就业的政策。在历史上劳动力脱节的时代，政府使用了各种策略来鼓励私营企业进行推动就业的投资。这些策略包括，降低贷款利率从而让投资风险更低，由政府机构出面购买商品和服务，投资需要私营企业劳动力的基础设施升级，补贴雇用某些劳动者的企业，为招聘提供联邦信贷等。

更加直接的方式则是，很多政府直接扩大了自己的工资单，从而能让那些无业之人可以维持在一个有收益的雇用关系中。其中最出名的是美国在大萧条时期为了创造就业而建立的公共事业振兴署（WPA）。该组织由时任总统富兰克林·罗斯福在 1933 年颁布的总统令建立起来，而这项联邦援助计划就是把无业的美国人直接安排到政府投资的基础设施项目或社区改善项目上工作。

公共事业振兴署中有一部分是一系列针对艺术和文化计划的项目，这些项目扶持了很多艺术家和作家的事业，其中就包括有画家杰克逊·波洛克以及剧作家阿瑟·米勒（Arthur Miller）。总的来说，公共事业振兴署为 300 万 ~1 000 万名因为大萧条而失业的工作者提供了收入。除此之外，还有其他一些萧条时期的创造就业计划，其中包括美国民间资源保护队（Civilian Conservation Corps），该计划鼓励年轻人参与种植树木和建造公园的工作。

在这里很有必要澄清一下，大萧条是美国金融系统大规模失败的结果，而非因当时美国工厂中飞速发展的工作自动化所致。尽管如此，人们也还是注意到了自动化对工作造成的潜在威胁，其中最著名的一种论断是由凯恩斯"诊断"出的。他把这一论断发表在他 1930 年的论文《我们后代的经济前景》中，并称其为世界最大经济体系中的"新疾病"。他把这种疾病叫作"技术性失业"，并解释说，之所以有这种现象是"因为相比于去寻找劳动力的新用途，我们能更快地发现节约劳动力的方法"。YouTube 热门视频《人类再也不需要工作了》（*No Humans Need Apply*）就曾指出，自动化可以轻松导致大萧条水平的失业率（美国约为 25%）。

今天，我们能够看到，政府及其经济顾问在权衡着所有的举措，以便能够保护工作不受智能机器的伤害。这种做法是可行的，所有的选择都应该拿出来进行公开讨论。但是，我们的立场是鼓励他们从对这些工具的利用以及从人机智能增强的角度来思考问题。他们应该鼓励创造具有与智能机器互补职能的就业岗位，通过这些岗位上的工作，从业人员就能在未来和机器形成更好的合作关系。萧条时代的计划经常都是通过政府提供工作来提高就业率，对于涉及自动化和智能增强的未来计划来说，也应该如此。

在一些新兴城市中，你经常会看到一个显眼的画面：在一些摩天大楼的建筑工地前，或者是在一边查看智能手机一边往来于商务会议的上班族人群中，总会有一个打扮得像农民一样的工人在用一把看起来很原始的扫帚清扫街道。当然，这就是为了提供就业机会而安排的工作，而我们之所以展示这幅图景，目的就是为了指出与我们所提倡的创造就业的手段相反的那一面。这位可怜的工作者，不仅她所从事的任务可以被机器更好、更轻松地完成，而且她在从事这份工作的过程中也没有获得任何工作能力上的提升。

为了形成强烈的对比，我们可以来看看芬兰采用了一套什么样的政策，来处理那些在诺基亚破产后被解雇的科技工作者的脱节问题。《纽约时报》报道说，当诺基亚开始成批裁员时，政客们便开始向上千个被解雇的科技工作者提供政府补助、创业计划以及其他训练，以此来帮助他们成立自己的公司。不仅如此，芬兰还鼓励其他的全球性公司打开自己的办公室，充分利用这些最近向他们开放了的人才库。而在诺基亚这边，除了要对自己的前员工提供常规的再就业支持，在政府迫使下，它还做了更多的事情。这种帮助远远超过了普通的转职就业服务。根据《纽约时报》的说法，"除了对新商业公司的一次性补助，诺基亚还允许前员工使用公司的一部分知识产权，比如多余的专利，而这几乎都是免费的"。

从我们的框架角度来看，我们会把这种做法称为鼓励"前进"的政治策略：武装那些曾受过技术训练的工作者，进而帮助他们构建出下一套职能技术并将其带入市场。在诺基亚的例子中，更有可能的是移动技术而非自动化技术。这对于牵涉其中的知识工作者以及芬兰的经济来说，都是一种有可能会在未来长期为他们支付红利的策略。

回到美国，也回到公共事业振兴署的精神上，我们注意到有一个工作技能计划似乎很适合避让路线。该计划名为 HOPE，意为"动手保护体验"（Hands On Preservation Experience），是由美国国家历史建筑保护信托基金（National Trust for Historic Preservation）在 2014 年发起的，目的是对上千名年轻人进行动手训练，从而维护那些对于社会具有历史意义的房产和遗址。这些入门级的工作者聚在一起，学习并掌握细心保护古建筑的技术，并且还能从中获得一种更深层次的对于人性核心也就是文化遗产的理解。我们猜测，参与到这项工作训练计划中的那些人所磨炼出的辨识力，能够对越来越智能的机器形成有效的补充。

我们还可以设计出什么样的计划，来建立我们在本书中概括出的各种手段所需要的技能和辨识力？稍加想象，我们就能轻松找到一些能让人们和智能机器形成生产性合作关系的工作，并且还能为雇主找出创造更多这类工作的动机。总的来看，我们认为相比于被用作创造工作或重新分配收益，公共资助更应该用在鼓励工作制造者上。我们很同意硅谷创业家、畅销书《人工智能时代》（Humans Need Not Apply）一书的作者杰瑞·卡普兰（Jerry Kaplan）[1]的说法。在最近的一

---

① 当机器人霸占了你的工作，你该怎么办？机器人犯罪，谁该负责？人工智能时代，人类价值如何重新定义？在《人工智能时代》一书中，智能时代领军人、硅谷连续创业者杰瑞·卡普兰指出：机器正在很大程度上替代人类的工作，不管你是蓝领还是白领。该书堪称拥抱人工智能时代的必读之作，其中文简体字版已由湛庐文化策划，浙江人民出版社出版。——编者注

次采访中，他说："答案并不是向被剥夺公民权利的人派发更多福利和宣传品，从而让我们的社会安全网络更稳定。这种方法只是在扬汤止沸。"在极度自动化的年代，为人们武装上能帮助他们持续创造经济价值的技能和工具，才是更好的策略。针对这一点，卡普兰说："我们需要训练的是未来的创业家和资本家，而不是体力劳动者和文员。"

当政府在创造就业方面的投资把政策制定者放在了一个"挑选赢家"的位置上时，这样的投资就会饱受批评。但是在这里，这可能不再是一个问题。既然越来越多的人开始关心"与机器赛跑"，那么当政府选择人类作为赢家或者是要帮助人类获胜时，这样的投资应该就不会引起很多人的反对了。

比重新分配财富更重要的是保障基本收入

社会经济生活的一个关键事实就是，大多数人如果不工作就没有收入。而一些社会和经济政策专家认为，随着自动化对生产力的逐步提高，我们以后直接就可以为人们支付生活工资，无论他们是否工作。就在我们写作本书之时，荷兰已经开展了一个真实的实验，通过有效地打破一直以来存在于收入和工作之间的固有关系来进行观察和研究：当政府给社区中的一些人直接派发基本收入后，将会发生什么。这个概念并不新颖，例如，早在尼克松执政期间美国就有过这样的讨论。但是，当自动化的全新能力能够满足我们对生产力的这种史无前例的期待时，即创造出的财富可以轻松养活所有人时，这种概念就赢得了来自各界的支持。遗憾的是，收入还是只会出现在非常少的几个银行账户上。也就是说，除非政府能够让某些非同寻常的重新分配方式参与进来。

当然，问题在于无条件的收入供应是否会对工作需求产生过大的抑制，以至于伤害到了受助人自身以及社会的利益。无条件收入的支持者相信，创造价值的冲动是人类固有的，如果说有什么事能被归入到社会价值较小的活动中，那么这件事的目的肯定是通过工作挣取收入。伦敦大学的盖伊·斯坦丁（Guy Standing）教授创造了一个词 "precariat"（危险工作者），来形容被危险的工作安排日益严重地压迫着的工人阶级。斯坦丁说，比重新分配财富更重要的是基本收入保障，这种做法将会实现"安全的重新分配"。

这种想法的反对者则更倾向于把人类看成是一种天生懒惰的物种，如果人类有任何机会不劳而获，那么他们就一定会这么做。这一类的批评家数量众多，我们把《纽约时报》专栏作家大卫·布鲁克斯（David Brooks）也放到了这个阵营中。布鲁克斯说，作为创造就业计划的一部分，政府应该"减少对不工作人口的慷慨，同时增加对工作人口的支持"。

> 为了证明谁是对的，荷兰乌特勒支市（Utrecht）与来自乌特勒支大学的研究者们进行合作，在已经获得福利的居民以及当前仍然需要完成某些要求才能继续获得福利的居民当中分别选择了一部分人，然后将他们分为三个组。有些人能无条件获得收入，这意味着他们不需要服从任何规则。没错，即便是他们开始从事一些有收入的工作或者是可以从别处获得收入，他们仍然会获得每月的补贴。第二组人则需要遵守某些规则，虽然这些规则和城市的现有规则有所不同。第三组人是实验对照组，他们可以在当前法律的规定下持续获得收益，这也就是说，他们得去找工作，而且他们同时还缺少其他的收入来源。

研究者在未来将会逐步收到一些有趣的结论，在此我们要为乌特勒支的实验精神喝彩。但如果从我们的角度出发，我们并不是很希望看到无条件获得收入的那组获胜。这背后有几个原因。工作本身作为一种发现生活意义的方式来说，是很有价值的。正如我们之前说过的那样，在全球范围的民意调查中，拥有一份好工作是全世界所有人最渴望的事情。弗洛伊德说过："爱和工作……工作和

爱,这就是全部。"很多研究发现,无业人群更不快乐,相比于对他们进行其他任何形式的补偿,让他们回去工作更能让他们感到快乐。

关于无业人群将会投身于创造性和娱乐性活动的想法,你认为怎么样?不幸的是,数据并没有证实这一点。正如德里克·汤普森(Derek Thompson)在他那篇刊登在《大西洋月刊》上的极具挑衅意味的文章《没有工作的世界》(*A World Without Work*)中所说的,工时定额研究表明,不工作的人会睡更多的觉、看更长时间的电视,以及上更长时间的网。学习绘画看来是没有指望了。

人类工作的未来
ONLY HUMANS
NEEDAPPLY

即使抛开收入和工作对快乐的影响,我们的观点仍然是,考虑这种激烈的重新分配是没有必要的,除非你已经认为大部分人能找到报酬丰厚的工作是不可能的了。但如果你和我们有一样的信念,相信人类的优势将能继续帮助我们创造经济价值,并能让我们从中获得与价值相匹配的报酬,那么我们就没有必要把工作和收入强制分离。事实上,政府行动的重点应该在创造就业上。不可否认,税收结构上的一些改变可能会有效地纠正"赢者全拿"效应(很多人都预测自动化带来的生产力提升将会产生这种结果),但是我们更青睐的做法是,政府积极为公民创造更多有意义的工作,而非减少对工作的需求。

例如,有些项目致力于支持更多的人参与到艺术生产中来,比如联邦艺术项目（Federal Art Program），政府为什么不资助这样的项目呢？今天的大多数诗人、画家、剧作家都没有稳定的工作。改变现状，给他们一份能与他们付出的努力成正比的收入，这似乎并没有比管理和分发宣传手册这样的官僚活动更难，而且还能为社会带来更加可靠的收益。对于那些以志愿服务的形式完成了任务的志愿者们来说，为什么不能给他们一些补偿呢，他们都是为了这个社会更美好呀？志愿服务总体上说确实会让人更有幸福感。我们确信，生产力上的巨大收益意味着，我们作为一个社会，将会有能力走向任何一个方向，但工作保障毫无疑问绝对要比收入保障强得多。

人工智能的恐惧并不只针对生计，而且关乎生命

在 2014 年波士顿的一场聚会中，PayPal 的联合创始人和创业投资者彼得·蒂尔（Peter Thiel）评论说，人工智能的普及所具有的意义和新的智能物种来到地球一样重大。而且，他还挖苦地补充说："我认为，如果外星人登上地球，我们的第一个问题绝不会是：工作该怎么办？"**在整本书中，我们都在谈论该如何去保障持续的就业，但即使是我们也必须承认，当机器变得更有决策能力和行动能力后，工作并不是世界上唯一受到威胁的东西。我们听到的大多数人对人工智能的恐惧并不是针对生计的，而是关乎生命的。**

除了在《危险边缘》上打败我们和拿走我们的工作外，这些外星人可能会做什么？短期看来，让很多人感到害怕的是有机器参与的战争。随着全世界的军队都在考虑建造和部署自主武器系统，即能在没有人为干涉的情况下自动选择并且瞄准目标，那么不难想象，事情可能会变得非常糟糕。联合国和人权观察站（Human Rights Watch）都在呼吁禁止这些致命的自主武器系统的国际条约。而且大多数人工智能科学家似乎都站在了他们这一边。迈克斯·泰格马克

（Max Tegmark）[1] 和他在未来生活研究所（Future of Life Institute）的同事给全球军事力量写了一封公开信，敦促他们不要展开人工智能类武器技术的军备竞赛。他们的上百位同事都义不容辞地在那封信上签上了自己的名字。

当我们谈到对自主人工智能的管理时，几乎总会不可避免地提到科幻小说作家艾萨克·阿西莫夫（Isaac Asimov）在 1942 年提出的"机器人学三定律"：

- 第一定律：机器人不得伤害人类，或者坐视人类受到伤害。
- 第二定律：除非违背第一定律，否则机器人必须服从人类的命令。
- 第三定律：在不违背第一及第二定律的前提下，机器人必须保护自己。

很多人指出，这三大定律是有问题的，因为社会情况是复杂的。传奇投资者沃伦·巴菲特在美国汽车经销商协会（NADA）主办的论坛上针对自动驾驶车辆提出了一个具有普遍性的问题。他问，如果一个正在学步的小朋友走到了街上，这时他正好处在一辆自动驾驶汽车的面前，机器人为了不撞上孩子的唯一选择就是变道到另一条车道上，但这条道上正驶来一辆载有 4 个人的汽车，这时候机器人应该怎么办？眨眼间，机器人做出了抉择，致命的事故也发生了。巴菲特说："我不确定谁会被起诉，但从更深的层次来说，认识这些为计算机编程的人，并且了解他们对人类生命价值的看法，会是一件很有趣的事。"

或者我们可以来想象一下其他并不是如此仓促的决定——临终决定。随着我们越来越依赖人工智能来指定、监控，甚至管理个人化的医疗保健，当一台机器告诉我们一个病人已经被折磨了太久，现在应该停止孤注一掷的抢救，把

---

[1] 迈克斯·泰格马克，未来生活研究所智库创始人，致力于人工智能方面的研究。同时，他也是麻省理工学院物理系终身教授、平行宇宙理论的世界级研究权威。推荐阅读其思考宇宙过去与未来的重磅力作《穿越平行宇宙》。在这场物理学和宇宙学的终极智力冒险中，泰格马克从"实在是什么"开始，从极大的尺度和极小的尺度开始，带领读者踏上了探索宇宙终极本质的神秘旅程。该书中文简体字版已由湛庐文化策划，浙江人民出版社出版。——编者注

她转移到临终关怀环境中，并且让她平静地死去，这时我们会相信这台机器吗？如果由人工智能驱动的决策告诉我们，要把孩子从不安全的家庭中移走，或者是把老年人从已经出现了或是从预测在未来有可能会出现虐待老年人迹象的环境中移走呢？有如此多的状况代表的是灰色地带，并且还无法提供比我们所能够承受的决策更客观"正确"的决策。

这又把我们推向了杰夫·科尔文在他的书《人类被低估了》中所提出的一系列问题，科尔文是《财富》杂志的编辑。他认为这类问题带来的不适感恰恰证明了，我们应换一种思维来看待人工智能带来的威胁。很多思想家都在试图弄明白，计算机在哪些事情上是永远也无法做得和人类一样好或者是做得比人类还要好。但这是一个错误的问题，也是一个难以回答的问题。科尔文说，事实上，我们应当问的是，人类将允许它们去做什么，并且确认有一些任务和决策我们永远都不会交由计算机来处理，尽管它们有能力来完成这些事。这样，很多重要的决策和任务都会留在人类手中，哪怕我们明知道从严格的意义上来说机器能比我们做得更好。"问题不在于计算机的能力，"科尔文说，"而在于个体要对重要决定负责的社会必要性。"

科尔文提出了一个很有意思的观点，但我们不确定是否所有的人类都会选择由人类决策者来完成所有的决策。例如，科尔文曾提到，没有人想要在法庭里被计算机审判。但是如果要让一个少数族裔被告在满怀偏见的陪审团、有成见的法官，以及一个是种族盲的机器中进行选择的话，他很有可能会选择后者。

另外，并不是所有人都认为人类有权利来裁定我们具体可以保留何种决策和行为。他们问，如果一个超级智能认为某种情况更好，那么又有什么能阻止它违抗人类的命令呢？如果你记得电影《2001：太空漫游》中哈尔的话，应该会很熟悉这种情况。为了防止这种可能性的发生，有些人坚持一种观点，那就是计算机科学家最好是能找出为机器编写价值观的方法,而且这些价值观应该是"与人为善"的,这样就能够让决策制定的过程既是按照逻辑来进行的,同时还能遵从于被精细定义的目标。我们就此经常会提出的例子就是,那些被指示要去保护人类的人工智能所认为的最理想的解决方案,就是把人类关入混凝土贮仓中。据说植入价值观的做法是为了防止机器因追求极端目标而强行违背那些对人类来说很重要的意愿。换句话说,即使是一个没有"意识"的决策者可能也会被迫带着善意来运行。

为一台机器灌输人类价值观是否可行?假设这是可能的,那么这是真正明智的做法吗?也许这只会制造出更多的麻烦,进而导致不可预期的后果。斯坦福大学国际安全与合作中心的爱德华·盖斯特(Edward M. Geist)驳回了这个提议,并称其是"为一个可能根本就不存在的问题而提出的无效解决方案"。但另外一个问题肯定是存在的,那就是随着人工智能的进步,人类在决策中所扮演的角色在越来越多地受到人工智能的支持的同时,也会被人工智能削弱。这一问题在各国都将会是一个意义深远的伦理和政策蕴涵,即很难得出结论,更难以实施。虽然这种情况会向人类提出一些新问题,但同时也会迫使我们找到回答这些问题的新方法。

谁有权利做决定

随着智能机器变得无处不在,和人工智能有关的难题将会出现得越来越多,而这些问题也必将会交由不同等级的决策者来处理。我们以现在一个争论得越来越激烈的话题为例:为机器赋予情感到底是个好主意,还是个坏主意?这个问题应该是由个人开发者或组织(大学或私人企业)来处理,还是应该由联盟或国家政府,又或者是联合国来处理呢?我们还可以拿人工智能在工作场所的"流氓"行为来举例。很快,一些野心勃勃的知识工作者就会意识到,如果把他的一部分工作任务分配给一台个人机器人来完成，那么他的工作效率就会达到他同事的一倍。这可能算得上是"带自己的设备"来活动的合理延伸。他的雇主应该制止这种行为或是鼓励这种行为吗？这是政府相关部门应该管的事吗？

我们确实需要回答这类问题，但在此之前，我们更需要先搞清楚应该如何以及由谁来回答这类问题。在 2014 年麻省理工学院举办的一场活动上，埃隆·马斯克说："我越来越倾向于认为，应该存在一些可能具有国家级别和国际级别的管理监督，来确保我们不会做傻事。"但是管理问题将会在智能机器从人类手中接管了任务的各种地方出现，而我们怀疑政府是否真的能回答所有这些问题。当然，与此同时，马斯克的公司还在继续为特斯拉开发新的自动驾驶功能。

阿尔伯特·温格（Albert Wenger）是纽约的一位风险投资家，他不仅喜欢对新的商业模式进行早期投资，也很喜欢对有关社会创新的概念进行早期投资。我们在调查"无条件基本收入"运动时遇到了他，他当时正在资助一些实验，以求发现这些实验可能包含的真相。我之所以在这里提到他，是因为他的一个坚定信念，他认为政府不需要也不能在制定重大的社会改革方面起主导作用。

温格引用的一个例子就是众筹。众筹这种方式能让具有创造力的人通过让很多普通人对他进行小额投资来筹集到资金，因为这些普通人仅仅只是单纯地想看到他们的想法变成现实，尽管风险投资者因这些想法无法提供足够的创造价值的潜力而对其根本不感兴趣。这是一种为项目提供资金的全新机制，温格指出，这种方式还构建了一种重要的社会创新，而且这种创新的全部构想和建立完全是在政府权限之外的。麻省理工学院的伊藤穰一在他的 TED 演讲中提到了另一种形式，现在被称为 Safecast，这是一种在 2011 年的日本海啸之后，在测绘日本的辐射扩散时所使用的自下向上、以志愿为基础的方式。

线上教育则是另一种为社会带来好处的形式，这种方式可以让人们以免费或者是非常低的价格轻松获得教育产品，而这种教育的价格曾经高达成千上万美元。"我认为我们不需要等待政府的人来决定这件事，"温格说，"这些事情我们今天自己就可以去干。"

也许在一个没有地理界限的问题空间下，迈向规则的最重要的第一步将会来自非政府主体。例如迈克斯·泰格马克的未来生活研究所，该组织成立的意图是要在人工智能社区里创造关于技术该做什么和不该做什么的共识。泰格马克也支持了该机构的方式，并且向他们捐助了 1 000 万美元进行研究。在一封邀请公众签名的公开信中，他们是这样说的：

> 人工智能研究的进展使我们不仅要及时关注让人工智能变得更有能力的研究，还要及时关注把人工智能的社会利益最大化的研究。这些思考……构建了人工智能自身领域的一个重大扩展，而到目前为止，关注的主要都是带有值得尊敬之目的的中立技术。我们建议要把研究进行扩展，目的是确保这些越来越强大的人工智能系统是健康的和有益的：我们的人工智能系统必须做我们想让它们做的事。

在我们进行最后一次确认时，已有将近 7 000 人署上了自己的签名。正是基于如此明显的热情，该团队接下来还会邀请其他人加入他们对于禁止自主战争机器的呼吁。泰格马克团队的精神正是万尼瓦尔·布什在他 1945 年写给罗斯福总统的报告《科学：无止境的前沿》（ *Science : The Endless Frontier* ）中所主张的。这是在杜鲁门决定投下"曼哈顿计划"开发的原子弹不久之后发生的事情。这种技术被证明具有毁灭性的效果，而美国面临着该如何处理这种技术的巨大疑问。更广泛地说，原子弹令人震惊的科学成就产生了一个问题：我们在总体上该如何管理科学和技术？当万尼瓦尔以科学家的身份要求政府大幅度增加科学上的投入时，他辩称科学界有能力进行自我管理，而科学界也应该免于过多的公众监督。

当然，最终，科学的产物不能存在于社会管辖范围之外。还有一点也是事实，在使用原子弹的70年后，没有哪个全球性协会或组织有权利控制对于核武器的使用。即使是国际原子能协会也只能对那些签署了《核不扩散条约》的国家施加一些影响。是否有可能，从现在起70的年后（那时早已经是人工智能专家所预期的已经出现了超级智能机器的时期），也不会有任何全球化的机制来限制这种被泰格马克称为"可能比核武器还要危险"的技术？

我们鼓励众多国际组织能够针对人工智能及其影响做出规范决策，而且越国际化越好。当像德鲁克全球论坛（Global Drucker Forum）这种面向商业的重大会议关注的是"在数字时代争取人性"这类主题时，这可能只是有百利而无一害。当谷歌的温特·瑟夫（Vint Cerf）和技术思想家大卫·诺德弗斯（David Nordfors）成立了一个名为i4j（Innovation for Jobs，为工作创新）的团队时，他们的行动也只能为了让更多人去考虑一些改变，从而能够减轻自动化带来的负面影响。

在这两个案例以及其他环境下，另一件重要的事情已经发生了：社会科学专家正在为科技工作者们提供自己的独特见解。在面对先前的技术革命时，从汽车的出现到核能的发展，再到纳米技术的到来，社会科学家在开展相关研究和引入他们的社会视角上总是很迟缓。但是在最近的几十年中，社会科学凭借其严格缜密的分析工具，以及它经过验证的可以用于施加影响的方法变成了一个越来越强大的学科。在整本书中，我们引用了很多社会学家关于人工智能的作品和研究成果。虽然其中的某一些文献甚至是把科技工作者看作是天真的或者无知的，但即便如此，这仍然是一种有价值的活动。因为这些研究共同展示出了科技工作者没有处理的一些问题。这种展现的方式即使是对于外行读者来说也是可以接受的。当公众最终接受了发展速度超出很多人想象的一系列人工智能技术时，这些研究将会发挥无可估量的作用。最终，我们中的每一个人在向机器强化型人类转变的过程中，都应该有能力用正确的方式形成自己的观点，前提是那时我们还有权利做决定。

让人工智能掌舵

我们需要更好地管理人工智能，但与此同时，我们也应该让更多的人工智能参与到管理中来。公共政策方面的决策会造成深远的影响，所以在决策中通常需要考虑很多因素。如果是在所有领域我们都想要最好的决策的话，这绝对会对社会有益。

牛津大学的斯图尔特·阿姆斯特朗说："人类之所以可以掌控未来，并不是因为我们是最强壮或者最快的，而是因为我们是最聪明的。当机器变得比人类还聪明时，我们就会让它们来掌舵了。"对于某些决定来说，这样很糟糕吗？在整本书中，我们提供了很多关于算法做出的决策要远比人类做出的决策更好的例子，因为算法可以处理海量的输入，并且还能在没有偏见的情况下去考虑选择。甚至是在他名为《威胁人类文明的12种风险》（*12 Risks That Threaten Human Civilization*）的报告中，阿姆斯特朗也是把人工智能称为一个独一无二的例子，因为"从乐观的角度上来说，如此强大的智能可以轻松地应对本报告中所提到的大部分其他威胁，这让具有极端智能的人工智能成了一种具有极大潜力的工具"。《人工智能时代》一书的作者杰瑞·卡普兰甚至还为自主武器做了辩解。他认为，地面上的智能地雷可以在鉴别出非战斗人员时选择不爆炸。

政府机构在一些突袭中已经开始使用人工智能来增强人类的决策了，而情报部门早已开始使用这种技术。例如，澳大利亚知识产权局已经开始和IBM一起展开了一个探索性项目，其目的是在其各种各样的业务操作中找到应用沃森的方法。在新加坡，记者约书亚·钱伯斯（Joshua Chambers）报道了政府正在使用的"风险评估和水平扫描系统"，而创造该系统的技术来自美国国防部高级研究计划局的全局信息意识办公室（Total Information Awareness Office）。那里的城市规划师非常重视用它的能力从大量数据集中去获得"弱信号"，并将其指向公民需要的区域。例如，来自手机的地理位置数据将会积累成一幅遍及全城的市民行为图。利用这些信息，"城市规划者可以看到拥挤的区域、受欢迎的路线、午餐用餐地点等，这样就可以得出结论，比如应该在哪里修建新学校、医院、自行车道以及设置公交车线路"。到目前为止，根据数据做出决策还是属于人类的工作，但该机构认为这只不过是一个选择的问题。有一些决策可以交给那些独立自主运行的计算机，也许未来的情况正是这样。

接下来，要论证智能增强的方法了。**当人类和机器组成强大的搭档时，制定出的政策就会更好。**我们之中一直都存在着"技术统治论者"，而他们就是政客和大部分公务员的"软"技能的"硬"补充。这是一种可能会被保留下来的经典组合，只是后者能够、也应该越来越多地被机器强化。

在智能机器崛起的过程中，我们正在面对 21 世纪最大的挑战之一。这个挑战的核心就是保证人类工作的未来。科技进步一直都在取代工作者，但它也总会创造出比原来它所取代的要更多的人类就业机会。这一次，随着自动化不断侵蚀知识工作的疆土，我们很容易就会想到这种模式将会被打破。在面对这种不确定时，采取"拭目以待"的态度并期待最好的结果是很不靠谱的。为了保证工作的世界对人类仍然是友善的，我们现在就需要尽快采取一些行动。

在我们社会的所有阶层中，对于人机共同实现智能增强的追求可以当作一个具有激励性和可行性的目标。对于政府来说，这就是保证他们所服务的人们能够持续进行有成果的工作，并且还能享受工作带来的众多回报。政策制定者的目标是更高程度的智能增强将敦促企业在工作场所为此提供条件，并帮助公民获取并构建他们成功发展所需要的技能。而他们则会利用自己无与伦比的沟通能力去教育和领导公民。

对于企业来说，把智能增强当作日常事务是保证持续创新和灵活性的方法，而只有具备了深层次的人类技能，强大的机器才能持续提供能和有"人性"的顾客产生共鸣的解决方案。当雇主为智能增强进行投资时，他们就创造出了能让知识工作者做得更多，而不是要求他们做得更少的环境。其结果就是，他们不仅为自身积累了更多价值，也为业务的顾客以及拥有者增加了更多价值。

对于个人来说，智能增强代表了自动化的解药，以及针对人类工作者能对世界形成积极影响之能力的威胁的消除。智能增强策略提供了 5 种手段，而这些人类工作者以前可能并没有意识到还有这样的选项。这种策略所提供的 5 种手段要么是为机器所做的工作增添价值，要么是让机器为自己所做的事增添价值。

今天，很多知识工作者都在担心机器的崛起。我们确实应该感到忧虑，因为这些前所未有的工具有潜力让人类变得多余。在我们的周围，一场大规模的变革正在展开，我们正身处其中，但是我们不应该感到无助。因为在那里，我们可以采取各种方式应对。是否与我们亲手打造的强大智能机器开启全新且正面的关系，决定权在我们手中，无论是对于个人还是集体而言都是如此。集结我们的力量，我们可以让我们的工作场所以及我们的世界，变得比任何时候都更加美好。

首先想要感谢所有勇敢接受我们采访并且出现在本书中的人，他们为本书的主题提出了很多想法和反馈。他们都是在智能机器时代获得胜利的表率。另外，我们也想感谢其他一些在本书创作过程中帮助了我们的智者，他们的名字并没有出现在书中，这其中包括了我们的编辑和老朋友 Hollis Heimbouch，虽然她"背叛"了我们跑到纽约去了；感谢其他代表我们在 Harper 出版社努力工作的朋友，包括 Stephanie Hitchcock、Brian Perrin 以及 Nick Davies。Clare Morris 代理公司的 Clare Morris 帮助我们确认了书中提到的公司及案例，谢谢他。

感谢 Alastair Bathgate、Erik Brynolfsson、Lynda Chin、Sameer Chopra、Geoff Colvin、Forrest Danson、Chetan Dube、Sue Feldman、Matt Greitzer、Matt Haldeman、Kris Hammond、Rob High、Davey Ishizaki、Yuh-Mei Hutt、Mark Kris、Chris Johannessen、Stephan Kudyba、Vikram Mahidhar、Melinda Merino、Brigitte Muehlmann、Judah Phillips、Joan Powell、Manoj Saxena、Adam Schneider、Rasu Shresthra、Richard Straub、Chris Thatcher、Mike Thompson、Miklos Vasarhelyi、Dean Whitney、Floyd Yager。一路走来，他们为我们创作这本书提供了睿智的评论和深刻的见解。他们中的每一个人在很长的一段时间内都不会被自动化所取代！

最近几十年，人类在科技方面的进步远远超过了之前几千年的总和，而且现今科技的发展更是呈现出了指数型增长的趋势。这点从个人电脑和智能手机的普及速度和程度上就可见一斑。随着各种软硬件技术的发展，科技对人们生活的影响也日益深入，因此也就让人们对科技进步的期待回到了 20 世纪 60 年代的水平，只不过这一次，我们更理性了（没有急于计划移民火星）。在这众多的期待中，人们对人工智能的关注最为显著，因为它更贴近生活，因此也就能对人们造成更大的影响。再加上最近，人工智能技术一路高唱凯歌、突飞猛进，比如 AlphaGo 的大获全胜，从而使人们的这种热情空前高涨，似乎人工智能马上就可以为人类服务了，从此人类走上有钱有闲的富裕之路。但在我看来，大家还是要稍微冷静一下，看看人工智能可能会为我们带来的其他影响。

蒸汽机的发明虽然让人类的生产力获得了大幅提升，但在随后的几百年中，人类并没有随着工业革命的到来而全民致富，反而贫富差距越拉越大。虽然在农业社会掌握大多数财富的王公贵族消失了，但是新的财富拥有者——资本家，却诞生了。而对于大多数普通人来说，工业革命带来的变化大体上只是让工作地点由田间转移到了室内，比如工厂和写字楼。但工业革命给人类带来的进步也是不可否认的，毕竟社会总财富增加了，按照社会结构比例分配，普通人的财富和收入也有了提高。

在未来的几十年里，人工智能必然会让人类的生产力获得飞升，而且提高程度绝对不亚于工业革命之于农业社会的高度。但是，这也只不过是又一次的财富掌握者大洗牌。新世界的主导权将由资本家转移到 IT 新贵手中。对于普通人来说，这也不过是工作地点又一次的转移。虽然如此，但普通人还是可以通过自己的努力享受到社会进步的红利。而如何才能尽可能多、尽可能早地享受到这份红利，就是普通人最应该关心的事情。

例如，工业革命后，工程师的收入不仅总体要高于农民的收入，而且最早期工程师所享受的待遇也是之后的同行所无法比拟的，这点从中国 30 年来大学生的待遇和发展就可以看出来。有兴趣的读者可以对比一下 1980 年的本科毕业生和 2010 年的本科毕业生在各自时代的收入与社会地位上的差距。

《人机共生》这本书就是为了让大多数普通人能够未雨绸缪，做好充分的准备来迎接人工智能时代，用一句俗语来说就是："早起的鸟儿有虫吃。"

在此我要对李鹏、李玉民、郝京秋致以深深的谢意，感谢他们在我翻译本书的过程中给予的支持和帮助。

未来，属于终身学习者

我这辈子遇到的聪明人（来自各行各业的聪明人）没有不每天阅读的——没有，一个都没有。巴菲特读书之多，我读书之多，可能会让你感到吃惊。孩子们都笑话我。他们觉得我是一本长了两条腿的书。

——查理·芒格

互联网改变了信息连接的方式；指数型技术在迅速颠覆着现有的商业世界；人工智能已经开始抢占人类的工作岗位……

未来，到底需要什么样的人才？

改变命运唯一的策略是你要变成终身学习者。未来世界将不再需要单一的技能型人才，而是需要具备完善的知识结构、极强逻辑思考力和高感知力的复合型人才。优秀的人往往通过阅读建立足够强大的抽象思维能力，获得异于众人的思考和整合能力。未来，将属于终身学习者！而阅读必定和终身学习形影不离。

很多人读书，追求的是干货，寻求的是立刻行之有效的解决方案。其实这是一种留在舒适区的阅读方法。在这个充满不确定性的年代，答案不会简单地出现在书里，因为生活根本就没有标准确切的答案，你也不能期望过去的经验能解决未来的问题。

湛庐阅读APP：与最聪明的人共同进化

有人常常把成本支出的焦点放在书价上，把读完一本书当做阅读的终结。其实不然。

时间是读者付出的最大阅读成本
怎么读是读者面临的最大阅读障碍
"读书破万卷"不仅仅在"万"，更重要的是在"破"！

现在，我们构建了全新的 "湛庐阅读" APP。它将成为你 "破万卷" 的新居所。在这里：

- 不用考虑读什么，你可以便捷找到纸书、有声书和各种声音产品；
- 你可以学会怎么读，你将发现集泛读、通读、精读于一体的阅读解决方案；
- 你会与作者、译者、专家、推荐人和阅读教练相遇，他们是优质思想的发源地；
- 你会与优秀的读者和终身学习者为伍，他们对阅读和学习有着持久的热情和源源不绝的内驱力。

从单一到复合，从知道到精通，从理解到创造，湛庐希望建立一个 "与最聪明的人共同进化" 的社区，成为人类先进思想交汇的聚集地，共同迎接未来。

与此同时，我们希望能够重新定义你的学习场景，让你随时随地收获有内容、有价值的思想，通过阅读实现终身学习。这是我们的使命和价值。

湛庐阅读APP玩转指南

湛庐阅读APP结构图：

12+图书订阅服务
纸质书
有声书
电子书
读什么

泛读：一书一课
通读：通识课
精读：精读班
怎么读

湛庐阅读APP

优秀的读者和终身学习者
与谁共读

作者、译者、专家、推荐人和阅读教练
跟谁读

三步玩转湛庐阅读APP：

读一读 ▾
湛庐纸书一站买，
全年好书打包订

听一听 ▾
泛读、通读、精读，
选取适合你的阅读方式

书城

扫一扫 ▾
买书、听书、讲书、
拆书服务，一键获取

扫一扫

APP获取方式：
安卓用户前往各大应用市场、苹果用户前往APP Store
直接下载"湛庐阅读"APP，与最聪明的人共同进化！

使用APP扫一扫功能，
遇见书里书外更大的世界！

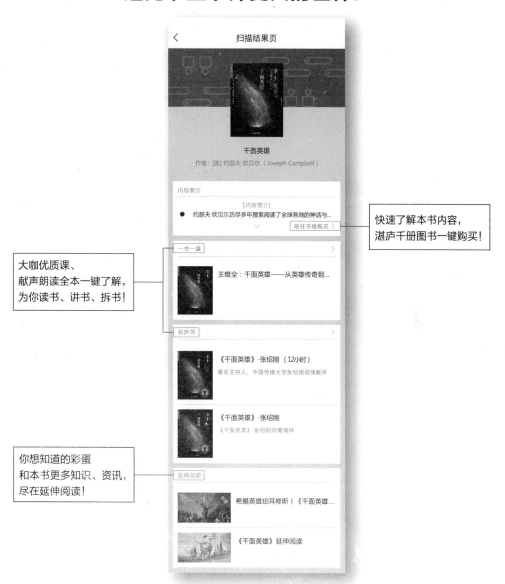

快速了解本书内容，
湛庐千册图书一键购买！

大咖优质课、
献声朗读全本一键了解，
为你读书、讲书、拆书！

你想知道的彩蛋
和本书更多知识、资讯，
尽在延伸阅读！

延 伸 阅 读

《人工智能时代》

◎ 《经济学人》2015 年度图书。人工智能时代领军人杰瑞·卡普兰重磅新作。

◎ 拥抱人工智能时代必读之作，引爆人机共生新生态。

◎ 创新工场 CEO 李开复专文作序推荐！

使用"湛庐阅读"APP，"扫一扫"获取本书更多精彩内容
ISBN 978-7-213-07260-4

《人工智能简史》

◎ 人工智能时代的科技预言家、普利策奖得主、乔布斯极为推崇的记者约翰·马尔科夫重磅新作！

◎ 迄今为止最完整、最具可读性的人工智能史。

使用"湛庐阅读"APP，"扫一扫"获取本书更多精彩内容
ISBN 978-7-213-08451-5

《情感机器》

◎ 人工智能之父、麻省理工学院人工智能实验室联合创始人马·明斯基重磅力作首度引入中国。

◎ 情感机器 6 大创建维度首次披露，人工智能新风口驾驭之道重磅公开。

使用"湛庐阅读"APP，"扫一扫"获取本书更多精彩内容
ISBN 978-7-213-06942-0

《人工智能的未来》

◎ 奇点大学校长、谷歌公司工程总监雷·库兹韦尔倾心之作。

◎ 一部洞悉未来思维模式、全面解析人工智能创建原理的颠覆力作。

使用"湛庐阅读"APP，"扫一扫"获取本书更多精彩内容
ISBN 978-7-213-07147-8

延伸阅读

《第四次革命》

◎ 信息哲学领军人、图灵革命引爆者卢西亚诺·弗洛里迪划时代力作。

◎ 继哥白尼革命、达尔文革命、神经科学革命之后，人类社会迎来了第四次革命——图灵革命。那么人工智能将如何重塑人类现实？

使用"湛庐阅读"APP，"扫一扫"获取本书更多精彩内容

ISBN 978-7-213-07230-7

9 787213 072307 >

《虚拟人》

◎ 比史蒂夫·乔布斯、埃隆·马斯克更偏执的"科技狂人"玛蒂娜·罗斯布拉特缔造不死未来的世纪争议之作。

◎ 终结死亡，召唤永生，一窥现实版"弗兰肯斯坦"的疯狂世界！

使用"湛庐阅读"APP，"扫一扫"获取本书更多精彩内容

ISBN 978-7-213-07468-4

9 787213 074684 >

《脑机穿越》

◎ 脑机接口研究先驱、巴西世界杯"机械战甲"发明者米格尔·尼科莱利斯扛鼎力作！

◎ 脑联网、记忆永生、意念操控……你最不可错过的未来之书！

使用"湛庐阅读"APP，"扫一扫"获取本书更多精彩内容

ISBN 978-7-213-06583-5

9 787213 065835 >

《图灵的大教堂》

◎《华尔街日报》最佳商业书籍、加州大学伯克利分校全体师生必读书。

◎ 代码如何接管这个世界？三维数字宇宙可能走向何处？

使用"湛庐阅读"APP，"扫一扫"获取本书更多精彩内容

ISBN 978-7-213-06665-8

9 787213 066658 >

图书在版编目（CIP）数据

人机共生 /（美）达文波特，柯尔比著；李盼译 . —杭州：
浙江人民出版社，2018.1
ISBN 978-7-213-08452-2

Ⅰ.①人…　Ⅱ.①达…　②柯…　③李…　Ⅲ.①智能机
器人—研究　Ⅳ.① TP242.6

中国版本图书馆 CIP 数据核字（2017）第 283068 号

浙江省版权局
著作权合同登记章
图字:11-2017-309号

上架指导：经济管理 / 智能商业

版权所有，侵权必究
本书法律顾问　北京市盈科律师事务所　崔爽律师
　　　　　　　　　　　　　　　　　　张雅琴律师

人机共生

［美］托马斯·达文波特　茱莉娅·柯尔比　著
李　盼　译

出版发行：浙江人民出版社（杭州体育场路347号　邮编　310006）
　　　　　　市场部电话：（0571）85061682　85176516
集团网址：浙江出版联合集团　http://www.zjcb.com
责任编辑：郦鸣枫
责任校对：张谷年　朱志萍
印　　刷：中国电影出版社印刷厂
开　　本：720mm×965mm　1/16　　　　**印　张**：20.75
字　　数：286千字　　　　　　　　　　**插　页**：5
版　　次：2018年1月第 1 版　　　　　　**印　次**：2018年1月第 1 次印刷
书　　号：ISBN 978-7-213-08452-2
定　　价：89.90元